上海环境科学集（第 19 辑）

上海环境科学编辑部　编

上海科学技术出版社

图书在版编目(CIP)数据

上海环境科学集. 第19辑 / 上海环境科学编辑部编.
—上海：上海科学技术出版社，2017.11
ISBN 978-7-5478-3752-8

Ⅰ.①上… Ⅱ.①上… Ⅲ.①环境科学—上海—文集
Ⅳ.①X—125.1

中国版本图书馆CIP数据核字(2017)第257847号

上海环境科学集·第19辑

上海环境科学编辑部　编

上海世纪出版（集团）有限公司
上 海 科 学 技 术 出 版 社 出版、发行
（上海钦州南路 71 号　邮政编码 200235　www.sstp.cn）

字数：200 千字　　　印张 8.25
2017 年 11 月第 1 版 2017 年 11 月第 1 次印刷
ISBN 978-7-5478-3752-8 / X·43
定价：40.00 元

目　　次

绿色发展理念下生态扶贫的战略构思 ……………………………………………………杨文静（1）

制药混装制剂生产废水处理试验研究 ………………………郭晓春　刘佳奇　杨　楠（6）

居民食物氮足迹分析及其动态研究 …………………………………吕　越　陈忠清（13）

云南某矿山环境质量现状评估 ……………………………………………………王进进（19）

排污许可证技术核查要点探讨 ………………………………………乔　燕　诸玉辉（24）

新环保法时期环境监理的机遇与挑战 …………………………………………许兴中（28）

ABFT 技术处理高氨氮印花废水实例 ………………………………王忠泉　王　坤（31）

活性炭对邻苯二甲酸二丁酯的吸附及影响因素研究 …………邬琴琴　赵德兵　李君敬（34）

酚类对煤化工废水中油类测定的影响分析 ………………张立涛　曹高亮　刘　睿等（39）

浙江省排氮量及生态环境风险研究 …………………………………吕　越　陈忠清（43）

上海市滩涂植物群落分布现状及成因分析 …………………沙晨燕　谭　娟　苏敬华等（49）

美国《清洁空气法》运行许可证制度的经验与借鉴 ………………………………卢　锟（60）

滇西南某矿山开采的环境影响评估方法 …………………………………陈　飞　李　俊（65）

上海市重点企业清洁生产审核制度结合排污许可证管理的可行性分析

………………………………………………王晓奥　戚雁俊　虞　斌等（70）

综合型生态工业园生态产业链的构建探析 …………………花　月　鲍春晖　辛玉婷等（74）

纳帕海湿地浮游细菌的丰度及可培养低温细菌多样性研究 ………崔尹赡　李　珊　魏云林等（81）

上海市推行绿色供应链管理的意义及实践路径 ………………胡冬雯　王　婧　胡　静（88）

荆门市竹皮河底泥氮磷污染和氮磷释放水力模拟研究

………………………………………………吴祥军　阳　光　李　丽等（95）

微生物浆水在马铃薯淀粉废水处理中的应用研究………………付旭东　刘本甫　钟静晶等（100）

UASB- 好氧工艺处理玉米淀粉废水研究 …………………………… 田文超　付秋爽　姬志辉 等（105）

国内燃煤火电烟气超低排放中的粉尘治理探讨……………………………………………杨家军（109）

武汉水生态文明城市建设的困境与对策………………………… 张　政　方伶俐　沈　聪 等（117）

上海市公交车辆排放大气污染物分析 …………………………………………… 沈　琳　张家铭（122）

绿色发展理念下生态扶贫的战略构思

Strategic Conception of Ecological Poverty Alleviation under the Concept of Green Development

杨文静 （兰州理工大学马克思主义学院，兰州 730050）

Yang Wenjing　(Lanzhou University of Technology, Lanzhou 730050)

摘要　绿色发展是新时期扶贫开发工作的又一目标指向，生态扶贫思想正是绿色发展理念在扶贫开发中的体现，也是精准扶贫思想的有益补充。把握生态扶贫的理论蕴意和实践价值，充分思量其所面临的现实困境及破解思路，以绿色发展为导向提出生态扶贫战略构想是此文重要的落脚点，由此得出论证，生态扶贫是实现贫困地区生态保护和扶贫开发双赢的有效途径。

关键词：绿色发展　生态扶贫　战略构思

Abstract　Green development is another goal-oriented of poverty alleviation and development work in the new period. Ecological poverty alleviation is just the embodiment of the concept of green development in the practice of poverty alleviation, as well as availed complement of precise poverty alleviation. By understanding the theoretic implications and practical values of ecological poverty alleviation, and fully considering the actual difficulties and practicable solutions, a strategic idea of ecological poverty alleviation was proposed orientating towards green development. It could be concluded that the ecological poverty alleviation would be an effective win-win approach to realising the both ecological protection and poverty alleviation in poor areas.

Key words:　Green development　Ecological poverty alleviation　Strategic conception

绿色发展是中国共产党十八届五中全会提出的新发展理念之一，是新时期我国社会经济发展的新形式，将对中国特色社会主义事业的各个领域产生深刻影响。同时，扶贫开发工作也不例外。2015 年 11 月中共中央政治局审议通过了《关于打赢脱贫攻坚战的决定》，提出要"坚持扶贫开发与生态保护并重"。正是基于此，本文立足绿色发展的理论视角，对如何实现生态保护与扶贫开发双效机制展开了研究。

1　生态扶贫的理论基础

任何一种理念创新都不是空穴来风，它一定是对特定历史时期社会实践的科学认识，也必定会对社会发展产生深刻影响。因此，生态扶贫作为一种绿色扶贫观，富有丰富的理论内涵和蕴意。

1.1　生态扶贫是马克思主义发展观的外化表现

马克思主义发展观揭示社会发展的核心在于实现人的全面发展。同时，马克思主义强调在社会发展过程中不能忽视人与自然的关系，自然"是我们人类（本身就是自然界的产物）赖以生长的基础"[1]。人们在改造自然的同时应更加注重保护自然，以实现自身的可持续发展。正如马克思[2]所言，"我们这个世界面临的两大变革，即人同自然的和解以及人同本身的和解"。因此，生态扶贫是马克思主义发展观的外化表现，一方面注重人的全面、可持续发展，以实现贫困人口生态脱贫、持续发展为核心目标；另一方面注重生态自然的保护，以保护生态作为贫困地区扶贫开发的前提条件。由此可见，生态扶贫充分体现了人与自然和谐共存的马克思主义生态发展思想，是马克思主义发展观与中国扶贫开发实际相结合的产物。

1.2　生态扶贫是中国特色社会主义本质要求

长期以来，中国人在实践中不断思考和解答"什么是社会主义"。邓小平[3]深刻揭示："社会主义的本

　　甘肃省高等学校基本科研业务费项目，编号：2014A-040；甘肃省社科项目，编号：YB038。

　　作者杨文静，女，1978 年生，2007 年毕业于西北师范大学政法学院，硕士，讲师。

质，是解放生产力，发展生产力，消灭剥削，消除两极分化，最终达到共同富裕"。历经几十年的发展，中国人走出了一条以"共同富裕"为目标的中国特色社会主义发展道路。基于对社会实践的科学认识，习近平[4]不断丰富和提升社会主义本质论，指出"消除贫困、改善民生、实现共同富裕，是社会主义的本质要求"。同时，习近平提出"绿水青山就是生产力"的论断。由此可见，生态扶贫是中国特色社会主义本质要求，以消除贫困作为直接目标和首要任务，以保护生态环境作为改善民生的重要福祉，最终实现贫困地区以"共同富裕"为核心的绿色、可持续发展。

1.3　生态扶贫是全面建成小康社会的内在要求

全面建成小康社会不仅体现在经济建设、政治建设、文化建设、社会建设层面，还体现在生态文明建设层面。良好的生态环境是全面建成小康社会的应有之义，是提高贫困人口生活质量的重要内容，更是实现贫困地区全面、可持续发展的条件保障。生态扶贫就是经济建设与生态建设有机融入扶贫开发中，实现贫困地区在保护生态中发展经济、在经济发展中保护生态的良性循环。现阶段，全面建成小康社会还存在的许多短板，尤其农村是最突出的短板。"小康不小康，关键看老乡"[5]，习近平以生动的语言表明，农村贫困人口脱贫致富是判断我国全面建成小康社会的重要标志。因此，生态扶贫不仅要以经济建设、文化建设等补齐"短板"，更要以生态文明建设补齐"短板中的短板"。也就是说，生态扶贫要在物质脱贫的基础上更要实现生态脱贫，实现贫困地区绿色、可持续发展，这才是全面建设小康社会对生态扶贫的内在要求。

1.4　生态扶贫是绿色发展理念新时期的现实要求

生态扶贫是绿色发展理念落实的战略举措之一，也是一种新的扶贫思想和扶贫方式。其目标就是将贫困地区生态保护有效纳入扶贫开发中，将扶贫开发合理置于绿色发展战略中，突破了以往扶贫开发与生态保护"两条平行线"的运行模式，以绿色发展将二者有机结合，既满足了自然生态保护的需求，也满足了人们脱贫致富的愿望。生态扶贫的内涵丰富，它补齐了过去扶贫开发以生态环境为代价的这块"短板"，不以单纯的经济脱贫、物质致富为扶贫目标，强调人与自然的和谐发展，坚持走以生态保护为前提的绿色、可持续发展道路。这也是生态扶贫的核心所在。生态扶贫是绿色发展理念在扶贫开发领域中的现实要求，也是帮助贫困地区实现生态效益和经济效益良性互动的有效途径。

2　生态扶贫的实践价值

生态扶贫作为一种新的扶贫思想和扶贫方式，以绿色发展将扶贫开发与生态保护有机结合，将对贫困地区的社会发展产生积极的影响。

2.1　生态扶贫可以缓解贫困地区生态压力，破解生态环境对经济发展的瓶颈制约

全局性的生态压力不容忽视，其形成的"倒逼"趋势严重制约社会经济的发展，贫困地区尤为严重。最为棘手的是，有些贫困地区的生态承载力突破极限，开始"反噬"地区发展力。最典型的就是"生态贫困陷阱"，即贫困地区陷入"生态脆弱—诱发贫困—掠夺资源—生态恶化—贫困加剧"恶性循环无法自拔。因此，生态扶贫将生态保护置于扶贫开发的首要位置，就是从根源上破除致贫原因，从而缓解贫困地区生态压力，破解生态环境对经济发展的瓶颈制约。

2.2　生态扶贫可以推动生态经济的发展，找到贫困地区脱贫致富的突破口

贫困地区一定要以绿色发展为指向，牢牢抓住生态经济增长点，才能从根本上破解贫困问题。目前，生态经济的发展还处在起步阶段，需要政策、人力、资金、技术等多方面的支持。例如生态农产品由于流通渠道不畅、社会认知度不高等原因遭遇"叫好不叫座"的市场困境。因此，生态扶贫一旦推行就会出现政策红利并引发红利效应，吸引生态科技、生态产业以及各类生态项目的助贫投入，客观上刺激贫困地区生态经济的发展。

2.3　生态扶贫可以催生贫困地区内生力量，推动贫困地区绿色、可持续发展

生态扶贫最根本的是扶助贫困主体自我发展能力的提高，进而增强贫困地区内生力量，以其内生力量的加筑助其摆脱贫困，实现绿色可持续发展。从一定角度分析，生态扶贫不仅要求扶贫开发要以生态保护为约束，更希望生态保护与扶贫开发合力形成发展新动力，可以有效推动贫困地区的全面发展。这种新动力的内核就是贫困地区内生动力。例如，发展高效生态农业直接效益会体现在经济和生态上，但间接效益是吸引农村人才回流，其中包括农民工及农二代大学生返乡。这种人才回流恰恰是农村发展亟需的力量，也是贫困地区内生力量的源泉。因此，生态扶贫所产生的经济效益、生态效益以及深层次的社会效益，都会催生贫困地区的内生力量，推动贫困地区走上绿色、可持续发展之路。

3　生态扶贫的现实困境及破解思路

3.1　生态扶贫面临的现实困境

生态扶贫工作是一项复杂的系统工程，在推行过程中将面临观念、资金、人力、管理等多方面的现实困境。首先，生态扶贫由于生态环境的特殊性而具有一定周期性，贫困主体在短期内很难看到理想的扶贫效果，致使生态扶贫观念不能被真正接受，其推行更是难上加难。现实中，"一方水土养一方人"的传统生态思维所形成的资源掠夺式开发仍然是主流观念，这也是造成生态贫困代际传递的主要原因。因此，新旧观念的转换需要一定的过渡时间。其次，生态扶贫兼顾生态发展和扶贫开发两项艰巨任务，需要大量资金投入，但资金短缺是生态扶贫不得不面对的现实尴尬。分析其原因，主要有中央财政拨付不足、地方财政支持有限、社会资本融入不够等方面。另外，扶贫资金的擅自挪用等资金管理机制也是造成生态扶贫资金短缺的原因之一。再次，生态扶贫不仅需要资金支持，更需要智力支持。"空巢化"现象是当前农村发展面临的重大问题，而贫困地区由于"一方水土难养一方人"致使"空巢化"现象更为突出，人力流失非常严重，这是造成贫困地区"造血功能"严重不足的主要原因。最后，生态扶贫还没有形成有效的管理机制。扶贫开发与生态建设当前社会面临的两项重要任务，两者在空间上存在高度重叠，但管理隶属多个不同部门。"九龙治水"的管理机制，使贫困地区扶贫开发很少考虑生态建设工程，生态建设也很少考虑扶贫开发，使得当前生态保护与扶贫开发脱节。

3.2　生态扶贫现实困境的破解思路

3.2.1　提高民众生态意识是推行生态扶贫的先决条件

苏联学者基鲁索夫 Э В [6] 认为，"生态意识是根据社会与自然的具体可能性最优地解决社会与自然关系的观点、理论和感情的总和"。也就是说，生态意识是人们在面对生态困境时自觉萌发的关系自身发展的忧患意识。生态扶贫首先就要增强人们的这种忧患意识，促使人们正确认识生态环境与社会发展的互动作用，尤其在贫困地区普及生态环保知识，为推行生态扶贫奠定思想基础。因此，推行生态扶贫的先决条件是民众具备相应的生态意识。只有贫困地区民众正确认识生态发展的周期性和规律性，不断调整传统的生态思维，生态扶贫观念才会被真正接受并得到有效推行。

3.2.2　拓宽生态扶贫资金支持渠道是推行生态扶贫的必要条件

资金短缺是生态扶贫面临的又一现实困境，破解这一困境不仅需要各级政府加大财政支持力度，更主要是拓宽社会资金支持渠道。例如，通过财税减免制度吸引生态型企业转向贫困地区发展，既可以拓宽企业发展平台，又能有效帮助贫困地区发展。再如，有效利用金融资本，通过专项、低息甚至无息贷款制度，鼓励贫困地区生态创业以及生态产业发展的资金需求。另外，加强生态扶贫资金的专项监管制度，建立资金流向跟踪系统，具体到个人负责，从源头杜绝资金挪用、滥用现象。

3.2.3　动员社会力量参与是推行生态扶贫的重要条件

生态扶贫是关系民生福祉的大事，只有社会合力才会推动完成。由于贫困地区人才流失严重，短时间又无法有效实现人才回流，因此集合社会力量参与扶贫开发就成为破解生态扶贫人力不足的主要方式。例如，大力推行扶贫干部支持计划，鼓励和选派思想好、作风正、能力强、愿意为群众服务的优秀年轻干部、退伍军人、高校毕业生参与贫困地区扶贫开发工作。另外，倡导扶贫志愿者行动，鼓励环保、科协、妇联等群众组织加入生态扶贫，为贫困地区提供人力支持和智力支持。

3.2.4　创新管理机制是推行生态扶贫的重要保障

生态扶贫涉及扶贫开发与生态保护两大领域，在一定程度上，生态扶贫就是领域不同主体之间的合作和博弈。由于主体之间信息、利益、思维方式、行为模式等方面的差异，直接关系到是不是真正的生态扶贫或扶贫生态化。因此，打破扶贫开发与生态保护之间的管理鸿沟，建立健全多部门之间的合作协商机制，将"生态指标"与"扶贫指标"共同置于扶贫开发工作中，对于提高生态扶贫的有效性会产生积极的作用。

4　绿色发展理念下生态扶贫的战略构思

绿色发展是扶贫开发战略的目标指向，也是检验生态扶贫成功与否的衡量标准。因此，生态扶贫的路径思考必须满足绿色发展的要求，将生态保护和扶贫开发有机结合起来，既满足贫困人口脱贫致富的发展诉求，也满足人与自然和谐共存的生态诉求。正如习近平 [4] 所言，"我们既要绿水青山，也要金山银山……宁要绿水青山，不要金山银山，而且绿水青山就是金山银山"。

4.1　始终坚持绿色发展，做好生态扶贫顶层设计

做好生态扶贫的顶层设计，首先要准确定位生态

扶贫的战略目标。目标是凝聚力量最直接的方法，一旦确定目标就可以有效凝聚力量并制定系统的战略规划，生态扶贫也不例外。生态扶贫目标设定应遵循生态环境的发展规律，以阶梯式螺旋上升的趋势确定不同阶段的具体目标，最终形成战略目标。摆脱贫困是生态扶贫最直接的目标，生态保护与建设是其根本目标，而实现贫困地区绿色、可持续发展是其终极战略目标。其次，围绕生态扶贫战略目标制定总体规划。根据不同地区生态环境的条件，结合经济社会发展水平，因地制宜制定生态扶贫相关政策。生态扶贫是一项系统的民生工程，其政策制定不仅要满足社会发展的总体要求，还要满足贫困主体日益多元化的扶贫诉求。最后，制定生态扶贫具体工作方案，强化生态扶贫的现实操作性。按照国家扶贫开发总体规划，科学制定扶贫具体工作方案，并将绿色理念精细化融入具体的扶贫举措中。例如实行生态扶贫目标责任制和考核评价制，将生态保护与扶贫开发同时纳入领导干部的扶贫考核体系中；重点建设生态扶贫示范区，实现"以点带点""以点带面"的良性带动效应；设立扶贫"绿色准入机制"，精准审核扶贫项目是否满足生态环保和可持续发展的要求；推进"生态守护"工程，让贫困主体成为生态守护的主体。

总之，生态扶贫一定要以绿色发展作为战略目标，并在其顶层设计之中充分体现这一思想，才能为生态扶贫把好脉、用好药。

4.2　科学推进生态移民，提高生态扶贫精准度

生态移民是以恢复生态、保护环境和发展经济为目的，通过离地搬迁的方式将人口从生态条件特别脆弱地区尤其是重要的生态功能区迁移到生态条件比较富足的地区，是提高生态扶贫精准度的重要途径。

推进生态移民工程，一要坚持政府主导、移民自愿的原则。生态移民是一项涉及面广、工作量大、政策性强的系统工程，只有通过政府主导组织实施，相关部门配合参与才能有效启动。同时，生态移民也要充分尊重移民意愿，通过宣传动员准确回答"为什么移、怎么移、移向哪"等问题，使移民可以自发、自觉、自愿地迁移。二要制定生态移民配套政策措施，提供良好的政策环境。生态移民工程的推进，会引发移民户籍、土地、住房、教育、医疗、就业、社保等一系列问题，必须制定相关配套政策作为实施保障，让移民实实在在吃上迁移"定心丸"，才能实现"搬得出、稳得住、富得起"的移民目标。三要把生态移民工程与新型城镇化建设相结合。新型城镇化是农村现代化的必由之路，生态移民工程应该借助新型城镇化建设的"东风"，以县城、小城镇或旅游区、工业园区为中心建设移民集中安置区，统筹规划安置区产业发展与移民创业就业，这样既可以让移民能就业、有保障，能较好地整体融入城镇化建设，又能推进新型城镇化的发展。四要完善生态移民后续保障体系，实行移民社会保障优惠政策，提高移民在养老、医疗、住房、教育等方面的补助标准。比如，实行住房建设补助政策，缓解移民建房资金压力，尤其对特别贫困人口，要实行城镇保障房和农村危房改造政策实行兜底安置。

4.3　大力发展生态经济，促进扶贫与生态良性互动

发展生态经济是我国未来经济社会发展的一个新方向，也是破解贫困地区扶贫难题与生态困境的重要举措，是实现贫困地区绿色、可持续发展的有效途径。

几十年扶贫实践和经验证明，扶贫开发一定要遵循人与自然和谐共存的原则，走以生产发展、生活富裕、生态优美为目标的脱贫发展之路。发展生态型经济是实现这一目标的有效举措。可见，扶贫开发也需要大力发展生态经济，增固贫困地区发展的内生力量。发展生态经济，具体而言就是合理利用生态资源，全面推行生态农业，择优培育绿色产业，有效实施生态项目，紧密联系市场抓住生态经济增长点。发展生态经济首先要全面推行高效生态农业，以满足市场经济的客观需求。生态农业的发展和推广，一方面可以满足市场对优质生态农产品的需求，另一方面可以保护和改善农村生态环境，更主要的可以增强贫困农村地区的承载能力，充分利用贫困人口的人力优势。其次，培育环境友好型的生态产业，加快实现贫困地区脱贫致富。如鼓励民营企业加入生态农业产业链，依靠现代技术和管理模式，实现生态农业及生态产品的深开发和深加工，从而推动生态农业向产业化、精细化和集约型发展。另外，通过民营企业的营销模式打造区域品牌定位，以品牌效应提高农产品的市场竞争力。再次，依托生态资源和绿色环境，推动生态项目，开发第三产业。贫困地区除了要大力发展第一、第二产业之外，还要积极开发第三产业增强内生力量。如实施生态旅游扶贫工程，既实现了生态保护和利用，又推动了旅游经济的发展，更带动了贫困主体脱贫的积极性，成为生态旅游项目的最大受益者。总之，大力发展生态型经济是实现贫困地区生态效益和经济效益合二为一的有效途径，可以促进生态与扶贫的良性互动，尽快地从根本上摆脱贫困、实现可持续发展。

4.4　稳步实施生态治理，增固贫困地区环境承载力

生态退化与经济贫困是我国贫困地区面临的两大困局，解决这两个难题就要将生态保护与扶贫开发有机结合，在保护生态中发展经济、在经济发展中保护生态。而生态保护迫在眉睫的任务是生态治理，修复业已破坏的生态系统，增固贫困地区环境承载力。

稳步实施生态治理，首先要根据贫困地区不同的生态受损区域和受损程度，有步骤地推进修复工程，实现有的放矢、精准治理。例如，甘肃定西地区水土流失严重，针对这个问题定西地区进行专项治理，走出了一条"山顶植树造林戴帽子，山坡退耕种草披褂子，山腰兴修梯田系带子，山下覆膜建棚挣票子，沟底筑坝蓄水穿靴子"的特色治理开发模式。其次扩大生态治理的受益面。生态治理不仅要满足本区域生态发展的需要，还要有益于相邻区域生态优化的需要，实现生态环境的整体性、系统化良性循环。这就需要多部门、多区域联合出拳，扩大生态治理的受益面。再次要防治农业面源污染治理，逐步采取"以自然养自然"的方式，减少化肥、农药和农膜的使用，杜绝生态环境二次污染和污染持续化。例如农地采取桔梗发酵回养措施，完全实现无公害、无污染的绿色种植，也满足市场对生态农产品的需求。另外，在生态治理过程中要有序开展生态型产业，以适应生态发展的周期性和规律性，不能过分满足产业需求而导致"有生态之名无生态之实"。例如，生态种植要满足土壤涵养的需求，以便耕种土壤有自然修养恢复的过程。

4.5　有效整合生态资源，拓展生态扶贫合作平台

所谓生态资源整合，就是根据贫困地区生态资源分布情况，借助政策、经济、技术等手段，按照绿色、可持续发展的特点和规律，把各种相关的生态资源要素组合成为一个整体，系统、全面安排生态资源的保护和开发，以参与合作各方共赢为目标，从而实现贫困地区生态效益和经济效益最大化的过程。生态资源整合的目的是取长补短，整合有限的生态资源，达到地区之间"发展带动脱贫、脱贫促进发展"的合作效果。

生态资源整合是拓展精准扶贫合作平台的有效途径，也是引导扶贫主体之间在生态保护和开发上形成优势互补强强合作。主要表现在四个方面：一是资金资源整合。以生态扶贫为引领，整合扶贫资金和生态保护资金，尽可能"捆绑"统筹使用，形成整体合力集中解决贫困地区突出问题。二是部门资源整合。大力推进省、市、县、乡、村纵向生态合作帮扶模式，

做到生态合作、生态脱贫。同时，改变"九龙治水"的碎片管理现象，推进职能部门横向合作，尤其在贫困地区要实现扶贫工作与生态保护工作"你中有我，我中有你"，完善部门合作与管理机制。三是社会资源整合。完善社会资源导向机制，培育生态型扶贫主体，引导多元生态保护主体参与扶贫开发，构建生态化大扶贫格局。同时，积极总结国内外成功经验，深入探索社会力量参与扶贫开发的"生态模式"，为生态扶贫提供外部的推动力。四是区位资源整合。贫困地区可以利用自身的区位优势，把区位优势转化为生态资源和扶贫资源。如甘肃定西地区是全国闻名的"苦甲天下"，生态环境相当脆弱，是甘肃生态型贫困的典型区域。定西应积极利用靠近兰州经济圈和丝绸之路核心带的地理优势，引入区域外生态型扶贫资源，让"千年药乡"的生态名片，推动地区生态与经济良性循环，真正实现因地制宜生态脱贫和绿色发展。

5　结语

以绿色发展为目标指向探索扶贫开发新路径，是全面建成小康社会的现实需要，也是中国特色扶贫开发事业的发展方向，是一个值得我们思考和实践的课题。从发展视角分析，生态扶贫的战略目标是实现扶贫开发与生态保护的双赢，并探寻贫困地区绿色、可持续发展之路。因此，在实践中，一定要深刻把握生态扶贫的理论蕴意和实践价值，充分思考其所面临的现实困境及破解思路。在此基础上，形成以绿色发展为导向的生态扶贫战略构想。

6　参考文献

［1］（德）马克思,恩格斯．马克思恩格斯选集：第 4 卷[M]．北京：人民出版社，1995:222.

［2］（德）马克思,恩格斯．马克思恩格斯全集：第 1 卷[M]．北京：人民出版社，1956:603.

［3］邓小平．邓小平文选：第 3 卷[M]．北京:人民出版社，1993:373.

［4］习近平．绿水青山就是金山银山[N]．人民日报，2014-7-11（12）.

［5］陈锡喜．平易近人——习近平的语言力量[M]．上海:上海交通大学出版社，2014:43.

［6］基鲁索夫 ∋ B．余谋昌（译）.生态意识是社会和自然最优相互作用的条件[J]．哲学译丛，1986:4.

责任编辑　梁丹涛　（收到修改稿日期：2016-10-17）

制药混装制剂生产废水处理试验研究

An Experimental Study on the Treatment of Pharmaceutical Mixed-Preparation Process Wastewater

郭晓春[1]　刘佳奇[2]　杨楠[1]　（1. 东北制药集团股份有限责任公司，沈阳 110027; 2. 东北育才学校，沈阳 110012）
Guo Xiaochun[1]　Liu Jiaqi[2]　Yang Nan[1]　(1. Northeast Pharmaceutical Co., Ltd., Shenyang 110027; 2. Northeast Yucai School, Shenyang 110012)

摘要　结合东药集团制剂生产废水实际监测结果，提出了"格栅＋沉砂＋初次沉淀（隔油）+调节池＋水解酸化＋接触氧化＋二次沉淀"工艺对其进行处理，经过实验室小试和中试，探讨了自然沉降与混凝沉淀对废水的预处理效果及进水 COD 浓度、停留时间、温度等对水解酸化工艺的处理效果和对改善 B/C 比的效果的影响；同时探讨了进水 COD 浓度、停留时间、温度等对接触氧化工艺的处理效果影响。研究结果发现，经过该工艺处理后，废水可以稳定达到排放标准。
关键词：制剂废水　水解酸化　接触氧化　中试

Abstract　Combining the actual monitoring results of process wastewater in Northeast Pharmaceutical Group, a process of "grille + grit settling + primary sedimentation (grease intercepting) + regulating pool + hydrolytic acidification + contact oxidation + secondary sedimentation" was set to handle the wastewater. Through small-scale tests and pilot tests in laboratory, influences of natural sedimentation and coagulation settling to the pre-treatment of wastewater were discussed, and so were the effects of COD strength in influent, retention time, temperature, and etc. on the treatment by hydrolytic acidification and on the improvement of B/C ratio. Meanwhile, those effects on the treatment by contact oxidation were explored, too. It has been found that the effluent could be stabilised to meet the discharge standard requirements after the treatment by this process.
Key words:　Preparation wastewater　Hydrolytic acidification　Contact oxidation　Pilot scale experiment

东北制药集团股份有限责任公司（以下简称东药集团）是我国综合性制药企业集团，目前分为制剂板块和原料药生产板块。原料药生产板块主要生产维生素产品（Vc、左卡尼汀等）、抗生素产品（磷霉素、氯霉素、黄连素等）及化工类产品（吡拉西坦等脑血管药物、丙炔醇等）；制剂板块产品分为非无菌制剂和无菌制剂两部分，其中非无菌制剂部分包括片剂、口服液、丸剂、栓剂、胶囊剂、散剂和新产品，无菌制剂部分主要包括磷霉素钠粉针、安塞隆粉针、头孢噻肟钠、头孢他啶粉针等。由此可见，东药集团制剂生产废水产品品种多、成分复杂、有毒有害物质含量大、生物降解难度高、排放水量水质变化频繁，是典型的综合混装制剂生产废水 [1]。由于该废水部分药用活性成分的抑菌作用，因此生化处理十分困难。常规混装制剂类制药废水的特点见表 1[2]。

目前制药企业废水处理按照废水的排水去向可归纳为两种模式，一种是各种废水经收集后进入企业的集中废水处理设施，经过一系列预处理、生化处理设施（主要采用的有活性污泥法、接触氧化法、SBR 等传统成熟工艺）处理后直接排入河道、湖泊等水体中；另一种是企业经过简单的预处理（调节中和、沉淀工序），然后排入城市污水处理厂或工业废水处理厂。

目前混装制剂类制药工业所采用的污水处理技术主要包括活性污泥法、生物水解酸化、接触氧化法，以去除 SS、胶体、难溶物质为主的物化处理法，如气浮、过滤、絮凝沉降、消毒等物化法等 [3-7]，但这些方法对排水实现稳定达到《污水综合排放标准》(GB8978−1996)的一级排放标准尚有一定差距。

第一作者郭晓春，男，1964 年生，1986 年毕业于沈阳大学环境工程系，工程师。

表 1　常规混装制剂类制药废水水质特点

废水来源	水质特点
纯化水、注射用水制水设备排水	主要为酸碱废水
包装容器清洗废水	污染物浓度很低，但水量较大，COD <100 mg/L，SS <50 mg/L
工艺设备清洗废水	COD 较高，含药用活性成分，对微生物有抑制性，但水量较小，COD <1 500 mg/L
地面清洗废水	污染物浓度低，COD <400 mg/L
生活污水	易降解成分 COD ≤ 300 mg/L

实验以东药制剂厂区废水为研究对象，从探讨混装制剂废水处理技术成果及工程实例入手，结合东药集团废水处理经验，研究确定了生物处理技术为核心的制剂废水处理成套工艺技术[8-11]，研究结果可用于指导东北地区其他制剂类制药企业的废水处理，对这些企业的废水处理工程建设有借鉴作用。

1　实验研究

1.1　废水水质

试验用水取自东北制药集团混装制剂生产车间排放废水，废水水质检测结果见表2。

表 2　制药混装制剂废水水质

项目	浓度 (mg/L)
pH	5.6
COD	230 ～ 790
BOD_5	140 ～ 380
P	1
NH_4^+-N	25
无机盐	750
石油类	15
SS	40

由表2可知，该废水 COD 并不太高，但 BOD_5 / COD_{cr} 值较低，不能满足生化处理需要，必须进行预处理才可以继续有效处理。

1.2　工艺流程

在处理医药废水时，不仅要注重采用先进的技术，而且要充分结合实际情况，因地制宜地选择可行工程方案，使先进工艺具有可操作性和可实现性，进而发挥整体工艺的最佳技术性能。

根据前期研究结果、废水水量和水质特征、排放标准、回用要求、经济指标等因素，选择水解酸化 - 好氧接触氧化的工艺流程是适宜的[12-14]。装置接种菌种为东药集团股份有限公司污水处理中心的污泥。基本工艺流程见图 1。

1.3　试验方法的

试验在中试规模的混装制剂制药废水处理设施上开展，进水为实际混装制剂制药废水，废水依次通过格栅、沉砂池、初次沉淀（隔油）、调节池、水解酸化池、接触氧化池、二次沉淀后排出。试验改变预处理池、水解酸化池以及接触氧化池的运行条件，从而考察该系统的运行效果。

1.4　分析方法

试验过程中水样的分析采用标准方法[15]。COD、氨氮的测定采用分光光度法(UNIC4802，尤尼柯，美国)，SS 采用重量法测试。pH 采用 OHAUS Starter 3C 型 pH 计测定。COD_{cr} 去除率 η 计算见式(1)。

$$\eta = \left(1 - \frac{C_t}{C_0}\right) \times 100\% \tag{1}$$

式中，C_0 —— 废水中 COD_{cr} 初始浓度，mg/L ；

$\quad\quad C_t$ —— t 时刻废水中 COD_{cr} 浓度，mg/L。

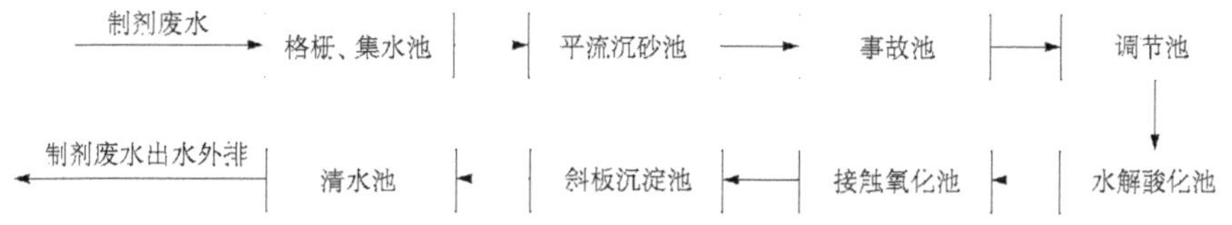

图 1　工艺流程

2　结果与讨论

2.1　沉淀预处理

2.1.1　自由沉淀对污染物去除效果

试验前先利用小型沉淀池进行不投药的重力沉降效果观察，结果见表3。

试验结果说明，在不投加絮凝剂的情况下，重力沉

表3　重力沉降过程对废水 SS 的去除效果

沉降时间（h）	沉淀后 SS 浓度（mg/L）	去除率（%）
0	42	—
0.5	37	11
2.0	35	17
4.0	33	21

降4h, SS 去除率可达21%，对比 2h 的结果，效果提升不显著。废水中悬浮物总量偏低的情况下，增加重力沉降时间效果不显著，而工程建设成本却将大幅增加，因此，不推荐太长的重力停留时间。

2.1.2　絮凝沉淀对污染物去除效果

絮凝试验，在投加聚合氯化铝和聚丙烯酰胺后将水样静置 0.5h，药剂最佳投加量分别为 PAC 45mg/L，PAM 0.2mg/L。处理效果见表 4。

通过观察数据可知，絮凝剂的投加确实能提高沉降效果，但废水静止后 COD 并未随同 SS 降低，表明 SS 主要是以无机物为主。而通过投加药剂来降低本就不高的 SS，经济性很差，不值得考虑。

2.2　制药废水处理系统的启动调试

2.2.1　运行初期

表4　絮凝沉淀对废水 SS 和 COD 的去除效果

项目	原水（mg/L）	絮凝后（mg/L）	去除率（%）
SS	40	12	70
COD	439	425	—

运行初期，装置调试的进水提升量逐步增加，每次提升水量在 200m³ 以上，装置仍然显示了很好的耐受能力（见图2）。

在此期间，尽管每次增加进水量，但装置出水均无超标的情况。通过计算还可得知，装置的整体去除率已经稳定较高。

2.2.2　加速调试期

加速调试期的主要进出水指标见表5。

由表5可知，由于接种的是制药废水处理的污泥，驯化初期即具备了一定的处理能力，但由于调试初期仍需要适应特征污染物、池体内温度较低等原因，在较低进水量的前提下出水经过 20d 以上才能稳定达标，而后开始逐步提升进水量。

加速调试期的运行以 15d 左右为一个时间节点，增加进水量 100m³/d。处理效果见图3、图4。

微生物系统在这个提升节奏下，基本需要 5d 左右的适应时间即可实现出水达标排放。但装置的去除率始终在 80% 左右。

30 ~ 90d 的调试与 0 ~ 30d 的调试相仿，进水量由运行 30d 的 800m³/d 增长至 1 300m³/d（图4）。

由图4可知，运行 30 ~ 40d 出水均相当稳定，每

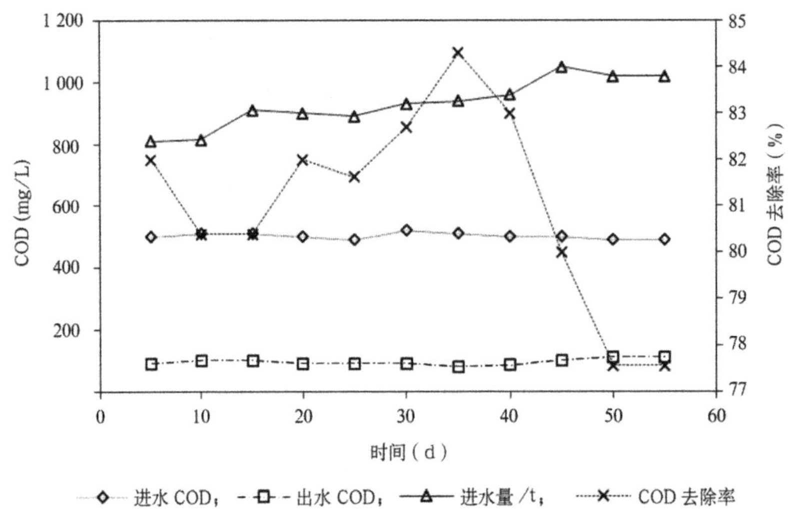

图2　运行初期处理效果

表 5　加速调试期 COD 的处理效果

时间（d）	进水浓度（mg/L）	出水浓度（mg/L）	去除率（%）	进水量（t）
0	478	172	62	542
3	486	164	66	526
6	486	142	71	592
9	549	124	77	569
12	510	120	76	511
15	504	112	78	542
18	439	97	78	507
21	456	109	76	512
24	498	94	81	523
27	483	94	81	546
30	491	98	80	658

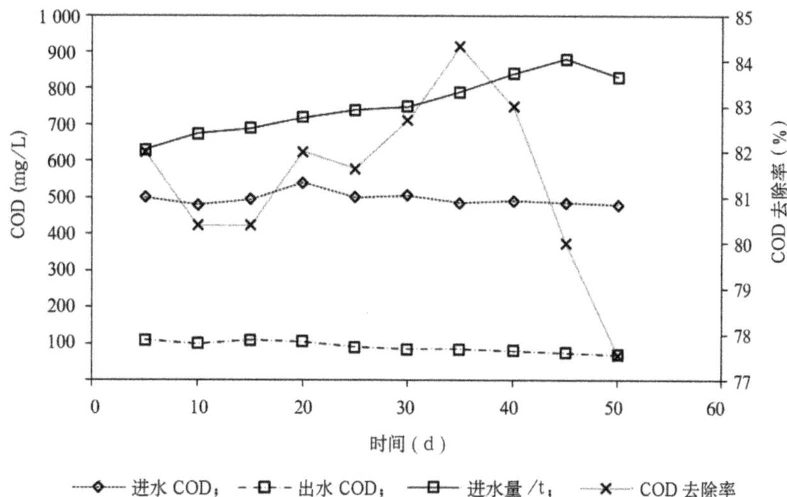

图 3　加速调试初期的进水量和进出水 COD 及去除率变化

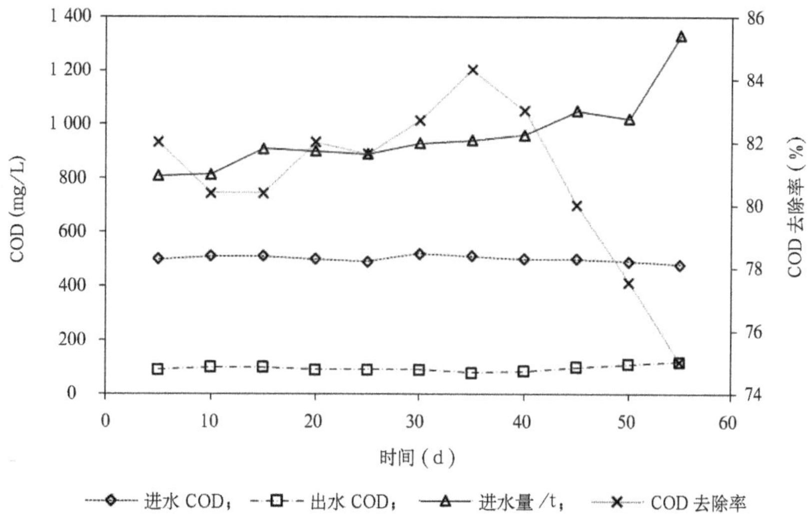

图 4　加速调试后期的进水量和进出水 COD 及去除率变化

次提升进水量后,出水浓度波动很小,系统的适应时间也在逐步减少。

2.2.3 稳定期

装置在稳定期的调试中,进水量在稳定期末,即第80d,达到了 2 200m³/d,此时已经实现了处理全部制剂废水的目标。稳定期处理效果见图5,综合调试期间的处理情况见表6。

由图5可知,运行的 70 ~ 80d 虽然进水量得到了提升,但出水仍很稳定。但由于整体装置的运行时间较短,微生物系统仍然不够成熟,装置的出水虽然能够控制在 100mg/L 以下,但平均浓度为 94m/L,存在出水超标的风险。

此后,装置进入了运行的稳定期,每日进水量均为 2 000 ~ 2 200m³/d,随着微生物系统的逐渐成熟,装置的出水指标日趋稳定,而且出水数据较之调试期有明显下降,已经能够长期保持在 60 ~ 80mg/L。

2.3 制药废水处理系统效果

中试装置随着天气的逐渐转暖,运行效果渐趋稳定,因此选择这一稳定周期中的运行数据进行分析(见图6、图7)。

水解酸化阶段平均COD去除率为18%,虽然不高,但其出水COD浓度较之原水的波动情况趋于平稳,同时也要考虑水解酸化环节对B/C值的提升又对整体稳定达标起着极其重要的作用。

另外,接触氧化段 COD 的平均容积负荷为 0.62 kg/（m³·d）,在这一数据下,活性污泥沉降性能良好,出水 COD 平均浓度 55 mg/L,镜检中可见纤毛虫等原生动物。通过对整体运行数据的观察,出水浓度未随进水浓度大幅波动而波动,说明中试装置对制剂废水有很高的去除效果,并有一定的抗冲击能力。

3 结语

针对制药混装药剂生产废水的水质特点和工程实际需求,设计了"沉淀－水解酸化－接触氧化"组合工艺,建立了一套中试规模的试验装置并开展试验研究,得到结论如下。

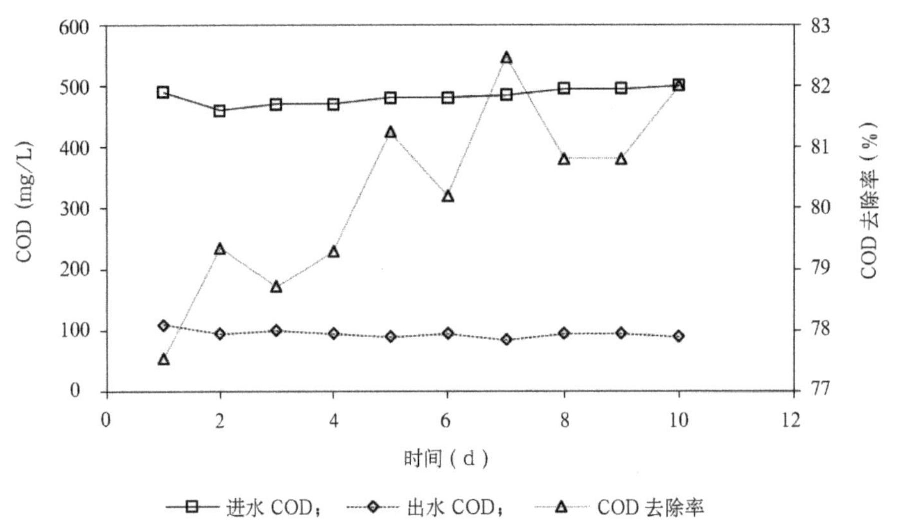

图5 稳定期进出水 COD 浓度变化

表6 综合调试期间处理前后的 COD 浓度

月份	进水浓度（mg/L）	出水浓度（mg/L）	去除率（%）	进水量（t）
1	484	115	76	14 671
2	491	96	80	24 039
3	491	92	81	25 022
4	497	96	81	32 400
5	500	91	82	42 019
6	468	93	80	52 514
7	465	94	80	63 290

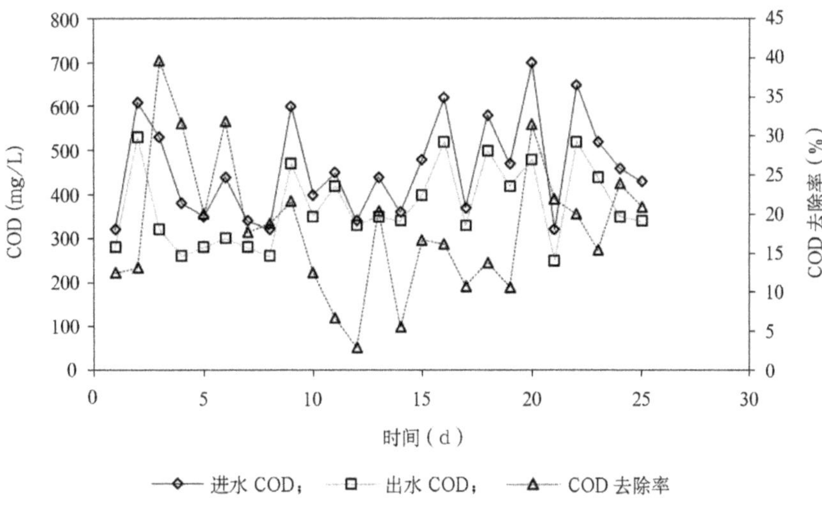

图 6　水解酸化过程对废水 COD 去除效果

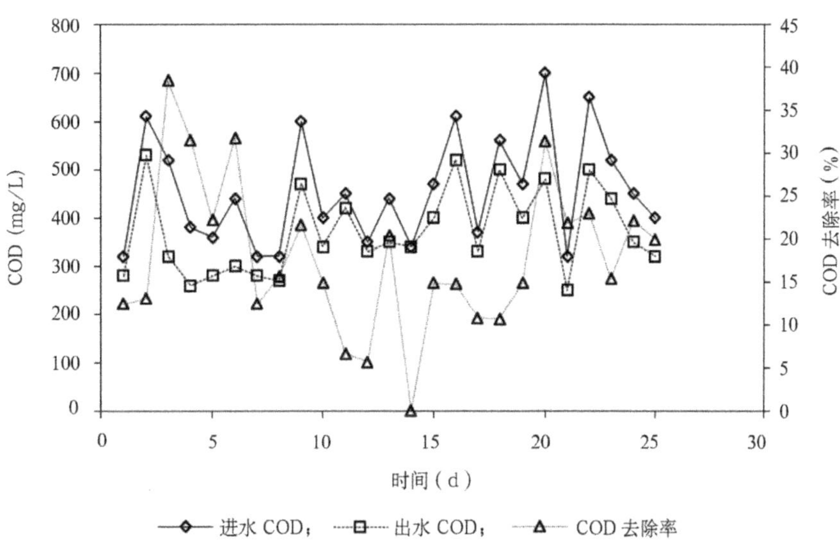

图 7　接触氧化过程对废水 COD 去除效果

（1）在不投加絮凝剂的情况下,混装药剂生产废水重力沉降 2h 后, SS 去除率可达 21%。投加聚合氯化铝（45mg/L）和聚丙烯酰胺（0.2mg/L）后 0.5h, SS 去除率可达 70%,但对 COD 去除效果有限。

（2）预处理后的废水进入水解酸化和接触氧化处理单元,水解酸化对废水 COD 去除率为 18% 左右,但废水可生化性提升明显,接触氧化对 COD 去除率约为 70%,出水 COD 平均浓度为 55mg/L。

（3）采用"沉淀－水解酸化－接触氧化"工艺处理制药混装制剂废水, COD 去除率可达 80% 以上,可以稳定实现废水的达标排放,具有较好的工程应用前景。

4 参考文献

[1]　范举红,刘锐,余素林,等 . 分质预处理强化制药废水处理效果的研究 [J]. 中国给水排水, 2012,28（23）:34-37.

[2]　国家环境保护部 . 制药工业(化学合成类、发酵类及制剂类)污染防治最佳可行技术指南（征求意见稿）[M], 北京: 中国环境科学出版社, 2013.

[3]　张淑萍 . 混凝——厌氧消化处理制药废水的试验研究 [D]. 成都:西南交通大学, 2010.

[4]　宋鑫,任立人,吴丹,等 . 制药废水深度处理技术的研究现状及进展 [J]. 广州化工, 2012,40（12）:29-31.

[5]　NG K K, SHI X Q, ONG S L, et al. Pyrose-quencing reveals microbial community profile in

anaerobic bio-entrapped membrane reactor for pharmaceutical wastewater treatment[J]. Bioresource Technology, 2016,200:1076-1079.

[6] 周莉莉 . 化工合成制药废水的高效厌氧生物处理技术研究 [D]. 天津：天津大学，2010.

[7] 许彦春,闫子鹏,严永江,等 . 水解酸化－SBR 工艺处理固体制剂和化学合成制药废水 [J]. 给水排水，2011,37 (10):68-70.

[8] 潘志彦,陈朝霞,王泉源,等 . 制药业水污染防治技术研究进展 [J]. 水处理技术，2004,28 (02):68-71.

[9] 楼菊青 . 制药废水处理进展综述 [J]. 重庆科技学院学报 (自然科学版).2006,8 (04):13-15.

[10] 马文鑫,陈卫中,任建军,等. 制药废水预处理技术探索 [J]. 环境污染与防治，2001,23 (02):87-89.

[11] 罗楠,彭勃 . SBR 法处理化学药物制剂废水 [J]. 环境污染与防治，1990,2 (21):20-22.

[12] 吴郭虎,李鹏,王曙光,等 . 混凝法处理制药废水的研究[J]. 水处理技术，2000,26 (01):53-55.

[13] 潘志强 . 土霉素、麦迪霉素废水的化学气浮处理 [J]. 工业水处理，1991,11 (01):24-26.

[14] 曾丽璇,彭瑛,张秋云 . 酶制剂废水处理的试验研究 [J]. 环境污染治理技术与设备，2002,3 (09):24-27.

[15] 国家环境保护总局 . 水和废水监测分析方法 (第 4 版)[M]. 北京：中国环境科学出版社，2002.

责任编辑　张　弛　（收到修改稿日期:2017-01-20）

居民食物氮足迹分析及其动态研究

A Dynamic Study and an Analysis on the Food Nitrogen Footprint of Residents

吕　越[1,2]　陈忠清[1,2]＊　（1. 绍兴文理学院土木工程学院,绍兴 312000; 2. 绍兴文理学院岩石力学与地质灾害实验中心,绍兴 312000)

Lü Yue[1,2]　Chen Zhongqing[1,2] ＊　(1. School of Civil Engineering, Shaoxing University, Shaoxing 312000; 2. Centre of Rock Mechanics and Geological Disaster, Shaoxing University, Shaoxing 312000)

摘要　以食物氮足迹为切入点,基于氮足迹计算模型,计算了 2000 ~ 2014 年浙江省居民食物氮足迹,研究了氮足迹动态变化特点及其与经济社会因子间的关系。结果表明:①浙江省城镇和农村居民的食物氮足迹变化分别与各自的食物消费量变化趋势相同,城镇为 16.85 ~ 20.10kg (N)/a,农村为 12.72 ~ 16.40kg (N)/a;②城镇居民的荤食、素食和副食氮足迹分别为 40.19% ~ 45.23%、35.42% ~ 42.60% 和 17.02% ~ 19.35%,农村分别为 16.79% ~ 34.99%、51.99% ~ 78.11% 和 5.10% ~ 13.13%;③城镇居民的食物氮足迹与人均可支配收入呈正相关、与人口数量、恩格尔系数和食物价格指数呈负相关,而农村居民食物氮足迹相关情况与前者相反。浙江省城镇居民的饮食消费模式不利于减缓食物氮足迹高通量状况,城市化进程将加速浙江省的氮足迹增长。食物氮足迹的计算可为改变高氮消费模式提供参考,引导"低氮型"生活。

关键词: 氮足迹　食物生产　食物消费　居民　浙江省

Abstract　Taking food nitrogen footprint (FNF) as a breakthrough point and based on an N-calculator model, the FNF of urban and rural residents in Zhejiang Province in the period of 2000 ~ 2014 were calculated, and the characteristic trends and associated socio-economic factors were analysed. It has indicated that the changes in FNF of urban and rural residents in Zhejiang Province were consistent with the changing trends of the amount of their individual food consumption (FC) ranging from 16.85 to 20.10 and from 12.72 to 16.40 kilograms of nitrogen per annum, respectively. The proportions of FNF from animal food, vegetarian diet and subsidiary foodstuff were 40.19% ~ 45.23%, 35.42% ~ 42.60%, 17.02% ~ 19.35% for urban residents, and 16.79% ~ 34.99%, 51.99% ~ 78.11%, 5.10% ~ 13.13% for rural residents, respectively. The FNF of urban residents was correlated positively with disposable income per capita, and negatively with population, Engel's coefficient and food price index, whilst that of rural residents was just in contrary. The FC pattern of urban residents was not conducive to slowing down high throughput of FNF, and the urbanisation process would accelerate the growth of FNF in Zhejiang Province. Such a calculation of FNF could provide a support to alter high nitrogen consumption patterns whilst leading to a "low nitrogen" life.

Key words:　Nitrogen footprint　Food production　Food consumption　Residents　Zhejiang Province

随着社会经济水平的提高，人们的食物消费需求量随之加大，食物消费模式和饮食爱好也不断改变。在食物的生产和消费过程中，因氮元素不停流动而产生了氮足迹，它直接反映了活性氮排放以及对周边环境的影响[1-3]。以往研究表明，肉食和素食能提供给人们氮素含量占生产过程的 20% 左右，即约 80% 的氮素已在生产过程中排到了环境中，超标的氮排放会导致水体富营养等严重的环境问题[4]。同时，近年来食物高需求量也推动着城镇和农村地区高氮食物的产生而增加了氮负荷量[5]。因此，居民消费是区域氮素污

———————————————

绍兴文理学院科研启动项目，编号：20145013。

第一作者吕越，女，1982 年生，2014 年毕业于西北农林科技大学水建学院，博士，讲师。

＊通信联系人，chen_321300@163.com。

染的主要来源之一。

氮足迹是目前足迹群体中的研究重点之一,定义是在生产、运输、储藏、使用、消费过程中直接和间接排放的总氮量,氮足迹用于定量评价各种生活和生产活动对氮元素排放量的影响[6]。Leach 等[6-7]于 2010 年首次开发出氮足迹计算模型,用于计算城市和农村的个人和家庭氮足迹;随后,很多学者对模型进行改进,并将其用于计算国家氮足迹;目前,氮足迹计算模型已计算了美国[8]、日本[9]和法国[10]等国家的人均氮足迹。浙江省是中国经济最活跃的省份之一,地处东南沿海长江三角洲南翼,面积 10.18 万 km^2,有杭州、宁波、绍兴、嘉兴、温州、金华、衢州、台州、舟山和丽水,2014 年底常住人口为 5 508 万人。浙江省生态环境相对脆弱,近年来人口的增长和城市化进程速度的加快导致氮元素需求量的增加。本研究以个人为单位的氮素代谢为基准,从城镇居民和农村居民的食物氮元素消费角度来分析 2000 ~ 2014 年浙江省居民食物氮足迹动态变化状况,对研究城市的社会经济发展与城镇农村居民食物氮排放的关系具有极其重要的意义。

1 研究方法

1.1 数据来源

本文基础数据来源于浙江省相关统计资料,并结合实地调研以补充和验证资料。包括:2000 ~ 2014 年的浙江统计年鉴、中国价格统计年鉴、浙江 60 年、发展统计汇编、国民经济和社会发展统计公报、浙江国土资源厅网站数据库的资料等。需要说明的是,浙江省城镇居民人均食物消费量采用浙江统计年鉴中的城镇居民千户家庭平均每人每年购买食品的总支出与当年各类食物价格的比值得到;2000 ~ 2014 年居民购买各类食物的价格采用中国价格统计年鉴中的 2000 ~ 2014 年浙江省食物平均价格数据,并结合 2000 ~ 2014 年浙江统计年鉴中的居民消费价格分类指标计算得到;不同食物氮含量的参数来源于相关参考文献[11-14]。

1.2 食物氮足迹计算方法

本研究考虑浙江省居民食物氮足迹主要包括食物生产氮足迹和消费氮足迹[11, 15]。即:

$$F_{nf} = F_{pnf} + F_{cnf} \quad (1)$$

式中,F_{nf} —— 食物氮足迹;

F_{pnf} —— 食物生产氮足迹;

F_{cnf} —— 食物消费氮足迹。

食物生产氮足迹计算公式[11, 15]为:

$$F_{pnf} = C_{fif} + F_{ulp} + C_{sfp} + P_w + T_s \\ + F_{sw} + F_{vsm} + K_g \quad (2)$$

式中,C_{fif} —— 农作物播种、果蔬灌溉施肥、畜禽喂养;

F_{ulp} —— 化肥农药适用、畜禽排泄污染;

C_{sfp} —— 作物收割加工、肉类宰杀加工、副食产品生产;

P_w —— 加工垃圾;

T_s —— 运输储存;

F_{sw} —— 食物变质浪费;

F_{vsm} —— 粮食、蔬菜、肉类、蛋类、水产品炊事;

K_g —— 餐厨垃圾。

食物消费氮足迹计算公式[11, 15]为:

$$F_{cnf} = F_c + H_e \quad (3)$$

式中,F_c —— 食物消耗;

H_e —— 人体排泄。

食物生产氮足迹是指食物生产过程中产生的不被人直接消费的氮,即虚拟氮。虚拟氮因子被用于美国量化居民各种食物消费产生的氮排放量,虚拟氮因子计算数据不包括生产过程中的能源氮流失[16-17]。因此,本研究的虚拟氮计算不包含食物生产过程中的能源氮足迹,而是利用各种食物虚拟氮与消费氮的关系、并结合虚拟氮因子与食物消费氮足迹得到食物生产氮足迹。而食物消费氮足迹的计算则需确定两个相关因子:人均食物消费量、食物氮含量[4],本研究所涉及的居民主要消费的荤食包括畜肉、禽肉和水产品,素食包括粮食、蔬菜和瓜果,副食包括蛋类、奶类和豆制品[18],因无法获得豆制品占食物消费总量结构比例的相关数据而忽略豆制品不计[4]。表 1 显示了不同食物氮含量与虚拟氮因子。

表 1　不同食物的氮含量与虚拟氮因子

食物种类	氮含量 (g/kg)	虚拟氮因子
畜肉类	28.93	4.7
禽肉类	29.61	3.4
水产品	28.48	3.1
粮食	14.27	1.5
蔬菜	1.74	10.9
瓜果	1.59	10.9
蛋类	20.30	3.5
奶类	5.30	5.7

2 结果与分析

2.1 居民食物氮足迹估算

表2显示了浙江省2000～2014年居民平均食物氮足迹估算结果。城镇居民的各类人均食物氮足迹均增加，2010年起，素食（主要为粮食和蔬菜）氮足迹相对降低。虽然农村居民人均食物氮足迹增加的幅度均大于城镇居民（粮食和蔬菜除外），但历年各类食物氮足迹的平均水平仍为城镇居民大于农村居民（粮食除外），具体表现为水产品（3.38倍）、禽肉类（1.75倍）、畜肉类（1.85倍）、瓜果（1.22倍）、蔬菜（1.30倍）、蛋类（1.49倍）、奶类（5.06倍），而粮食为0.45倍。产生上述差异可能是因为城镇居民拥有较高生活水平，因此倾向于高氮荤食和副食；过去农村居民的食物消费主要集中于粮食和蔬菜，近年来随着经济的发展，农村居民高氮荤食和副食消费比例也一定程度得以增加。2000～2014年浙江省城镇居民和农村居民的年人均食物氮足迹分别为19.55kg（N）和15.75 kg（N），城镇居民的年人均食物氮足迹接近于美国平均水平21.52 kg（N）[8]和法国平均水平20.99 kg（N）[10]，说明城镇居民的生活模式已逐渐靠近发达国家的"高氮型"生活，而对于浙江省乃至整个中国而言，这种"高氮型"模式将会因氮积累超标带来更多的环境问题。

2.2　居民食物氮足迹变化趋势

2000～2014年浙江省人均食物氮足迹的变化状况见图1。Spearman分析结果说明，食物消费量与食物氮足迹呈显著正相关性，城镇居民食物消费量（除粮食外）的增大使得食物氮足迹增加（$r=0.933$，$P = 0.000$），在2012年处于顶峰状态；农村居民食物消费量呈现先增高再降低的趋势（主要为粮食和蔬菜），食物氮足迹也相应变化（$r=0.940$，$P=0.000$）。在2006年食物消费量（仍为粮食和蔬菜）的突增虽然使得食物氮足迹也增加了，但是氮食物消费量的增幅程度远大于食物氮足迹的增幅程度，这表明低氮食物消费量的增加对食物氮足迹的影响较小[18]。

图2显示了各种食物占当年总氮足迹的比例。城镇居民的荤食、素食和副食氮足迹分别保持在40.19%～45.23%、35.42%～42.60%和17.02%～19.35%，农村居民相对应的食物氮足迹分别稳定16.79%～34.99%、51.99%～78.11%和5.10%～13.13%。早期农村居民的食物消费主要集中于粮食和蔬菜，近年来虽然其荤食和副食增加的比例幅度比城镇居民的高，但仅是城镇居民的13.09%～5.33%，由于奶类和肉类的氮足迹含量远高于碳水化合物和谷类氮足迹含量，因此城镇居民的食物氮足迹仍每年都高于农村居民食物氮足迹。就浙江省总体食物消费结构来说，素食中的粮食和蔬菜氮足迹比例均不断降低，瓜果氮足迹有小幅提高；荤食中的畜禽肉类和水产品氮足迹和副食中的奶类和蛋类氮足迹均逐年增大。说明伴随城镇和农村居民生活水平的整体提高，对于食品的消费逐渐倾向于高氮荤食和副食，在素食中则偏向于瓜果。

2.3　居民食物氮足迹与社会经济因子的关系

随着社会经济发展，居民食物消费模式和消费量也在变化。Galloway等[3]研究发现，食物氮足迹与人口数量、人均可支配收入、恩格尔系数和食物价格指数均有密切关系。本文选取上述4个社会经济因子进行Spearman分析，以研究食物氮足迹的驱动因子。

表2　2000～2014年浙江省居民每人年均食物氮足迹〔kg（N）〕

食物类别	城镇居民人均食物氮足迹					农村居民人均食物氮足迹				
	2000	2005	2010	2014	2000～2014	2000	2005	2010	2014	2000～2014
荤食	6.96	7.78	8.05	8.54	7.65	2.75	3.68	3.99	4.45	3.66
畜肉类	4.38	4.82	4.93	5.20	4.73	2.08	2.55	2.74	3.04	2.55
禽肉类	0.77	0.91	0.99	1.06	0.91	0.34	0.52	0.59	0.67	0.52
水产品	1.82	2.05	2.14	2.28	2.01	0.33	0.61	0.67	0.75	0.59
素食	7.01	7.79	8.54	7.88	7.65	12.78	12.51	7.54	6.60	10.79
粮食	2.50	2.81	3.18	2.61	2.77	7.85	7.79	4.27	3.69	6.79
蔬菜	3.82	4.18	4.51	4.35	4.08	4.55	4.16	2.55	2.09	3.35
瓜果	0.69	0.80	0.85	0.92	0.80	0.38	0.56	0.72	0.82	0.65
副食	2.88	3.30	3.46	3.69	3.25	0.87	1.27	1.42	1.67	1.30
蛋类	1.25	1.42	1.49	1.60	1.39	0.67	0.92	1.02	1.12	0.93
奶类	1.63	1.88	1.97	2.09	1.86	0.20	0.35	0.40	0.55	0.37
总量	16.85	18.86	20.05	20.10	18.55	16.40	17.46	12.95	12.72	15.75

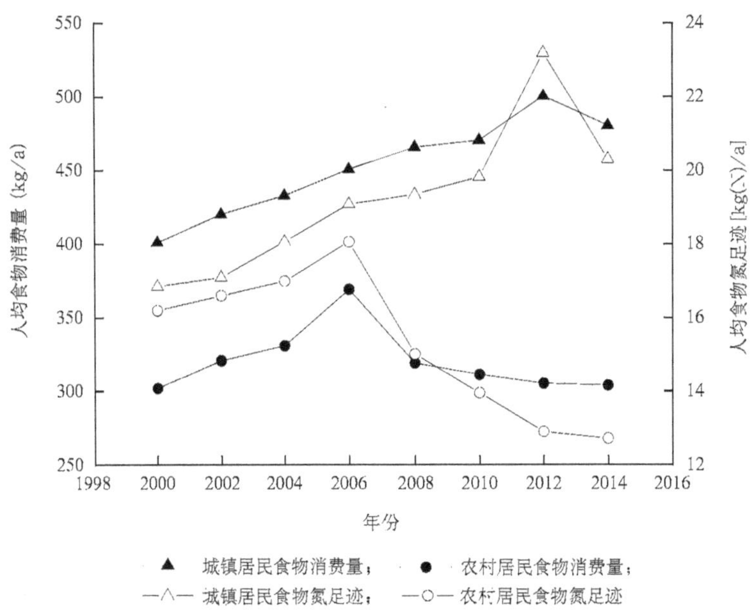

图1　2000～2014年浙江省居民人均食物消费量和食物氮足迹的变化

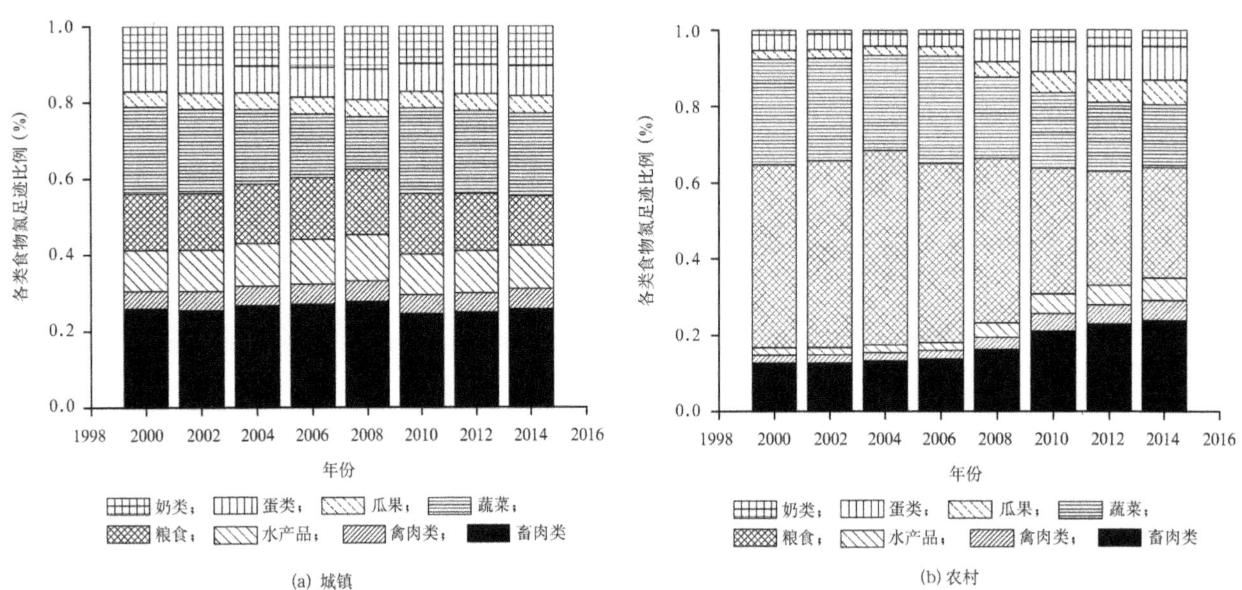

图2　2000～2014年浙江省居民食物氮足迹结构变化

由表3可知,2000～2014年浙江省食物氮足迹与4个主要社会经济因子有相关性。城镇居民食物氮足迹相关情况具体表现为:食物氮足迹与人均可支配收入呈正相关、与其他3项指标呈负相关;而农村居民食物氮足迹相关情况与前者相反。由此可知,食物价格和消费支出对居民的消费制约度降低,家庭规模的缩小使得家庭消费负担降低。因此,城镇居民首选高氮类的肉奶类和水产品食物而增长了食物氮足迹;农村居民在近年来降低了主粮的消费量并较小程度地增加了瓜果、荤食和副食,食物氮足迹略微降低。同时,对于食物总量氮足迹而言,城镇居民的肉奶类水产品氮足迹、农村居民的粮食蔬菜瓜果类氮足迹分别和4个因子的相关性均与食物总量氮足迹高度相似,进一步说明肉奶类水产品和粮食蔬菜瓜果的消费分别影响着浙江省城镇居民和农村居民的氮足迹走向。

表 3　浙江省居民人均食物氮足迹与各社会经济因素相关性

种类	人口数量系数	人均可支配收入系数	恩格尔系数	食物价格指数
城镇人均总量	−0.81[2]	0.79[2]	−0.82[2]	−0.33[1]
畜肉类	−0.94[2]	0.85[2]	−0.87[2]	−0.34[1]
禽肉类	−0.93[2]	0.88[2]	−0.82[2]	−0.35[1]
水产品	−0.85[2]	0.86	−0.87[2]	−0.37[1]
粮食	0.59[2]	−0.88[2]	0.64[2]	0.32
蔬菜	−0.66[2]	0.73[2]	−0.65[2]	−0.32[1]
瓜果	−0.05	0.86[2]	0.01	0.17
蛋类	−0.13	0.13	−0.08	−0.17
奶类	−0.99[2]	0.97[2]	−0.91[2]	−0.95
农村人均总量	0.85[2]	−0.81[2]	0.79[2]	0.02
畜肉类	−0.64[2]	0.61[2]	−0.58[2]	−0.33[1]
禽肉类	−0.88[2]	0.63[2]	−0.77[2]	−0.16
水产品	−0.86[2]	0.06[2]	−0.77[2]	−0.24
粮食	0.88[2]	−0.86[2]	0.81[2]	0.15
蔬菜	0.95[2]	−0.95[2]	0.93[2]	0.26
瓜果	−0.86[2]	0.75[2]	−0.76[2]	−0.28
蛋类	−0.13[2]	0.13[2]	−0.77[2]	−0.26
奶类	−0.77[2]	0.76[2]	−0.74[2]	−0.35[1]

1）表示显著性水平≤1%；2）表示显著性水平≤5%。

3　讨论

食物氮足迹的计算方法主要为两种。第1种方法是包含食物消费氮足迹、生产氮足迹、能源氮足迹，如李玉炫等[19]和 Yang 等[20]的研究。本研究因相关统计数据和参数的部分缺乏而选用第2种方法，即采用美国的虚拟氮因子、未考虑能源氮足迹部分、也忽略了居民在外地的食物消费和外来人口在本区域内的食物消费氮足迹部分[8]，这些原因均有可能造成浙江省人均食物氮足迹偏低的结果。由计算结果可知，浙江省2000～2014年城镇居民食物氮足迹是16.85～20.10 kg(N)/a，与中国人均食物氮足迹变化范围相似[12]，因此本研究的计算结果具有一定参考性，可为其他元素足迹的计算提供参照方法。此外，目前对于食物氮足迹的计算只是包含了所有活性氮[7,21]，未量化其他形态的氮，因此本文使用的虚拟氮因子不包含全球暖化潜势因子[22]。今后的研究方向可引入此因子以便详细计算各类氮污染物的权重，使氮足迹的应用从目前的生产和消费阶段延伸到整个生命阶段，由此形成适用于各个区域的 N-Calculator 模型，以引导"低氮型"生活并降低环境污染风险因子。

4　结论

综合分析了浙江省2000～2014年居民食物氮足迹动态变化特征及影响因素，城镇居民人均食物氮足迹为16.85～20.10 kg(N)/a，均值为19.55 kg(N)/a；农村居民人均食物氮足迹为12.72～16.40 kg(N)/a，均值为16.75 kg(N)/a，城镇居民食物氮足迹接近发达国家的"高氮型"生活消费水平。2000～2014年浙江省城镇农村居民食物氮足迹的结构也进行了调整，畜禽肉类和水产品、奶类的食物氮足迹所占比例逐年增加，素食中粮食蔬菜所占比例则为降低。城镇居民的食物氮足迹与人均可支配收入呈正相关、与人口数量、恩格尔系数和食物价格指数呈负相关；而农村居民食物氮足迹相关情况与前者相反。食物氮足迹的计算可为改变高氮消费模式提供参考，引导"低氮型"生活。

5　参考文献

［1］ GALLOWAY J N, DENTENER F J, CAPONE D G, et al. Nitrogen cycles: past, present, and future [J]. Biogeochemistry, 2004, 70 (2):153−226.

［2］ 马林, 魏静, 王方浩, 等．中国食物链氮素资源流动特征分析[J]．自然资源学报, 2009, 12:2104−2114.

[3] GALLOWAY J N, TOWNSEND A R, ERISMAN J W, et al. Transformation of the nitrogen cycle：recent trends, questions, and potential solutions [J]. Science, 2008,320 (5878) :889-892.

[4] 于洋,崔胜辉,赵胜男,等. 城市居民食物氮消费变化及其环境负荷－以厦门市为例 [J]. 生态学报, 2012,32 (19) :5953-5961.

[5] WANG J N, XU Z C, PENG X C. Change trend of Chinese urban residents' food nitrogen consumption [J]. Agricultural Science & Technology, 2010,11 (4) :176-179.

[6] LEACH A M, MAJIDI A N, GALLOWAY J N, et al. Toward institutional sustainability：A nitrogen footprint model for a university[J]. Sustainability：The Journal of Record, 2013,6 (4) :211-219.

[7] LEACH A M, GALLOWAY J N, BLEEKER A, et al. A nitrogen footprint model to help consumers understand their role in nitrogen losses to the environment[J]. Environmental Development, 2012 (1) :40-66.

[8] STEVENS C J, LEACH A M, DALEA S, et al. Personal nitrogen footprint tool for the United Kingdom [J]. Environmental Science：Processes & Impacts, 2014, 16 (7) :1563-1569.

[9] SHIBATA H, CATTANEO L R, LEACH A M, et al. First approach to the Japanese nitrogen footprint model to predict the loss of nitrogen to the environment [J]. Environmental Research Letters, 2014,9 (11) :1-9.

[10] CHATZIMPIROS P, BARLES S. Nitrogen footprint：N use related to meat and dairy consumption in France[J]. Biogeosciences, 2013,10 (119) :471-481.

[11] LEACH A M, GALLOWAY J N, BLEEKER A, et al. Online Nitrogen Footprint Calculator[J]. Environment Development, 2012,1 (1) :40-66.

[12] GU B J, LEACH A M, MA L, et al. Nitrogen footprint in China：food energy and nonfood goods [J]. Environment Science and Technology, 2013,47 (16) :9217-9224.

[13] 袁学国. 我国城乡居民畜产品消费研究 [D]. 北京：中国农业科学院, 2001.

[14] WANG J N, XU Z C, PENG X C. Change trend of Chinese urban residents' food nitrogen consumption [J]. Journal of Anhui Agricultural Science, 2010, 38 (19) :10332-10334.

[15] GALLOWAY J N, ABER J D, ERISMAN J W, et al. The nitrogen cascade [J]. Bio Science, 2003,53 (4) :341-356.

[16] MA L, WEI J, WANG F H, et al. Nitrogen flow in food chain among regions based on MFA and model：A case of Huanghuaihai Plain[J]. Acta Ecologica Sinica, 2009,29 (1) :475-483.

[17] 魏静,马林,路光,等. 城镇化对我国食物消费系统氮素流动及循环利用的影响[J]. 生态学报, 2008 (3) :1016-1025.

[18] HE F. Effects of N rates on canopy microclimate and population health in irrigated rice[J]. Agricultural Science & Technology, 2009,10 (6) :79-83.

[19] 李玉炫,王俊能,许振成,等. 广州食物氮足迹估算与分析 [J]. 广东农业科学, 2012 (6) :137-140.

[20] YANG Y M, YANG Z F, ZHANG X F, et al. Nitrogen transformation and loss during the composting of food wastes with different nitrogen contents[J]. Acta Scientiae Circumstantiate, 2007, 27 (6) :993-999.

[21] ALLISON M L, JAMES N G, ALBERT B, et al. A nitrogen footprint model to help consumers understand their role in nitrogen losses to the environment[J]. Environmental Development, 2012, 1 (1) :40-66.

[22] SCHLESINGER W H, BERNHARDT E S. Biogeochemistry：an analysis of global change[M]. 3rd ed. Amsterdam：Academic press, 2013.

责任编辑　梁丹涛　（收到修改稿日期：2017-01-19）

云南某矿山环境质量现状评估

An Assessment of the Environmental Status Quo of a Mine in Yunnan Province

王进进 （昆明理工大学国土资源工程学院，昆明 650093）

Wang Jinjin (Faculty of Land Resource Engineering, Kunming University of Science and Technology, Kunming 650093)

摘要 为评估云南某矿山的环境现状，详细调查了该区的空气、噪声、地表水、地下水、土壤质量和地质灾害等，采用标准指数法和比较法对项目进行详细评价，提出了污染对策措施及建议。

关键词： 矿山环境 环境监测 评估分析

Abstract In order to evaluate the environmental status of a mine in Yunnan Province, detailed field investigation had been carried out in the area about air, noise, surface water, groundwater, soil, as well as geological disasters, and etc. The assessment was conducted by using standard index method and comparison method in detail, whilst the measures for controlling pollution have been proposed.

Key words: Environment of mine　Environmental monitoring　Evaluation and analysis

我国疆域辽阔、成矿地质条件优越、矿种齐全配套、资源总量丰富，是具有自己资源特色的矿产资源大国。得天独厚的资源促进了我国国民经济的飞速发展，近年来，矿产资源的开发利用更是年年创新高。这种长期、大规模粗放式开采给矿区以及区域环境带来了一系列环境问题，制约了矿山的可持续发展。因此，如何科学合理的对矿山环境问题作出评价，是矿山环境研究的一个重大课题[1-5]。

本文根据矿山的特点，对矿山的空气质量、声环境质量、地表水环境质量、地下水环境质量、土壤质量、地质灾害危险性现状等6个内容检测评价分析。

1 矿山地质概况

1.1 地形地貌

矿区地处云南高原南缘哀牢山南出支脉西端红河州西南部山区，属深切割中山地形，山势陡峭，沟谷纵横，东、西部地势较高，中部地势略为低缓。矿区总体地势为东高西低，为中山地貌。

1.2 地层岩性

矿区内出露的地层较为简单，主要为下志留统（S_1）、下三叠统高山寨组（T_3g）和第四系（Q）。

1.3 地质构造

矿区内地质构造中等复杂，主要有2条断裂通过，F_1 和 F_2 断层，2条断层均分布于矿区中部，F_1 断层是区内主要的控岩、控矿断层。

2 环境现状评价的监测项目及其方法

2.1 评价项目

根据矿山特点，本次检测评价项目为空气、声音、地表水、地下水、土壤和地质灾害等6项。

2.2 检测参数及其方法

2.2.1 空气

矿区所处区域为农村地区，评价范围内无明显大气污染源。空气监测布置2个监测点，检测参数为TSP。评价标准采用《环境空气质量标准》（GB3095-1996）二级标准：TSP日均值 $0.30mg/m^3$，监测结果见表1。

作者王进进，男，1989 年生，2013 年毕业于中国地质大学工程技术学院，在读硕士研究生。

表 1　环境空气现状

项目	监测地点	
	矿山生活区	工业场地
监测天数（d）	D1－D7	D1－D7
采样时间（h）	12	12
7 d 均值（mg/m³）	0.098 1	0.128 6
标准值（mg/m³）	≤ 0.30	≤ 0.30

由表 1 可知，本次评价环境空气中 TSP 现状监测结果均能满足《环境空气质量标准》（GB3092－1996）中二级标准，表明矿区及矿区周边的环境质量空气良好。

2.2.2　声环境

声环境监测布置 2 点，监测指标为 Leq，评价方法采用标准比较法，即以噪声实测值与相应标准值进行比较，得出是否超标，评价标准采用《声环境质量标准》（GB3096-2008）标准，监测结果见表 2。

由表 2 可知，本次评价噪声结果满足《声环境质量标准》（GB3096-2008）标准，矿区周围的环境质量状况能够达到 2 类区标准的功能要求。

2.2.3　地表水环境

矿区最终纳污水体主要为勐漫河，属小黑江一级支流，红河水系矿区地表水向西北向南西汇入勐漫河。由于勐漫河未进行水环境功能区划，按照支流水环境功能不低于干流的原则，应执行源头至入李仙江口功能，指定水体主要功能为农业用水、一般鱼类保护，执行标准类别为Ⅲ类，因此，执行《地表水环境质量标准》（GB3838－2002）Ⅲ类标准。

根据工程环境影响特征，本次监测点布置 4 个，监测因子：pH、COD、BOD₅、SS、总磷、NH₃-N、

Cu、Zn、Pb、Hg、Cr⁶⁺、Cd、As、Fe、硫化物、氟化物、石油类共 17 项。采用单因子标准指数法[6]进行评价。

$$P_{ij} = \frac{C_{ij}}{S_{ij}}$$

式中，P_{ij}——第 i 种污染物在第 j 点的指数；

C_{ij}——第 i 种污染物在第 j 点的监测平均值，mg/L；

S_{ij}——第 i 种污染物的评价标准，mg/L。

pH 标准指数为：

$$P_{pH_j} = \frac{7.0 - pH_j}{7.0 - PH_{sd}} \quad pH_j \leqslant 7.0$$

$$P_{pH_j} = \frac{pH_j - 7.0}{PH_{sd} - 7.0} \quad pH_j > 7.0$$

式中，pH_j——第 j 点的监测平均值；

pH_{sd}——水质标准中规定的下限；

pH_{su}——水质标准中规定的上限。

水质评价因子的标准值 > 1，表明该评价因子的水质超过了规定的额水质标准，已经不能满足相应的水域功能要求，监测结果见表 3。

由表 3 可知，17 项监测指标均能满足《地表水环境质量标准》Ⅲ类标准水质要求。

2.2.4　地下水环境

矿区地形较陡，相对高差较大，开采的矿体主要赋存于 1 496 ～ 1 670m 标高之间，西侧溪沟径流出处为矿区最低侵蚀基准点，标高 1 460m，目前矿区申请的最低开采标高为 1 496m，高于当地最低侵蚀面标高，有利于地表水及地下水的排泄。据现场调查，矿区范围内无泉点出露。

根据工程环境影响特征，本次监测点布置 2 个，监测因子：pH、COD_Mn、SS、NH₃-N、Fe、Cu、Hg、Cr⁶⁺、Cd、As、Mn、Zn、硫酸盐、氟化物等。评价方

表 2　噪声监测结果[1]

项目	监测地点			
	矿山生活区		工业场地	
监测时间	第 1 d	第 2 d	第 1 d	第 2 d
监测时段	昼	昼	昼	昼
等效声级［dB（A）］	56.6	57.1	53.5	51.7
监测时段	夜	夜	夜	夜
等效声级［dB（A）］	48.3	46.5	48.0	47.6

1）标准值（2 类区）昼间：60，夜间：50。

表 3　地表水环境现状质量监测结果（mg/L）

采样点	项目	监测因子															
		pH	COD	BOD_5	Cu	Cr^{6+}	砷	镉	铅	锌	硫化物	氟化物	SS	氨氮	Fe	Hg	总磷	石油类
1#断面	平均值	7.10	16.33	1.63	0.05	0.004	0.007	0.001	0.1	0.05	0.005	0.06	5	0.03	0.07	0.02×10^{-3}	0.07	0.01
	标准值	6 ~ 9	≤ 20	≤ 4.0	≤ 1.0	≤ 0.05	≤ 0.05	≤ 0.005	≤ 0.05	≤ 1.0	≤ 0.2	≤ 1.0	/	≤ 1.0	0.3	≤ 0.000 1	≤ 0.2	≤ 0.05
	评价指数	0.05	0.817	0.408	0.05	0.08	0.14	0.2	0.2	0.05	0.025	0.06		0.03	0.23	0.2	0.35	0.2
2#断面	平均值	7.48	10	0.5	0.05	0.004	0.007	0.001	0.01	0.05	0.005	0.06	4	0.03	0.03	0.02×10^{-3}	0.06	0.01
	标准值	6 ~ 9	≤ 20	≤ 4.0	≤ 1.0	≤ 0.05	≤ 0.05	≤ 0.005	≤ 0.05	≤ 1.0	≤ 0.2	≤ 1.0	/	≤ 1.0	0.3	≤ 0.000 1	≤ 0.2	≤ 0.05
	评价指数	0.24	0.50	0.125	0.05	0.08	0.14	0.2	0.2	0.05	0.025	0.06		0.03	0.1	0.2	0.35	0.20
3#断面	平均值	7.33	10	0.5	0.05	0.004	0.007	0.001	0.01	0.05	0.005	0.06	6	0.04	0.05	0.02×10^{-3}	0.07	0.01
	标准值	6 ~ 9	≤ 20	≤ 4.0	≤ 1.0	≤ 0.05	≤ 0.05	≤ 0.005	≤ 0.05	≤ 1.0	≤ 0.2	≤ 1.0	/	≤ 1.0	0.3	≤ 0.000 1	≤ 0.2	≤ 0.05
	评价指数	0.17	0.50	0.125	0.05	0.08	0.14	0.2	0.2	0.05	0.025	0.06		0.04	0.17	0.2	0.35	0.20
4#断面	平均值	7.67	13.67	1.23	0.05	0.004	0.007	0.001	0.01	0.05	0.005	0.06	8.3	0.04	0.03	0.02×10^{-3}	0.05	0.02
	标准值	6 ~ 9	≤ 20	≤ 4.0	≤ 1.0	≤ 0.05	≤ 0.05	≤ 0.005	≤ 0.05	≤ 1.0	≤ 0.2	≤ 1.0	/	≤ 1.0	0.3	≤ 0.000 1	≤ 0.2	≤ 0.05
	评价指数	0.34	0.684	0.308	0.05	0.08	0.14	0.2	0.2	0.05	0.025	0.06		0.04	0.1	0.2	0.35	0.4

法采用单因子指数评价法，评价标准采用《地下水质量标准》（GB/T14848-93）Ⅲ类标准，监测结果见表 4。

由表 4 可知，矿区 1# 生产井巷矿坑涌水所监测的所有指标能够满足标准Ⅲ类水质要求，矿区生活饮用水点所监测的所有指标能够满足Ⅲ类水质要求。

2.2.5 土壤环境

土壤质量也是矿区一个重要的指标，布置 1 个监

表 4　地下水环境监测结果（mg/L）

监测因子	采样点			
	矿区 1# 生产井		矿区生活用水	
	平均值	标准值	平均值	标准值
pH	7.59	6.5 ～ 8.5	7.80	6.5 ～ 8.5
COD_{Mn}	0.5	≤ 3.0	0.5	≤ 3.0
NH_3-N	0.025	≤ 0.2	0.03	≤ 0.2
Cu	0.05	≤ 1.0	0.05	≤ 1.0
# 硫酸盐	26.40	≤ 250	2.03	≤ 250
Hg	0.02×10^{-3}	≤ 0.001	0.02×10^{-3}	≤ 0.001
Cr^{6+}	0.004	≤ 0.05	0.004	≤ 0.05
Cd	0.001	≤ 0.01	0.001	≤ 0.01
Fe	0.03	≤ 0.3	0.03	≤ 0.3
As	0.007	≤ 0.05	0.007	≤ 0.05
Zn	0.05	≤ 1.0	0.05	≤ 1.0
Mn	0.01	≤ 0.1	0.01	≤ 0.1
氟化物	0.13	≤ 1.0	0.12	≤ 1.0
SS	7.67		4	

测点，位于矿体下方的农田内的土壤，用 KT 表示，具有典型代表性。监测因子：pH、As、Hg、Pb、Cu、Cr、Cd、Zn、Ni 等 9 项。评价标准采用《土壤环境质量标准》（GB15618-1995），监测结果见表 5。

由表 5 可知，矿体移动范围内的土壤为环境质量功能Ⅲ类区，符合矿山开发区附近农田土壤的标准值。

2.2.6 地质灾害危险性现状

表 5　土壤监测结果（mg/kg）

分析项目	数值
pH	6.57
Cu	205
Pb	112.2
Zn	95.6
As	24.7
Cd	0.05
Cr	97
Hg	0.138
Ni	71

评估区内发育 1 处滑坡（H1）、1 处潜在不稳定边坡（BW1），泥石流 1 条（N1），未发现崩塌、地面塌陷、地面沉降、地裂缝等其他地质灾害。

（1）滑坡（H1）

基本特征：位于评估区西部，地处 C_2 冲沟北岸坡，前缘坡脚及远端有废弃的炸药库库房及临时废石场。滑坡自然地形坡度约为 39°，平面形态略成扇形，长 35m，宽 25m，纵向剖面不规则，均厚 3m，估计体积 2 625m³。滑坡前缘高程 1 512m，后缘高程 1 540m，后缘及两侧形成高 0.5 ～ 1.5m 滑坡壁高，坡度 40°～ 50°，主要滑坡方向 260°，滑床表面已有杂草生长，属小型老滑坡。出露下三叠统高山寨组(T_3g)灰、灰绿色页岩、砂岩局部夹少量透镜体灰岩，有较多石英脉沿节理裂隙、穿插，石英脉中有少许黄铁矿呈星点状分布，岩层产状倾向北东，倾角约 38°。由于围岩蚀变及风化原因，岩体较为破碎，强风化层较厚，构成斜坡稳定性差。

稳定性及危害：现状稳定性较差。可能失稳因素有降雨、切坡、爆破振动、时间效应等，一旦失稳，

可能再次引发滑坡，并威胁废石场的正常运营，危害及危险性中等。

（2）潜在不稳定边坡（BW₁）

分布特征：分布于评估区西部。坡高 50 ～ 75m，长约 160m，宽 40 ～ 50m，坡度 25°～ 30°。斜坡体上段局部滑动，为地表耕作边坡或植被不发育的斜坡。

稳定性及危害：现状基本稳定，发展趋势不稳定。可能失稳因素有降雨、地震、岩体风化、时间效应等，一旦失稳，可能引发滑坡、崩塌，对废石场构成威胁，危害及危险性中等。

（3）泥石流（N₁）

为 C₃ 冲谷所在，发源于评估区北西部一带，向 45°～ 63°发育延伸方向，上游呈"树枝状"发育，横切面呈"V"字形，沟底宽 24 ～ 98m，沟坡 24°～ 38°，纵坡降约 30%，并有阶状陡坎分布，汇水面积 0.87km²，调查期间流量约为 19L/s，沟两岸植被较发育，其扩张作用不强烈；沟内有水流，主要物源为矿山弃渣，其次为冲沟沟岸垮塌及沟底搬运物，沟口有洪积物及大量废石堆积，沟口附近及下游无无村庄分布，该泥石流处于发展期，易发程度为高易发；现状危害主要为下游农田，危害及危险性小。

3　污染控制对策措施及建议

3.1　空气污染控制对策措施

矿区现状空气质量良好，但施工期会对空气有一定污染。建议在施工场定期洒水防尘，缩小粉尘影响范围，对运输车辆安装尾气净化器，定期清扫道路。

3.2　噪声污染控制对策措施

矿区噪声污染主要来于施工车辆及机械，建议选用噪声低、振动小、能耗小的先进设备，合理安排施工时间。

3.3　地表水污染控制对策措施

施工废水应做到统一收集、统一处理。施工人员粪便排入旱厕，专人清扫。生活污水排入沉淀池，处理后可用于道路洒水降尘。

3.4　地质灾害防治措施

（1）H₁ 滑坡灾害防治措施：采取"浆砌石挡土墙＋植物措施"的综合防治方案。方案设计挡土墙长 25m，高 2.0m，基础埋深 1.0m，上顶宽 0.7m，下底宽约 1.85 m，墙体设泄水孔，迎坡面 1:0.2，背坡面 1:0.1，采用厚 30cmM7.5 浆砌块石支砌；同时为改善滑坡坡体生态环境，减少地表水体的冲刷，减少水土流失，方案考虑种植适生树种恢复植被，采用灌、草结合的方法，灌木选择马桑，草种选择狗牙根，种植面积 0.01hm²，种植马桑 13 株，狗牙根 0.225kg。

（2）BW1 不稳定边坡防治：采取变形位移监测防治方案。

（3）N₁ 泥石流：方案考虑在废石场拦渣坝下游沟谷修建谷坊，主要是抬高侵蚀基准面，阻止沟谷下切，缓解沟道纵坡，减小山洪流速，保障拦渣坝的安全运行，并起到对运行过程上游泥沙进行拦挡沉淀。方案共布设谷坊坝 2 条，总长度 42m，结构类型为浆砌块石坝，顶宽 1.0m，底宽 3.0m，高度 4.0m，估算浆砌块石坝体积 72.58m³。

4　参考文献

［1］　李东,周可法,孙卫东,等．BP 神经网络和 SVM 在矿山环境评价中的应用分析[J]．干旱区地理，2015,38（01）:128–134.

［2］　王钧超．矿山环境评价方法综述与治理经验探讨[J]．中国矿业，2014（s1）:103–105.

［3］　孙俊．论我国矿山环境监测与评价现状[J]．山西建筑，2011,37（34）:186–188.

［4］　郑国明,梁合诚,龙翔,等．浅析矿山地质环境综合评价[J].安全与环境工程，2009,16（05）:42–44.

［5］　武强,薛东,连会青．矿山环境评价方法综述[J]．水文地质工程地质，2005,32（03）:84–88.

［6］　张征．环境评价学[M].北京：高等教育出版社，2004.

责任编辑　张　弛　（收到修改稿日期：2016–12–15）

排污许可证技术核查要点探讨

A Discussion on Key Points in Technical Verification of Pollutant Emission Permits

乔　燕[1]　诸玉辉[2]　（1.上海市松江区辐射及固体废弃物管理站，上海 201613；2.上海市松江区环境监测站，上海 201613 ）

Qiao Yan[1]　Zhu Yuhui[2]　(1. Songjiang District Radiation and Solid Waste Management Station, Shanghai 201613; 2. Songjiang District Environmental Monitoring Station, Shanghai 201613)

摘要　排污许可证制度将成为我国固定污染源环境管理的核心制度，而技术核查是环保部门在核发排污许可证时的重要环节。从上海市排污许可证实施的实践出发，梳理了整个技术核查程序及要点，发现了环保部门在对企业核查过程中存在的问题，并从完善核算体系、实行第三方核查、确定现场核查重点和企业主体责任等方面提出了改进建议。为排污许可证的核发提供技术参考。

关键词： 固定污染源　排污许可证　技术核查

Abstract　As pollutant emission permit system is becoming the core in environmental management system for stationary pollution sources in China, technical verification will be one of the important procedures in the issuance of pollutant emission permits by the environmental departments. Starting from the implementation practice of pollutant emission permit system in Shanghai and analysing the entire technical verification procedures and key points, there were problems found in the process when checking the enterprises by environmental departments. Meanwhile, some suggestions were given for improving the accounting system, conducting third-party verification, identifying keys of onsite checks and liability of enterprises, and etc. It could provide technical support for the issuance of pollutant emission permits.

Key words: Stationary pollution source　Pollutant emission permit　Technical verification

排污许可证制度是一项国际通行的环境管理基本制度，是对污染源进行监督管理的重要手段，是污染物总量控制及排污权交易等工作的重要基础，对工业污染源环境管理科学化、定量化、规范化、落实总量控制制度，提高环境管理水平有重要作用[1]。美国是最早建立排污许可制度的国家之一，许多发达国家也已将其作为污染源管理的核心和支柱，我国亦将排污许可证制度作为环境管理八项制度之一。

党的十八届三中全会提出深化生态文明体制改革要求，其中"完善污染物排放许可制，实行企事业单位污染物排放总量控制制度"是重点改革任务之一。2014年修订通过的《环境保护法》明确规定："国家依法实行排污许可证制度，禁止排污单位无证排污"[2]。2016年11月国务院印发了《控制污染物排放许可制实施方案》，明确了将排污许可制建设成为固定污染源环境管理的核心制度，对固定污染源实施"一证式"管理，并且规定企事业单位应按相关法规标准和技术规定提交申请材料，环境保护部门对符合要求的企事业单位应及时核发排污许可证，对存在疑问的开展现场核查。目前国家和地方还未出台与技术核查相关的规范或标准，各地环保部门对核查工作进行了实践和探索。现以上海市为例，对排污许可证技术核查工作的实施要点和碰到的问题做一些探讨。

1　上海市排污许可证制度的实施

上海是我国最早开展排污许可证工作的地区。早

第一作者乔燕，女，1982年生，2007年毕业于上海大学应用化学系，硕士，工程师。

在 20 世纪 80 ～ 90 年代就已经开始试行排污许可证制度。2001 年，全市推广实施排污许可证制度，至 2002 年底，共对 3 157 家重点排污单位核发了排污许可证，并于 2012 年到期。"十二·五"期间，结合国家环保部主要污染物总量减排工作，上海市继续开展主要污染物排放许可证试点工作，发布了《上海市主要污染物排放许可证管理办法》，编写了许可证核发办事指南、总量核定技术规定等文件，设计并制作了主要污染物排放许可证正本和副本的样本，开发了全市排污许可证网上申请与核发系统。2012 ～ 2014 年，上海市 76 家国控重点排污单位领取了涵盖废水和废气重点污染物总量控制的主要污染物排放许可证[3]。2015 ～ 2016 年，全面开展市、区级重点监管排污单位的主要污染物排放许可证核发工作。市级和各区在行政审批的过程中都需要对申报的企业进行技术核查，核查工作是对企业申报情况的全面核查，专业技术性很强，对许可证的核发质量起到至关重要的作用。

2　技术核查的程序及要点

2.1　核查工作的原则

2.1.1　准确性原则

核查机构应以客观证据为依据，如实完整地反映被核查单位的污染排放范围、活动和其他相关情况，做到报告内容真实、数据准确、资料完整。

2.1.2　透明性原则

核查人员应将核查过程以及被核查单位的污染排放状况，以清晰、客观、中立的立场以及可被验证的方式进行记录、汇总、分析和归档。

2.1.3　谨慎性原则

核查机构应对信息来源的可靠性和信息内容的真实性进行判断和验证，选取合理的验证方式。如被核查单位提供的数据和信息无法被充分验证或存在其他不确定因素时，核查人员应保守处理，确保被核查单位的允许污染排放量不被高估。

2.2　污染源核查工作的 3 个阶段

2.2.1　准备阶段

首先组建核查小组，核查人员需熟悉环保法律法规和其他相关要求、污染源核算方法、相关行业工艺流程、数据分析和评价能力、财务分析能力等专业知识，并且根据核查人员的专业领域和技术能力，配备技术负责人和核查组长，统筹负责核查工作。其次，对核查人员进行岗位责任和专业培训，明确工作的目的和意义、讲解核查的内容和重点，培养客观公正、实事求是、

认真负责的精神，增强工作责任心。再次，核查小组应在文件审核的基础上，明确现场核查的重点，制定相应核查计划。核查计划的内容主要包括：核查目的、核查准则、核查范围、核查时间表、核查程序、抽样计划、核查小组成员职责等内容。核查计划的制定应当充分考虑核查小组人员配备及核查活动的整体时间限制，并可在核查过程中根据实际情况予以调整。

2.2.2　核查阶段

核查又分 2 个阶段。第 1 阶段是核查小组先对申报材料进行文审，核对企业名单、地址、联系信息及三证合一情况等基本信息，重点核查企业提交资料的完整性、落实情况、合理性，对材料不全及明显的填报错误和遗漏及时让企业进行补正。第 2 阶段是到企业现场进行核查，对企业的环评和三同时执行情况、排放口管理情况、污染防治设施管理情况、企业环境自行监测情况、清洁生产审核情况、报告和信息公开情况、环境风险防范情况等环保合规性情况进行审查，并重点审核现场情况与文件材料是否相符。2 个阶段审查完成后，核查小组通过对排放因子核查、数据有效性验证、核算方法和过程验证及核算结果校验等内容对污染物排放量进行核查与核算，确定企业排放量。核查过程中资料收集的完整性、数据选取的准确性和核算方法选择的合理性对核定污染物的排放量有直接影响。

2.2.3　报告阶段

核查小组应将核查活动的过程和结果形成报告，反映核查中发现的问题和针对这些问题提出的管理建议，并且应指定独立于核查小组的技术审查员对核查报告及相关工作记录、文档进行技术审查，审查内容应包括核查活动是否按核查规则进行、核查程序是否适当、核查记录是否完整、所收集的证据是否充足等。核查机构对所出具的核查报告内容负责，并提交相关市、区（县）环保局。核查人员在核查活动中形成的全部记录和获取的资料做好整理、归档和保存工作，形成核查工作文档。核查报告应覆盖要素全面、提供内容翔实、反映问题客观、提出意见可行，获得结论可靠，为副本的编制和环保部门的审批提供强有力的技术支撑。

3　核查过程中存在的问题

3.1　污染物排放量核算较难

污染物控制排放量的核算依据主要分为：环境影响评价及建设项目竣工环境保护验收相关资料、监测数据、排污申报数据、排污费缴纳数据、环境统计数据

等几方面[4]。大多数核算办法均为推算值,这几套数据由于核算方法未全部统一、数据有差异且在线监控未能实现所有污染物监测、企业的自行监测数据不足、企业与排污口数量众多难以全面覆盖、物料衡算及产排污系数测算的数据与实际排放也有较多差异等,导致排污许可证核查过程中排污量精准核算较为困难。

3.2 核查力量配备薄弱

区环保局的排污许可证核发部门一般都存在人手少、业务量大的问题,排污许可证的核查工作及副本与核查报告编制,工作量大周期长资料多。通常各区负责排污许可证的核发都是污防科或污控科,一般配备4～5人,还要同时承担全区大量环境污染防治工作,虽然通过跨部门成立了工作小组,但由于都是兼职人员,平时忙于各自业务,联合开展工作效率不高,运行机制不畅,核查工作进度很难保证。

3.3 企业申报资料不完善

由于有些企业的填报人员不够专业,对政策标准与核算方法理解不透,造成企业资料申报不完整,有些因企业管理不足造成资料丢失,比如老厂房存在个别项目环评批复丢失、应急预案未备案、水平衡图没有、危废纸质联单丢失、企业环保管理制度未建立等现象。企业申报数据缺失或不真实、核算不准确,比如核发的个别企业初次填报污染物排放浓度数据存在加码现象,部分企业针对挥发性有机物排放量的核算企业与环保部门的理解差异较大。资料的补正与重复填报增加了核查工作量。

3.4 企业管理能力不足

企业环保意识不强,造成现状与环评不一致现象相对普遍,主要体现在:排放口个数因工程治理、生产线调整、污水站加盖等情况有所变化,老环评中未明确排口,与实际情况差异较大;新环评中因合理减排措施引起排放口数量变更的;管理不规范,对排放口未按规定设立绿色标识牌,部分企业污染控制设施因陈旧或工艺落后及管理不善等原因未能有效处理污染物的,对无组织排放的认定等法律弹性比较大的问题企业的理解和操作方式都不一样,因此发现这些问题也是核查工作的重点和难点。

4 改进核查工作的建议与探讨

4.1 完善污染物排放量核算体系

核查工作除了要发现企业环境管理中存在的问题外,其核心就是排污量的精准核算,在当下依然是难点问题,环评、监测、排污申报、环境统计等几套核算系统产生的数据都有一定的局限性,在实际核算过程中,各种方法的使用都可能存在限制条件,而计算结果常常差别较大。所以在法规层面还需要环保技术部门出台更科学合理的核算方法,统一排放量的计算方法,使各套系统的数据核算规则一致,建立完善的核算系统,而依据该核算系统所得的排污许可量,常常是企业处于最佳管理水平的排污量,较适合于环境质量改善要求,且能够促进行业技术进步与效率提高。同时可以早日实现排污许可、排污申报、环境统计三表合一,减少企业的重复填报,提高行政效率。

4.2 鼓励开展第三方核查

排污许可证的核查工作专业性特别强,资料特别多、核算数据量大,需要一个专业稳定高效的团队才能保障核查工作的进度、质量和效率,保证在规定的审批时间内完成核查。现在环境治理第三方服务正在如火如荼地发展中,上海市各区目前也已逐步开始委托第三方的专业机构来开展排污许可证的技术审核工作。第三方核查机构有相对稳定的工作团队,固定的工作时间,专业化的工作能力,既可以弥补环保部门人员紧张的问题,也可以将核查工作连续稳定高效的开展,还可以在企业申报阶段提前介入指导服务,解决技术问题,提高企业申报效率,并且成为企业和政府之间沟通的桥梁。环保部门在选择第三方服务机构的时候,也要从该机构的专业背景、团队组成、人员能力、工作经验、服务质量、服务价格等方面综合考虑,选取最合适的服务机构来开展核查工作,为政府审批决策时提供专业化的建议。

4.3 严格把握现场核查重点

现场核查工作是许可证技术核查工作中最主要的环节,需要做好充分的准备工作。首先要对企业进行详细的培训,让企业明确排污许可证工作背景、意义、程序及相应规范,以避免因企业不清楚政策导向、不明确申领方式而影响工作效率;其次对企业提交的申报资料先进行文审,发现问题及明确现场需要重点核查的地方;然后现场核查时重点对企业实际与填报资料不符、与法律法规不符、多报或者漏报项等进行核查,发现问题要用文件形式记录下来并让企业确认,并写入核查报告中提交给环保部门,针对发生的问题一定要提出符合法律法规要求、具有可操作性的改进及管理意见,特别是执法弹性比较大的地方也要做详细的界定,既作为环保部门审批与今后执法的依据,也是企业今后守法的操作指南。

4.4 切实突出企业主体责任

　　排污许可证的申报工作也需要由大量的专业知识支撑，外资企业或者大企业有专业的 EHS 部门和人员，管理相对规范且填报较专业，但是很多中小企业环保管理不重视，没有配备专职的环保人员，排污许可材料的申报和数据的核算存在较大问题。环保部门应加强环保法律法规的宣传指导和政策培训，增强企业环保意识，让企业明白排污许可证的意义和好处，明确排污许可是以企业自主申报为主，排污许可后将享有排污交易权等环境利益，引导企业主动配合，使企业切实承担起主体责任，将"要我申报"变为"我要申报"，规范自身环保行为。

5　结语

　　"十三·五"期间排污许可证管理在环境管理制度地位已显著提高，是对固定污染源量身定做的"一证式"管理的许可证，同时也对环境管理部门提出了更高要求[5]。对排污单位的排污许可如何做到算得清、核得准，技术核查是最核心的部分，是整个排污许可证核发的技术支撑，对排污量的核定和副本的内容产生最直接的影响。环保部门一定要重视技术核查的质量，才能真正发挥排污许可证的作用，环保监管才能管得住，也为企业的守法提供切实有效的依据。

6　参考文献

[1]　陈鸣,管蓓,徐慧．南京市排污许可证管理的思考及对策研究[J]．安徽农学通报，2016,22（18）:80,83.

[2]　苗永刚,赵玉强,荆勇,等．排污许可量核算方法与体系研究——以沈阳市为例[J]．环境保护科学，2016,42（05）:45-50.

[3]　方奕．排污许可证与污染源管理关系探讨[G]．//上海环境科学编辑部．上海环境科学集(第 13 辑)，2014:140-142.

[4]　张玮,白金．排污许可证中污染物排污量核算方法分析[J]．环境与发展，2014,26（01）:119-122.

[5]　宏哲,武海俊．排污许可证管理的探讨[J]．中国环境管理干部学院学报，2016,26（01）:25-27.

责任编辑　张　弛　（收到修改稿日期：2017-01-20）

新环保法时期环境监理的机遇与挑战

The Opportunities and Challenges of Environmental Supervision during the Implementation of New Environmental Law

许兴中 （浙江环科工程监理有限公司，杭州 310007）

Xu Xingzhong　(Zhejiang Huanke Engineering Supervision Co., Ltd., Hangzhou 310007)

摘要　环境监理作为环保管理体系的重要组成部分目前尚处于发展阶段，新修订的《中华人民共和国环境保护法》实施后环境监理工作也面临着新的机遇与挑战。阐述了新环保法时期环境监理的发展趋势、机遇与挑战。提出了环境监理制度规范化、专业化等方面的建议。

关键词：环境监理　环境保护　新环保法　机遇　挑战

Abstract　The new Environmental Protection Law of the People's Republic of China has been put into effect on 1 January 2015. Environmental supervision as an important part of the environmental management system is still at the development stage. The implementation of the amended new environmental law gives some new opportunities and challenges to environmental supervision. Trends of the development, opportunities and challenges of environmental supervision in the period were expounded, whilst suggestions to normalise and specialise the environmental supervision system were proposed.

Key words:　Environmental supervision　Environment protection　New Environmental Protection Law　Opportunities　Challenges

《中华人民共和国环境保护法》是为保护和改善环境，防治污染和其他公害，保障公众健康，推进生态文明建设，促进经济社会可持续发展制定的国家法律。2014 年 4 月 24 日，十二届全国人大常委会第八次会议表决通过了新修订的《中华人民共和国环境保护法》（以下简称新环保法），并于 2015 年 1 月 1 日开始施行。新环保法对现有环境保护工作提出了很多创新和调整，称为"史上最严厉"的环保法，它的实施标志着环境保护工作进入新环保法时期。

建设项目环境监理是指建设项目环境监理单位受建设单位委托，依据有关环保法律法规、建设项目环评及其批复文件、环境监理合同等，对建设项目实施专业化的环境保护咨询和技术服务，协助和指导建设单位全面落实建设项目各项环保措施[1]。在新环保法时期，如何做好建设项目的环境监理工作成为目前环境监理单位面临的崭新课题。

1　新环保法时期环境监理的发展趋势

中国环境监理工作起步较晚，开始于 20 世纪 80 年代，到目前为止实际经历了项目试点、行业及区域试点和全面铺开 3 个阶段。

项目试点阶段：1995 年，黄河小浪底水利枢纽工程按照世界银行贷款方的要求首次正规引入先进的环境监理[2]，该项目证明环境监理是一种有效的环境管理模式，使环境管理工作融入整个工程实施过程中，变被动环境管理为主动环境管理，有效预防和减少了施工过程中的环境污染和生态破坏[3]。2002 年，国家环保总局、铁道部、交通部等六部委联合发布了《关于在重点建设项目中开展工程环境监理试点的通知》（环发 [2002]141号），决定在青藏铁路格尔木至拉萨段、西气东输管道工程、上海国际航运中心洋山深水港区一期工程等 13 个国家重点工程进行环境监理试点。

行业和区域试点阶段：2004 年，交通部下发了《关于开展交通工程环境监理工作的通知》（交环发

作者许兴中，男，1982 年生，2008 年毕业于浙江工业大学应用化学系，硕士，工程师。

"

[2004]314 号），决定在交通行业内开展环境监理工作。2006 年 11 月，水利部下发了《水利工程建设监理规定》，要求在全国范围内开展水利工程建设环境监理。2010 年 6 月，国家环保部办公厅印发了《关于同意将辽宁省列为建设项目施工期环境监理工作试点省的复函》（环办函 [2010]630 号），2011 年 7 月印发了《关于同意将江苏省列为建设项目环境监理工作试点省份的函》（环办函 [2011]821 号），辽宁、江苏 2 省成为中国第 1 批开展环境监理工作的试点省份。2012 年 1 月，国家环保部办公厅印发文件《关于进一步推进建设项目环境监理试点工作的通知》（环办函 [2012]5 号），将安徽、浙江、重庆等 11 个省、自治区、直辖市列为第 2 批建设项目环境监理试点省份。

全面铺开阶段：2016 年 4 月，国家环保部办公厅印发了《关于征求〈建设项目环境保护管理条例（修订草案征求意见稿）〉意见的函》（环办函 [2004]458 号，下称征求意见稿），正式将环境监理纳入建设项目环境管理体系。2016 年 5 月，环境保护部部务会议审议并原则通过《建设项目环境保护管理条例（修订草案）》，环境监理工作正式进入全面铺开阶段。

2　新环保法时期环境监理的机遇

新环保法反映了党中央提出的推进生态文明建设的精神要求，相关配套的法规出台解决了制约环境监理事业发展的法律依据，是环境监理融入、支撑环保工作的重要基础。

2.1　环境监理法规体系初步建立

新环保法出台后，国家环保部办公厅相续印发了《关于深化落实水电开发生态环境保护措施的通知》（环发 [2014]65 号）、《建设项目环境保护事中事后监督管理办法（试行）》（环发 [2015]163 号）、《建设项目环境保护管理条例（修订草案征求意见稿）》（环办函 [2004]458 号），均要求将建设期环境监理纳入整个环保管理体系，初步建立起环境监理的法规体系。

2.2　项目环保事中管理需求进一步加强

根据中国现在的环境管理体制结构，环境执法设备和人员严重不足成为环保管理的短板，环境执法机构工作缺乏经常性的机制，项目监管无法做到及时、高效。环境监理单位作为第 3 方单位，一方面作为项目环保设施落实的监督机构，另一方面作为建设单位与管理部门之间沟通桥梁，有利于政府环境主管部门的机制改进和职能转变。

2.3　环境问题越来越受到关注

由于建设项目本身的特点，在施工过程中不可避免地会对环境造成一定破坏。因此，在施工阶段不仅要求项目本身采取必要的技术管理，确保环保设施有效、可靠，还要求项目在制度、信息等方面做好建设和维护。环境监理单位作为技术支撑单位，能够对项目建设时期所需要的管理体系、信息公开工作提供合理的建议和引导，有利于项目信息公开的科学性、客观性。

3　新环保法时期环境监理的挑战

新环保法时期，环境管理结合生态文明建设和环境管理战略转型等新的实践需要，在完善制度、支撑管理、保证质量等方面，赋予环境监理更为重要的职责和任务，对环境监理工作提出了新的更高的要求。

3.1　环境管理的支撑需求进一步强化

项目环保设施三同时落实、厂区以新带老设施整改、项目建设进度报告、项目环保设施竣工验收等环节的落实都需要环境监理的有力支撑。根据法规赋予环境监理的义务，监理单位需要不断深化项目建设时期环境监理工作的广度和深度，结合过程控制、日常报表、总结性报告等工作，深入分析项目实际建设过程中产生的环境影响，为管理部门环境管理决策、监督执法、竣工验收等提供依据。

3.2　环境监理需要更加规范化、专业化

监理是一种过程管理，与工程建设结合非常紧密。环境监理作为项目建设期间环境保护工作的监理需要一整套适应工程自身的管理体制和方法，同时又需要符合环境保护的专业特点，能够提供环境保护专业化服务。目前，环境监理行业尚未出台符合环境保护工作特点的环境监理技术规范，环境监理的程序、制度、方法大部分参照于工程监理。在实际实施过程中，现行环境监理涉及的内容比较宽泛，包含很多工程监理的内容，却未体现出环境监理的专业化。

3.3　环境监理人员素质需要进一步提升

环境监理作为一项环境咨询类业务，从业人员素质和业务能力直接决定了环境监理工作的质量和水平。环境监理人员不仅需要具备环境保护法律法规、环境标准、规范等方面的环保专业知识，并要具备工程设计与施工以及环保设备建设方面的专业技术知识。

现阶段从事环境监理的工作技术人员一部分来自环保科研院所、环境影响评价机构和环保工程设计人员 [4]，另一部分来自建设部门的工程监理人员 [5-6]，前者虽然拥有丰富的环保专业知识，却可能缺乏实际现场监理经验；后者在环保专业知识方面可能又略显不

足。专业环境监理人员素质的参差不齐对环境监理正常开展造成不利的影响。

3.4 环境监理工作的收费有待进一步规范

环境监理工作的收费标准是环境监理机构与开展环境监理工作的建设单位合作的一个前提，合理的收费标准能促进环境监理行业的良性发展。现行环境监理的收费是由监理单位与建设单位协商来确定，国家还未正式发布统一的指导性收费依据。收费标准的缺乏，一方面容易给建设单位造成错误的判断，认为环境监理是环保主管部门超越法律之外的行政干预；另一方面可能会在行业内产生恶性竞争，使环境监理费率过低从而降低了环境监理的工作质量。

4 新环保法时期环境监理的发展建议

（1）尽快制定统一的建设项目环境监理技术规范及法规性文件，将环境监理纳入常规的环境管理工作中，推动环境监理工作制度化、规范化。

（2）加强对环境监理从业人员的培训和管理，通过培训提高环境监理人员的素质；建立环境监理单位和人员的考核机制，以此规范监理单位的监理行为。

（3）规范工程投资组成，增加重点建设项目环境监理费用，将建设项目环境监理费用纳入工程预算中，保证重点开发建设项目环境监理工作的正常开展。制定建设项目环境监理的收费标准，规范环境监理收费。

5 结语

新环保法的实施为环境监理事业实现跨越发展提供了重要的机遇，同时也提出新的挑战。随着环境监理制度的规范化、专业化，环境监理将成为项目建设、环境管理的重要组成部分，发挥越来越显著的作用。

6 参考文献

[1] 中华人民共和国环境保护部．关于进一步推进建设项目环境监理试点工作的通知[z]．环办[2012]5 号．北京：中华人民共和国环境保护部，2012-1-10．

[2] 尚宇鸣，张宏安，燕子林，等．小浪底工程环境保护与环境监理[J]．人民黄河，2002,22（02）:38-39．

[3] 谷朝君，宋世伟．生态类项目工程环境监理管理模式探讨[G]．国家环境保护总局环境影响评价管理司．公路建设项目生态环境保护研究与实践／／．北京：中国环境科学出版社，2007;337-341．

[4] 苟德国．环境监理在医药化工项目中的应用实践－以防渗设计环境监理审查要点分析为例[J]．资源节约与环保，2016,4;107-111．

[5] 吴建中，伍再有，高玉桂，等．西气东输二线管道工程施工的环境监理工作[J]．建设监理，2012,9;76-79．

[6] 刘晓凤，榈立海．高速公路建设项目环境监理体系探讨[J]．科技资讯，2010,26;62．

责任编辑　张　弛　（收到修改稿日期:2016-10-28）

ABFT 技术处理高氨氮印花废水实例

A Case Study on the Treatment of Printing Wastewater with High Strength of Ammonia Nitrogen by ABFT

王忠泉　　王　坤　（煤科集团杭州环保研究院有限公司，杭州 311201）

Wang Zhongquan　　Wang Kun　(Hangzhou Research Institute of CCTEG, Hangzhou 311201)

摘要　将 ABFT 高密度生物增浓专效脱氮工艺（改进型曝气生物流化工艺）应用于杭州某数码印花企业高氨氮废水处理工程，结果表明，当进水 NH₃–N ≤ 300mg/L 时，出水 NH₃–N ≤ 15mg/L，氨氮去除率高达 99.6%，出水各项指标均达到《纺织染整工业水污染物排放标准》表 2 间接排放标准。研究也为今后高氨氮印花废水的处理提供了工程实例。

关键词：高氨氮　印花废水　曝气生物流化床（ABFT）　工程实例

Abstract　An aerobic biological fluidised tank (ABFT) of enriched activated sludge was used to treat wastewater with high strength of ammonia nitrogen from a digital printing plant in Hangzhou. The ABFT was modified for denitrification mainly. Practical application results showed that when ammonia nitrogen strength in influent was no greater than 300 mg/L, that in effluent could reach 15 mg/L or lower, i.e., the highest ammonia nitrogen removal rate could even achieve 99.6%. All variables in effluent would meet the requirements of "Discharge standard of water pollutant for dyeing and finishing of textile industry" for new plants. It could provide a project example for treating wastewater containing high content of ammonia nitrogen from digital printing plant in the future.

Key words:　High strength of ammonia nitrogen　　Digital printing wastewater

　　　　　　Aeration biological fluidised tank (ABFT)　　Project example

杭州某数码印花企业原有生产废水气浮处理设施一套,仅能去除悬浮物和部分 COD,为积极响应浙江省"五水共治"号召,落实节能减排、提标整治任务,决定新建一套高氨氮印花废水处理设施,对生产废水进行后续脱氮处理。

1　进出水水质及处理规模

该印花废水主要含有浆料、染料、助剂、表面活性剂等,颜色为绿色。工程设计进水水质为 COD ≤ 200mg/L、NH₃-N ≤ 300mg/L、色度 ≤ 100 倍。要求处理出水水质达到《纺织染整工业水污染物排放标准》(GB4287-2012) 表 2 间接排放标准,即 COD ≤ 200mg/L、NH₃-N ≤ 20mg/L、色度 ≤ 80 倍、pH6 ~ 9。废水处理量为 300m³/d。

2　废水处理工艺

2.1　废水处理工艺流程

废水处理工艺流程见图 1。

车间废水经现有厂区管网收集后进入已建的地下预曝气调节池,通过曝气进行调质和调节水量,确保后续系统对进水水质稳定的要求。调节池废水由现有提升泵打入原有气浮加压设备,通过投加混凝剂与助凝剂,实现废水中有机污染物与悬浮物、胶体形成粗大的矾花,再利用微气泡浮于水面,由刮渣机刮除,污泥进入污泥贮池通过压滤机进行脱水处理,一级气浮出水进入中间水池,通过中间提升泵将废水打入一体化 ABFT[1] 处理系统中,通过加碱调节达到相应的进水 pH 后进入 ABFT 高速硝化、中速硝化及低速硝化反应区[2],

---

第一作者王忠泉,男,1985 年生,2010 年毕业于安徽农业大学资源与环境学院,助理研究员。

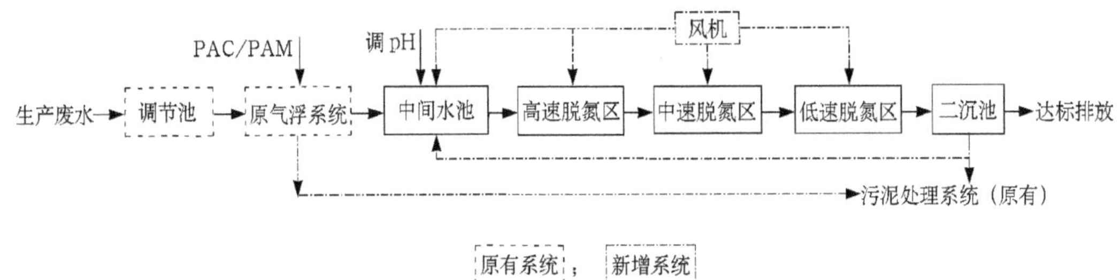

图 1　废水处理工艺流程

各区中装有 NC-5ppi 型硝化菌专用高密度曝气生物流化生态膜填料载体，池体设有穿孔曝气管，直接在填料底部曝气，在填料上产生上向流，在气流的冲击、搅动下污水中的有机物充分与生长在填料上的微生物接触，使其得以生物降解，并具有良好的生物脱氮性能和有机物去除效果[3]。

生化处理后出水重力流入二沉池，污泥全部回流到前端，确保微生物浓度，同时减少剩余污泥的产生，二沉池出水达标排放。

2.2　主要构筑物及设备参数

（1）中间水池：钢制结构，内壁环氧树脂防腐，有效容积 30m³，尺寸为 3.0m×5.0m×2.5m，池内设置穿孔曝气管，调节水质。

（2）ABFT 系统：采用钢制一体化结构（内设 4 格），内壁环氧树脂防腐，有效容积为 126m³，尺寸为 3.0m×14.0m×3.5m。池内设 NC-5ppi 型高密度生态膜生物载体填料，材质为多相聚合物缩醛海绵体。填料规格 50mm×50mm×50mm，比表面积 23.3m²/g。曝气方式为穿管曝气，风机为 2 台 BK5009 高效三叶罗茨风机，1 用 1 备，风量 12.78m³/min，风压 5 000mmH₂O，功率 15kW。

（3）二沉池：钢制结构，内壁环氧树脂防腐，有效容积 13.5m³，尺寸 3.0m×3.0m×3.5m。采用高效斜管沉淀池，池内设聚丙烯斜管，斜管表面负荷 1.39m³/(m²·h)，斜管管径 D50mm。

3　调试运行及效益分析

3.1　工程调试及运行结果

该项目 2015 年 8 月开始调试，驯化污泥取自余杭区临平污水处理厂（含水率 80% 左右）。由于进水中 C、N、P 营养严重不均衡，初期按比例投加葡萄糖作为碳源，通过调节风机变频器控制溶解氧和加碱控制 pH，每天上下午各检测 1 次各反应区内 pH、COD、NH₃-N、溶解氧等指标[4]。待系统逐渐稳定后开始进水，并投加 NC-5ppi 型专用硝化菌种，严格控制溶解氧和 pH 等参数值。根据每日检测数据值和效果，按步逐渐提升进水量[3]。9 月进水量达到设计负荷，10 月按设计负荷（12.5m³/h）运行并接受业主方检测考核，10 月检测数据见表 1。

3.2　经济效益分析

系统总投资 100 万元人民币。直接运行费用包括：
（1）电费：设备运转总功率为 18.5kW，0.6 元/

表 1　10 月 NH₃-N 检测数据[1]

| 日期 | NH₃-N 含量(mg/L) | | | | | |
（月-日）	中间水池	高速脱氮区	中速脱氮区	低速脱氮区	二沉池	去除率（%）
10-06	252.5	69.6	42.98	11.95	5.72	97.73
10-07	260.2	91.31	30.38	11.65	1.43	99.45
10-08	231.4	65.09	35.51	9.81	1.49	99.36
10-09	190.1	51.48	27.93	9.86	1.61	99.15
10-10	233.1	53.29	31.86	11.95	3.46	98.52
10-11	216.3	60.99	45.94	13.66	12.66	94.15
10-12	206.6	48.28	29.7	11.23	9.83	95.24
10-13	272.4	66.18	38.36	15.5	5.24	98.08
10-14	258.2	80.25	51.47	26.73	9.29	96.40
10-15	264.45	71.31	39.78	19.26	5.76	97.82
10-16	243.95	62.19	32.37	15.73	7.53	96.91

（续表）

日期 （月 - 日）	NH₃-N 含量(mg/L)					
	中间水池	高速脱氮区	中速脱氮区	低速脱氮区	二沉池	去除率（%）
10－17	224.3	59.05	37.68	19.09	8.61	96.16
10－18	230.95	58.95	37.56	16.07	2.231	99.03
10－19	248.5	68.4	41.1	18.58	7.75	96.88
10－20	164.15	84.42	36.36	12.77	5.41	96.70
10－21	184.4	74.61	54.15	24.62	6.8	96.31
10－22	200.09	55.29	29.13	16.19	6.38	96.81
10－23	171.85	65.43	38.13	16.13	11.74	93.17
10－24	197.8	55.52	32.37	15.45	9.33	95.28
10－25	165.3	30.89	8.32	0.66	0.86	99.48
10－26	200.35	52.67	28.38	6.84	0.8	99.60
10－27	219	/	/	/	9.91	95.47
10－28	198	/	/	/	11.4	94.24

1）　去除率为总去除率，27、28 日为环保局验收检测结果。

(kW·h)，则每天电费 266.4 元；

（2）药剂费：每日耗碱量 0.1t，单价 650 元 /t，则每天药剂费 65 元；

（3）配药剂用水费：每日耗自来水约 3t，单价 4.35 元 /t，则每天水费 13.05 元；

（4）人工费：按运行情况，1 名工人常白班，夜班自控运行或管理人员兼职操作，按月工资 2 500 元计，则每天人工费 83.33 元；

（5）折旧、维修费：每天约 30 元；

每天按处理 300t 废水计，则每吨废水的直接处理费用为 1.53 元。

3.3　环境效益分析

本项目实施后，出水水质达到《纺织染整工业水污染物排放标准》表 1 间接排放标准。进水 NH₃-N ≤ 300mg/L 时，按 10 月进出水均值 228.81mg/L、6.6mg/L 计算，日排放水量 300t，年生产日 300d，则 NH₃-N 年减少量达到 20.593t，环境效益十分显著，大大改善了区域地表水环境，对促进区域环境质量的改善和企业的可持续发展意义重大。

4　结语

采用 ABFT 高密度生物增浓专效脱氮工艺（改进型曝气生物流化工艺）可以有效去除高氨氮印花废水中的污染物，当进水 NH₃-N ≤ 300mg/L 时，出水 NH₃-N ≤ 15mg/L，氨氮的去除率高达 99.6%，该工艺处理后出水各项指标均能达到《纺织染整工业水污染物排放标准》表 2 间接排放标准。

5　参考文献

［1］　上海市政设计研究总院主编．CECS209-2006,曝气生物流化池设计规程 [S]. 北京：中国计划出版社，2006.
［2］　美国水环境联合会编著,曹相生译．生物膜反应器设计与运行手册 [M],北京：中国建筑工业出版社，2013.
［3］　王忠泉,秦树林．涂料聚酯化工废水处理中试试验研究 [J]．能源环境保护，2015,29（03）:26-28.
［4］　崔兵,俪朝晖,吴传林,等．曝气生物流化床工艺深度处理印刷电路板废水的应用 [J]．能源环境保护，2014,28（04）:50-52.

责任编辑　张　弛　（收到修改稿日期:2016-11-03）

活性炭对邻苯二甲酸二丁酯的吸附及影响因素研究

A Study on Adsorbing Di-n-butyl Phthalate by Activated Carbon and Its Influence Factors

邬琴琴[1]　赵德兵[2]　李君敬[3]　（1.西南科技大学环境与资源学院，绵阳 621000; 2.四川理工学院，自贡 643000; 3.天津工业大学，天津 300387）

Wu Qinqin[1]　Zhao Debing[2]　Li Junjing[3]　(1. School of Environment and Resource, Southwest University of Science and Technology, Mianyang 621000; 2. Sichuan University of Science & Engineering, Zigong 643000; 3. Tianjin University of Technology, Tianjin 300387)

摘要　采用粉末活性炭（PAC）作为吸附剂，去除水体中低浓度邻苯二甲酸二丁酯(DBP)，以研究影响 PAC 去除 DBP 效果的要素。实验结果显示，PAC 对 DBP 吸附的最佳条件为：PAC 投加量 20mg/L，作用时间 1h，最适 pH 为 7，DBP 初始浓度 4mg/L，添加适量 NaCl（0.3 ~ 0.5mg/L）。在最适条件下，PAC 对水体中 DBP 吸附 60min 的去除率最高可达 95.9%。由此可见，PAC 的吸附作用用于处理水体低浓度 DBP 具有可行性，该方法对治理环境中 DBP 污染有一定的应用前景。

关键词：粉末活性炭（PAC）　吸附　邻苯二甲酸二丁酯（DBP）　污染

Abstract　Taking powdered activated carbon (PAC) as an adsorbent, key factors affecting its removal of dibutyl phthalate (DBP) at low concentration in water were studied. It has shown that the removal of DBP adsorbed by PAC could be up to 95.9 % under the conditions of PAC dose at 20 mg/L, reaction duration in one hour, pH value at 7, initial concentration of DBP at 4 mg/L, and appropriate addition of sodium chloride in range of 0.3 ~ 0.5 mg/L. It indicated that the adsorption of PAC could be feasible to treat low concentration of DBP, and would certainly be applicable to deal with DBP pollution in the environment.

Key words:　Powdered activated carbon (PAC)　Adsorption　Dibutyl phthalate (DBP)　Pollution

邻苯二甲酸酯(PAEs)，又称酚酞酯，主要用于塑料行业，同时也广泛用于陶瓷、造纸、化妆品和油墨印刷工业[1-2]。近年来研究[3-4]发现，其具有致突变、致癌和致畸形的特点，严重干扰人类和动物的内分泌系统，特别是生殖功能，从而引起了人们的高度重视。其中 DBP（邻苯二甲酸二丁酯）等被列为优先控制污染物，DBP 可由食物链进入生物体内，形成假激素，传递假性化学信号，影响体内激素分泌，从而扰乱体内内分泌系统，造成内分泌失调，可能会改变生物身体机能或引发癌症的发生。因此我们选择 DBP 作为处理对象。

水中无机物和有机物可以通过不同种类吸附剂的吸附加以去除。粉末活性炭(PAC)作为吸附材料在水处理中已得到广泛的应用。刘百仓[5]等利用粉末活性炭吸附去除松花江原水中有机物，Adoum[6]等研究了活性炭粉末对邻苯二甲酸的去除，Herbert[7]等进行了活性污泥及微生物对水中邻苯二甲酸的去除研究。目前，活性炭吸附法的研究主要针对有机物总量或不同分子量有机物的去除效果[8]。

本研究利用活性炭对 DBP 的吸附作用，对吸附的各种影响因素进行优化分析研究，以得到活性炭吸附的最佳条件，得到活性炭对 DBP 的最大去除效果。研究得到的数据有助于促进开展活性炭其他吸附作用的研究，可为探索更先进的活性炭相关技术做储备，在对水体中有机污染物的去除方面有良好应用前景。

国家自然科学基金青年基金，编号：41102212；四川省科技厅应用基础研究项目（重点），编号：2016JY0213。

第一作者邬琴琴，女，1989 年生，2014 年毕业于天津工业大学环境与化学工程学院，在读硕士研究生。

1　实验材料与方法

1.1　实验材料

木质粉末活性炭由江天化工化学试剂公司提供，粒度为 200 目，比表面积为 1 600 ～ 2 100 $m^2/$ g，亚甲基蓝吸附值为 160 mg/g。

实验中所用腐殖酸配制：称取一定量(10 g)的腐殖酸，在常温下超纯水中搅拌溶解 72 h，离心取上清液，过 0.45 μm 滤膜，为提高浓度，可用旋转蒸发器进行蒸发。

2 mg/L DBP 溶液的配制：取 40 mL DBP 储备液(100 mg/L)，于 2L 的容量瓶中定容，放入磁力搅拌转子搅拌 1 h，使搅拌均匀。取 200 mL，2 mg/L DBP 溶液于烧杯中，用电位滴定仪滴定到指定 pH (pH = 3, 5, 7, 9, 11)，然后倒入三角烧杯中，加入 10 mg PAC，放入摇床中 150 r/ min，30℃，摇 3 h，取样（过 0.45 μm 滤膜）液相测试。

1.2　实验方法

1.2.1　DBP 最大吸收波长的确定

移取 50 mL 的 100 mg/L DBP 储备溶液置于 100 mL 的容量瓶中，稀释到刻度线配成 50 mg/L 的溶液。用蒸馏水作空白，以不同的波长依次通过被测溶液，并且测出其相应的吸光度。

1.2.2　邻苯二甲酸二丁酯的检测方法

利用高效液相色谱法测定邻苯二甲酸丁酯；采用固相萃取－高效液相色谱方法监测 DBP 的浓度。首先对 DBP 在液相色谱仪中的理想出峰条件进行摸索，通过前期实验考察了流动相流速、流动相组成及检测器波长等参数，对比出峰效果得到：在流动相为甲醇和水、检测器波长为 225 nm、单次运行时间为 8 min 时，检测效果较好，出峰较清晰，干扰峰少，主峰明显；经多次测定不同浓度的 DBP 得到，DBP 的保留时间为 3.7 min。将测得的各浓度 DBP 的色谱图，绘成浓度－峰面积标准曲线。

1.2.3　各影响要素对吸附效果的影响研究

（1）活性炭投加量(Q)的确定：在 pH=7，T=30℃，r=150 r/min，[DBP] = 2 mg/L 和 4mg/L 的条件下，分别投加 5、10、20、30、40、50、60 mg 的 PAC，一段时间后取样检测。

（2）吸附时间的确定：在 pH = 7，T = 30℃，r =150 r/min，Q=20 mg/L（根据上面实验结果投加），[DBP] = 2 mg/L 的条件下，分别在 1、3、5、10、15、20、30、60、90、120、180、240、300、360 min 取样检测，确定吸附时间(假设 1 h 平衡，则最优的吸附时间 t = 1 h)。

（3）初始浓度的影响：在 pH = 7，T = 30℃，Q = 20 mg/L，r = 150 r/min，t =1 h 的条件下，分别取 DBP 浓度为 1、2、3、4 mg/L，吸附后取样检测。

（4）pH 的影响：在 t = 1h，T = 30℃，Q = 20 mg/L，r = 150 r/min，[DBP] = 4 mg/L（根据前面实验结果）的条件下，分别取 pH = 3、5、7、11。吸附后取样检测确定最佳 pH。

（5）离子强度的影响：在 pH=7，T = 30℃，Q = 20 mg/L，r = 150 r/min，[DBP] = 4 mg/L 条件下，分别取 NaCl 离子强度为 0、0.1、0.2、0.3、0.4、0.5 mol/L。吸附后取样检测。

（6）腐殖酸的影响：在 pH=7，T = 30℃，Q = 20 mg/L，r = 150 r/min，[DBP] = 4 mg/L 的条件下，分别取腐殖酸浓度为 0、10、100 mg/L。吸附后取样检测。

1.3　测试仪器

pH 测定：玻璃电极法，采用雷磁 ZDJ－5 自动电位滴定仪。DBP 含量测定：高效液相色谱法，美国 Waters 2695－2489。最大吸收波长：紫外分光光度法，日本岛津 UV－2550 紫外分光光度计。UV254：紫外分光光度法，日本岛津 UV－2550 紫外分光光度计。

2　结果与分析

2.1　PAC 粒径分析

活性炭的物理参数见表 1，活性炭的粒径分布见图 1。

表 1　PAC 物理参数

项目	物理参数
材质	木质
粒度（目）	200
比表面积 (m^2/g)	1 600 ～ 2 100
亚甲基蓝吸附值 (mg/g)	160

由图 1 可见，粒径分布接近正态分布，主要集中在 3 ～ 100 μm 区间，粒径在 22.9 ～ 52.9 μm 区间内最多。

2.2　DBP 的最大吸收波长

以波长(λ)为横坐标，对应的吸光度(A)为纵坐标作图(见图 2)。从图 2 可见，随着波长增大，邻苯二甲酸二丁酯的对应吸光度刚开始有短暂上升趋势，随后呈降低趋势，其最大吸收波长为 225 nm。

2.3　DBP 溶液高效液相色谱标准曲线

配制浓度分别为 0.20、0.30、0.50、1.0、2.0、4.0 mg/L 的 DBP 甲醇溶液，分别进样分析，用高效液相色谱测定不同浓度的峰面积，用测定的峰面积(y)和与其相应的 DBP 浓度(x, mg/L)作图，绘制 DBP 溶液的标准曲线。

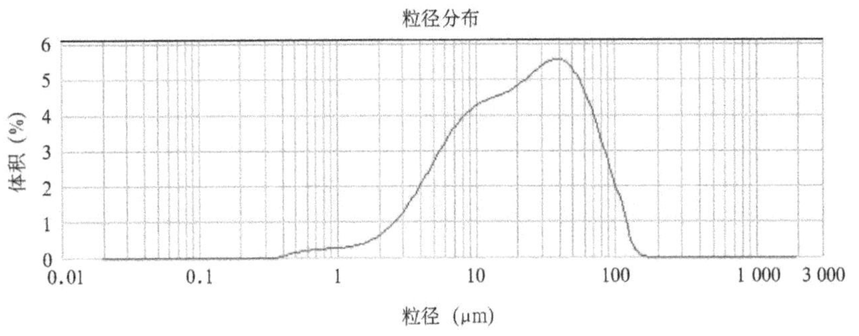

图 1　活性炭粒径分布

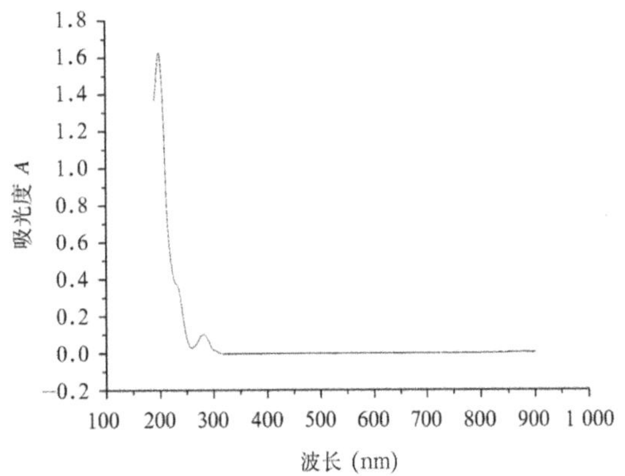

图 2　不同波长对应的吸光度

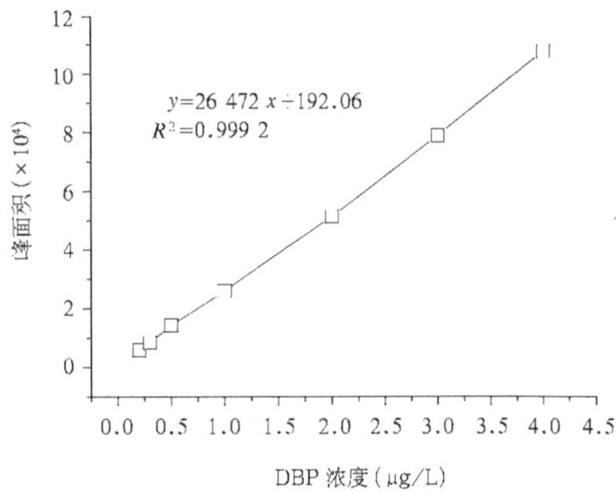

图 3　邻苯二甲酸二丁酯 HPLC 标准曲线

经拟合,所得标准曲线的方程为:$y = 26\,472\,x + 192.06$,其相关系数为 0.999 2,具有较高线性相关性(见图3)。

2.4　吸附条件影响

2.4.1　投加活性炭量的确定

图 4 (a) 为不同 PAC 量对浓度为 2mg/L 的 DBP 溶液去除率影响。由图可见,不同 PAC 投加量对 DBP 的去除率不同。PAC 投加量为 20、50、60mg/L 时去除效果较好,分别为 92.3%、93.7%、92.9%。图 4 (b) 为不同 PAC 量对浓度为 4mg/L 的 DBP 溶液去除率影响。由图可见,PAC 投加量为 20、50、60 mg/L 时,去除率分别为 95.9%、93.7%、92.9%。20 mg/L 对应的去除率最佳。其他投加量下,去除率均不超过 90%。比较 DBP 浓度为 2、4mg/L 时 PAC 投加量对去除率的影响,并结合经济考虑,确定 PAC 投加量为 20 mg/L。

2.4.2　吸附时间确定

从图 5 可知,随着吸附时间的增加,活性炭的吸附效果增强,当达到一定时间(60 min 左右)后趋向于稳定,去除率变化不明显。一般情况下,吸附是一个比较长的过程。随着吸附时间的延长,吸附效果的变化会出现一定的趋势,当吸附达到一定时间后,溶液中的吸附质浓度不再发生变化,此时吸附达到了吸附平衡状态,即达到了最大的去除率。综合考虑,选择最佳吸附时间为 1 h。

2.4.3　初始浓度

不同 DBP 初始浓度下去除率的变化见图6。不同初始浓度 DBP 的去除率在前 20min 内均快速增加,20min 时活性炭对浓度为 1、2、3、4 mg/L DBP 的去除率分别为 93.5%、84.1%、58.4%、80.7%。之后浓度为 1 mg/L 的 DBP 去除率变化不大,而 2、3、4 mg/L 的 DBP 去除率继续增加,最终活性炭对 1、2、3、4 mg/L 浓度的 DBP 的去除率分别为 95.6%、98.9%、76.1%、94.9%。不同初始浓度的 DBP 去除效果不同,1、2、4 mg/L 的 DBP 去除效果较 3 mg/L 好。在去除率均较高的情况下,结合现实环境中 DBP 污染浓度有可能较大的情况,选择相对较高的初始浓度,有利于解决现实问题中去除量大的问题,因而最终选择 4 mg/L 的初始浓度。

2.4.4　pH 的影响

由图 7 (a)可知,DBP 的带电量随着 pH 的增大而

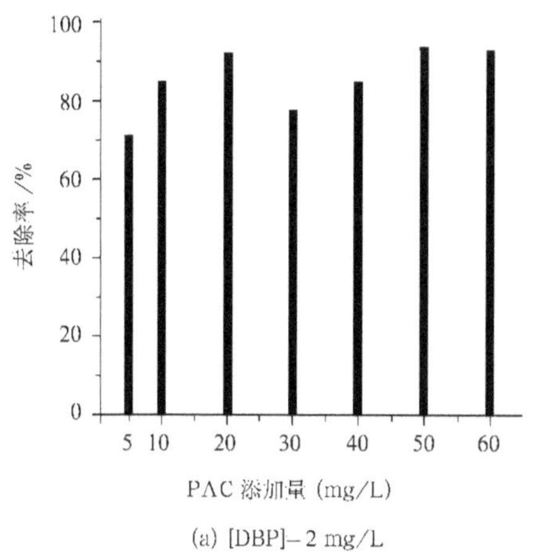

(a) [DBP]＝2 mg/L

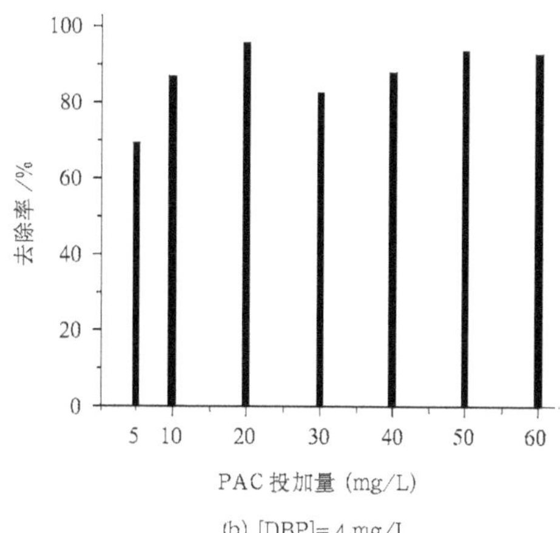

(b) [DBP]＝4 mg/L

图 4　PAC 投加量对 DBP 去除率的影响

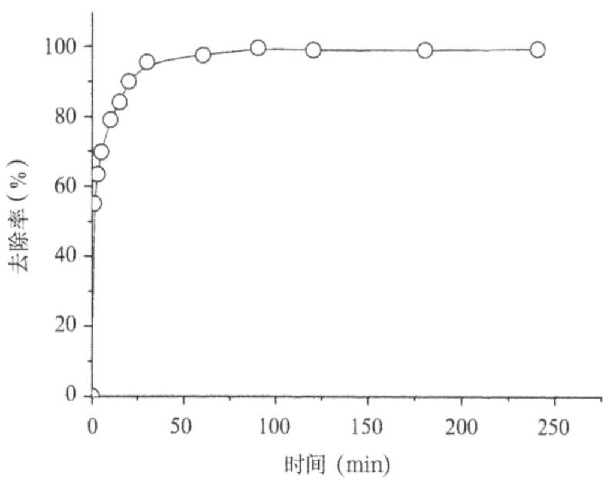

图 5　不同吸附时间的 DBP 去除效果

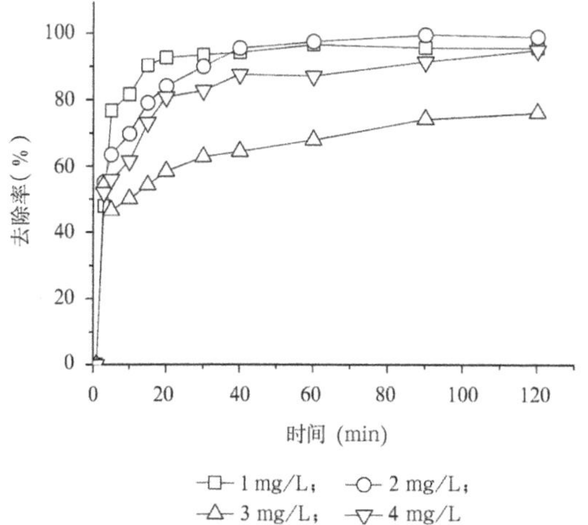

图 6　不同 DBP 初始浓度下去除率的变化

减小，溶液 pH 小于 7 时，即溶液显酸性时，DBP 带电量为正；溶液 pH 大于 7 时，即溶液显碱性时，DBP 带电量为负。由图 7 (b) 可知，DBP 的去除率在酸性或者碱性时受到抑制，在趋向中性时去除率较高。结合前面带电量分析，在酸性或者碱性环境下，DBP 带正电或者负电，对 DBP 的去除效果起抑制作用。pH 影响活性炭的吸附程度主要是因为溶液的 pH 决定着酸性或碱性化合物（即吸附质）的离子化程度 [9]。pH 会增加或降低吸附量可归因于 pH 的不同导致吸附剂表面电荷的变化，这与刘辉 [10] 等已有研究结果相符。确定实验最佳 pH 为 7。

2.4.5　离子强度的影响

离子强度对 DBP 去除率的影响见图 8。由图 8 可知，NaCl 不同浓度时，活性炭对 DBP 去除率不同。随着溶液中离子强度增加，DBP 去除率上升。NaCl 浓度在 0.3 mg/L 以下，DBP 去除率随着离子强度的增加而增加；NaCl 浓度超过 0.3 mg/L 后，去除率增加缓慢；NaCl 浓度为 0.5 mg/L 时，去除率达到 90% 以上并且保持稳定。研究表明，增加适量离子强度可能会导致有机物的水溶性降低，DBP 的溶解度降低，增大与 PAC 的接触，从而提高吸附效果。

2.4.6　腐殖酸的影响

由图 9 可见，腐殖酸投加量为 0 时，DBP 去除率为 95.4%；随着腐殖酸浓度增加，DBP 去除率下降到 88% 以下。实验表明，腐殖酸的投加对活性炭的吸附有微小的抑制作用。

3　结论

（1）活性炭对 DBP 具有较好的去除率，在适宜条件下对水体中 DBP 的去除率最高可达 95.9%。

（2）活性炭对 DBP 吸附的适宜条件为：PAC 投加量 20 mg/L，作用时间 1 h，pH 为 7，DBP 初始浓度

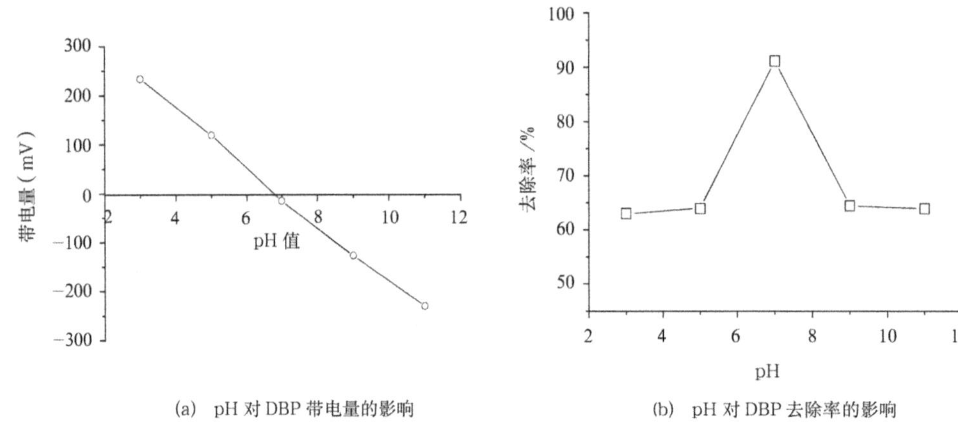

(a) pH 对 DBP 带电量的影响 (b) pH 对 DBP 去除率的影响

图7 pH 对 DBP 带电量和去除率的影响

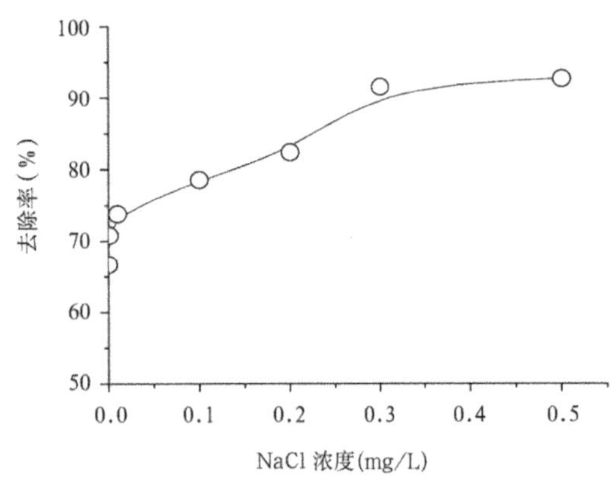

图8 离子强度对 DBP 去除率的影响

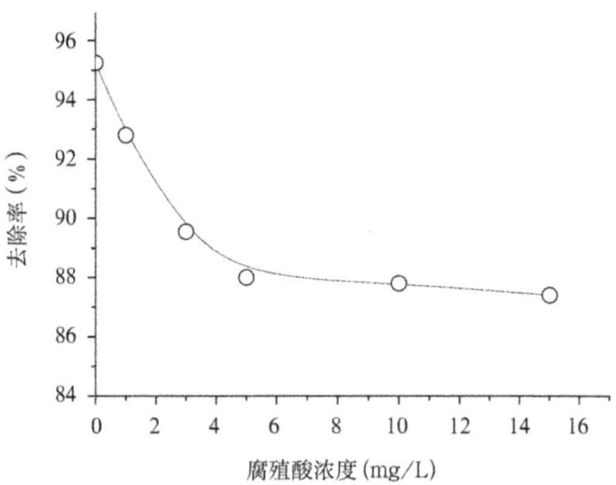

图9 腐殖酸浓度对 DBP 去除率的影响

4 mg/L。

（3）增加离子强度可促进活性炭对 DBP 的吸附作用,腐殖酸对活性炭吸附起抑制作用。

4 参考文献

[1] BALAFAS D, SHAW K J, WHITFIELD F B. Phthalate and adipate esters in Australian packaging materials[J]. Food Chem, 1999,65 (3):279—287.

[2] ALOK M, JYOTI M, LISHA K, et al. Process development for the removal and recovery of hazardous dye erythrosine from wastewater by waste materials bottom ash and de-oiled soya as adsorbents[J]. J Hazard Mater, 2006,138:95—105.

[3] GUPTAA V K, KHAYATB M AL, MINOCHA A K. Zinc (II)—selective sensors based on dibenzo-24-crown-8 in PVC matrix[J]. Analytica Chimica Acta, 2005,532:153—158.

[4] PETERS J M, TAUBENECK M V, KEEN C L. Di (ethylhexyl) phthalate induces a functional zinc deficiency during pregnancy and testerogenesis that is independent perxisome polifenator-activated receptor[J]. Teratology, 1997,56:311—316.

[5] 刘百仓,韩帮军,马军,等. 粉末活性炭吸附去除松花江原水中有机物的研究 [J]. 中国给水排水, 2008,24 (21): 38—41.

[6] ADHOUM N, MONSER L. Removal of phthalate in modified activat-ed carbon: application to the treatment of industrial wastewater[J]. Purif Technol, 2004,38:233—239.

[7] HERBERT H P, ZENG F H. Adsorption of phthalates by activated sludge and its biopolymers[J]. Environ Technol, 2004,25 (7):757—761.

[8] ANU MATILAINEN, NIINA VIENO, TUULATUH KANEN. Efficiencyof the Activated Car[bon F iltrationin the Natural Organic Matt r Removal[J]. Environment International, 2006,32 (3):324—331.

[9] EMAD N E, STEPHEN J A, GAVIN M W. Adsorption of methylene blue onto activated carbon produced from steam activated bitu-minous coal: A study of equilibrium adsorption isotherm[J]. Chem Eng J, 2006,124:103—110.

[10] 刘辉,方战强,陈晓蕾,等 . 活性炭吸附去除水中邻苯二甲酸二丁酯的动力学研究 [J]. 净水技术, 2008,27 (2):23—26.

责任编辑　梁丹涛 （收到修改稿日期:2017-03-20）

酚类对煤化工废水中油类测定的影响分析

Interference of Phenols in the Determination of Oils in Wastewater from Coal Chemical Industry

张立涛[1] 曹高亮[2] 刘 睿[1] 尹健博[1] 安路阳[1]* （1. 中钢集团鞍山热能研究院有限公司，环境工程院士专家工作站，鞍山 114044; 2. 广东先能环保科技有限公司，东莞 523981）

Zhang Litao[1] Cao Gaoliang[2] Liu Rui[1] Yin Jianbo[1] An Luyang[1]* （1. Environmental Engineering Academician Experts Workstation, Sinosteel Anshan Research Institute of Thermo-Energy Co., Ltd., Anshan 114044; 2. Guangdong First Can Environmental Protection Technology Co., Ltd., Dongguan 523981）

摘要 煤化工废水中含有大量的酚类和油类污染物，酚类对油类的测定结果影响很大。利用红外分光光度法测定油类质量浓度为 2.53g/L，通过硅酸镁吸附酚类后，测定油类质量浓度为 0.30g/L，其中酚类占油类测定值比例 ≥ 88%。经过硅酸镁的吸附，可降低酚类对油类测定结果的干扰，提高油类测定值的准确性。

关键词： 煤化工废水 油类 酚类 红外光度法 测定

Abstract Wastewater generated from coal chemical industry usually contains a lot of phenols and oils, whilst phenols may cause great interference in the determination of oils. When a value of 2.53 g/L was detected as oils by using infrared spectrophotometry, the actual oil content would be only 0.30 g/L after phenols being adsorbed by magnesium silicate, i.e., phenols could account for over 88% of the measurement value. It has shown that the interference of phenols in the determination of oils could be suppressed through the adsorption of magnesium silicate so as to improve the accuracy of measurement.

Key words: Coal chemical wastewater Oils Phenols Infrared spectrophotometry Detection

煤化工废水中含有大量的氨氮、酚类和油类污染物，而油类污染物大部分以乳化油形式存在。由于大量氨氮存在，使得煤化工废水 pH 在 8 ~ 9，因此乳化油在水中的稳定性较好[1]，在常规处理方法过程中不易去除。油类污染物对煤化工废水处理工艺具有严重的危害性，对于萃取工艺会污染萃取剂、降低萃取效率；蒸氨会导致蒸氨塔堵塞，运行周期短[2]；油类污染物的含量超过 20 mg/L 时，对生化处理工艺中微生物的生长具有抑制性[3]。煤化工废水在测定油的过程中，酚类物质也会被检测到并提供油含量的数值，李思[4] 对煤化工废水中的油类进行 GC-MS 分析，得到油类物质主要由酚类、酮类和烷烃类组成，其中酚类占 47.85%，对煤化工废水中油含量的测定结果有很大的贡献。所以，酚类对油类的检测有很大的影响，本文对煤化工废水中酚类对油类测定结果的影响进行分析论述。

1 煤化工废水中主要污染物组成分析

煤化工废水是一种高浓度难降解的有机工业废水，其有机污染物组成复杂，通过 GC-MS 对兰炭废水中的主要有机污染物进行分析（见表 1）。兰炭废水中主要的污染物是酚类污染物，占 73.1%，苯类污染物为 2.4%，多环芳烃污染物为 24.0%，杂环类污染物为 0.4%[5]。

国家工程研究中心创新能力建设项目，编号：2013706。

第一作者张立涛，男，1989 年生，2014 年毕业于东北大学材料与冶金学院，硕士，工程师。

* 通信联系人，anluyang2008@126.com。

表 1　兰炭废水中主要污染物质

污染物名称	含量（mg/L）	比例（%）[1]
苯	11.46	10.30
甲苯	34.45	31.00
乙苯	10.95	9.90
间，对甲苯	46.63	41.90
邻甲苯	3.49	3.10
异丙苯	1.50	1.40
苯乙烯	2.61	2.30
苯酚	1 333.44	39.80
邻甲酚	279.00	8.30
间，对甲酚	855.72	25.50
邻硝基酚	43.92	1.30
对硝基酚	26.64	0.80
2,4- 二甲基苯酚	281.52	8.40
五氯酚	16.00	0.50
2- 甲基 -4,6- 二硝基酚	20.00	0.60
2,3,4,6- 四氯酚	48.60	1.50
2- 氯苯酚	19.80	0.60
氯间甲酚	48.96	1.50
2,4,5- 三氯酚	316.44	9.40
2,4,6- 三氯酚	60.84	1.80
萘	738.15	67.20
苊稀	108.79	9.90
芴	243.86	22.20
菲	5.67	0.50
荧蒽	1.90	1.10
吲哚	3.95	18.20
喹啉	1.82	8.30
吡啶	15.90	73.50
邻苯二甲酸二丁酯	2.01	

1) 表中比例为该物质在本类物质中所占比例。

2　油的检测方法

依据 HJ 637-2012《水质 石油类和动植物油类的测定红外分光光度法》标准分析油的含量。取适量水样用 HCl（优级纯）将其酸化至 pH ≤ 2 后转移至分液漏斗中，量取 50 mL 四氯化碳加入分液漏斗中作为萃取剂。振荡 3 min，适时排气，静置分层后，用无水硫酸钠除去下层有机相中的水。将有机相分成 2 份，1 份用于测定总油。另 1 份通过硅酸镁吸附柱，弃去前 5 mL 滤出液，余下部分接收后用于测定石油类。

本研究使用 ET3200B 自动萃取仪联合 ET1200 红外自动测油仪(上海欧陆科仪有限公司)测定油类污染物含量。

3　酚类对油类测定的影响

3.1　酚类影响油测定的原理

用红外分光测油仪测量油类时，被四氯化碳萃取的油类在波数为 2 930(CH_2 基团中 C-H 键的伸缩振动)、2 960 (CH_3 基团中 C-H 键的伸缩振动)、3 030 cm^{-1}（芳香环中 C-H 键的伸缩振动）处产生油特征吸收峰。但是，在以上 3 处波段有吸收峰的不一定是油，酚也能被四氯化碳萃取，同时也能在波数 3 030 cm^{-1} 处有特征吸收峰 [6-7]。因此，酚类对油类的测定有较大的影响。

3.2　煤化工废水中油类检测结果分析

采用 HJ 637-2012 标准方法对煤化工废水中油类进行测定分析，其中硅酸镁对极性物质（如含有 -C=O，-OH 基团的极性化学品等）具有较强的吸附性能，可以吸附萃取液中的酚类。所以，在调节废水 pH ≤ 2 的条件下，用四氯化碳萃取样品中油类物质，测定总油类污染物浓度，然后将萃取液用硅酸镁吸附，除去极性物质后，再测定石油类污染物。只经过萃取过程，测定总油类污染物浓度为 2.53 g/L，经过萃取和吸附过程后，测定石油类污染物浓度为 0.30 g/L。所以，煤化工废水中酚类占油类测定值 ≥ 88%。

对吸附前萃取液和吸附后萃取液进行 GC-MS 分析，进一步了解萃取物吸附前、后的不同以及污染物性质和数量的变化，结果见图 1、图 2。

经过 GC-MS 检测结果可知，硅酸镁吸附前后苯酚、邻甲酚、间甲酚的量发生明显变化，污染物种类和数量急剧下降。但是，吸附后萃取液中仍然含有部分酚类物质，油的测定结果仍具有偏差。所以，硅酸镁可以有效降低酚类对油的测定的干扰，但不能彻底解决酚类的干扰问题。

4　硅酸镁吸附污染物分析

对吸附在硅酸镁中的污染物充分解析，并对解析物进行 GC-MS 分析(见图 3)。

从硅酸镁吸附污染物分析结果看出，绝大部分为酚类物质。因为酚类、喹啉、吡啶和萘等物质是煤焦油的主要成分 [8-9]，会被萃取到四氯化碳溶剂中，提供一定比例的油类的测定值，且被硅酸镁吸附。因此，经过硅酸镁吸附后可以提高油类测定的准确性。

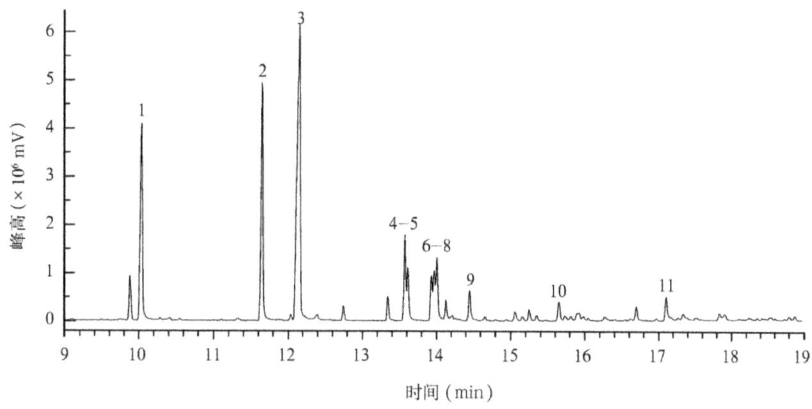

1. 苯酚；2. 邻甲酚；3. 间对甲酚；4.3，5－二甲基苯酚；5.2，5－二甲基苯酚；6. 对乙基苯酚；7. 间乙基苯酚；
8. 邻乙基苯酚；9.2，3，5－三甲基苯酚；10.3－甲基－5－乙基苯酚；11.3，4－环戊烷苯酚

图 1　吸附前污染物种类和数量

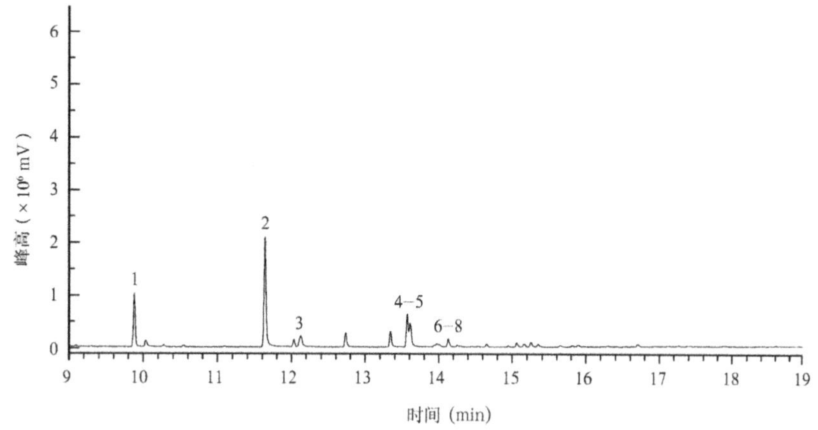

1. 苯酚；2. 邻甲酚；3. 间对甲酚；4.3，5－二甲基苯酚；5.2，5－二甲基苯酚；
6. 对乙基苯酚；7. 间乙基苯酚；8. 邻乙基苯酚

图 2　吸附后污染物种类和数量

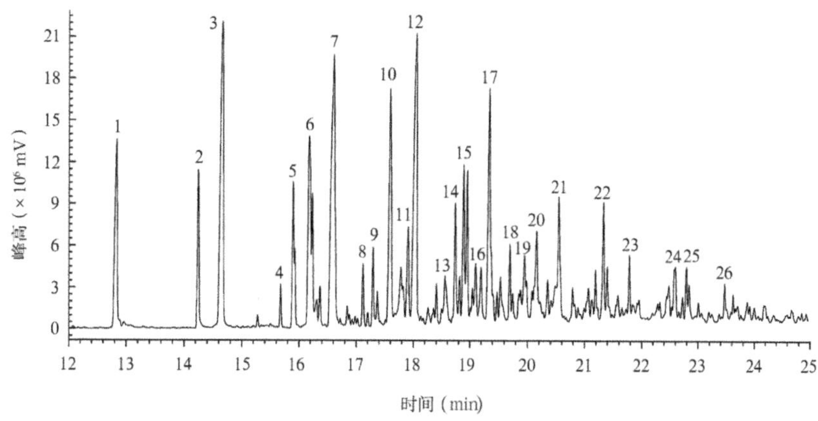

1. 苯酚；2. 邻甲基苯酚；3. 对甲基苯酚；4. 邻乙基苯酚；5.2，5－二甲基苯酚；6. 间乙基苯酚；
7. 邻苯二酚；8.4－甲基－2－乙基苯酚；9.5－甲基－2－乙基苯酚；10.4－甲基邻苯二酚；11. 间苯二
酚；12.4－甲基邻苯二酚；13.4－羟基－2，3－二氢－1H 茚；14.4－乙基邻苯二酚；15.2－甲基间苯
二酚；16.1－茚醇；17.3－甲基间苯二酚；18.4，5－二甲基间苯二酚；19.2，3，5－三甲基对苯二酚；
20.4－乙基－2－甲氧基苯酚；21.4－丙基间苯二酚；22.1－萘酚；23.4－苯烯醇；24.4－甲基－1－
萘酚；25.7－甲基－1－萘酚；26.6，7－二甲基－1－萘酚

图 3　硅酸镁吸附污染物组成

5 结论

煤化工废水中含有大量的酚类污染物，在测定油的结果中酚类占油类测定值比例 $\geqslant 88\%$，需要经过硅酸镁的吸附，降低酚类对油类测定结果的干扰，提高油类测定值的准确性。

6 参考文献

[1] 王丹,常青. 乳化油废水稳定性研究[J]. 净水技术, 2008,27（1）:41.

[2] 杨秩珣,蒋翼,王媛媛,等. 含油废水处理技术的研究进展[J]. 化学工业与工程技术, 2007,28（5）:29-32.

[3] 李丹阳. 基于氮气气浮除油与改善煤化工废水生化处理效能研究[D]. 哈尔滨:哈尔滨工业大学市政环境工程学院,2013.

[4] 李思. 煤化工废水物理法除油工艺及设备清洗剂的开发[D]. 青岛:青岛科技大学化学工程学院, 2015.

[5] 高剑. 兰炭废水中污染物组成及其去除特性分析[D]. 西安:西安建筑科技大学市政工程学院, 2014.

[6] 汪言满. 红外分光光度法测定水中油类常见问题的探讨[J]. 广东化工, 2007,3（43）:97-98.

[7] 王春生. 红外光度法测量油类(含酚废水)影响因素的探讨[J]. 环境研究与监测, 2007,20（3）:27-28.

[8] 伍林,宗志敏,魏贤勇,等. 煤焦油分离技术研究[J]. 煤炭转化, 2001,24（2）:17-20.

[9] 路正攀,张会成,程仲芊,等. 煤焦油组成的 GC/MS 分析[J]. 当代化工, 2011,40（12）:1302-1304.

责任编辑　梁丹涛　（收到修改稿日期：2017-03-10）

浙江省排氮量及生态环境风险研究

A Study on Nitrogen Emissions and Eco-Environmental Risk in Zhejiang Province

吕　越[1,2]　陈忠清[1,2]*　（1. 绍兴文理学院土木工程学院，绍兴 312000；2. 绍兴文理学院岩石力学与地质灾害实验中心，绍兴 312000）

Lü Yue[1,2]　Chen Zhongqing[1,2]*　(1. School of Civil Engineering, Shaoxing University, Shaoxing 312000; 2. Centre of Rock Mechanics and Geological Disaster, Shaoxing University, Shaoxing 312000)

摘要　以人类生活产生的氮排放为切入点，基于密集的交通工业设施、高投入的农业生产等，分析了 2005～2014 年浙江省氮排放时空变化情况；并依据不同土地类型的特点明确了不同用地类型对氮排放压力的脆弱度；通过整合 3 个主要的生态风险源（土壤、水体及大气）研究了生态环境风险变化。结果表明：①农业和城市系统的氮排放量均以杭州、宁波、温州、嘉兴、湖州、绍兴和金华地区居高；②农业系统氮排放的主要构成部分为农作物种植，其比例为 91.2%；城市系统氮排放的主要构成部分为人类生活，对应比例为 93.7%；③基于生态环境风险综合因素，浙江地区生态环境风险水平被分为高、中、低级，并确定低生态环境风险区为衢州、台州、舟山和丽水，高生态环境风险区为杭州、宁波和温州。

关键词：氮排放　农业系统　城市系统　生态环境风险　浙江省

Abstract　Taking nitrogen emissions from human activities as a breakthrough point and based on the situation of dense transport and industrial facilities as well as intensive agriculture, the temporal and spatial trend of nitrogen emissions in Zhejiang Province in the period of 2005～2014 were analysed, the degree of vulnerability to the pressure of nitrogen emissions was determined in terms of the characteristics of land use types, and the changes in eco-environmental risk were studied through an integration of three major ecological risk sources (soil, water and air). It has indicated that (1) high nitrogen emissions from agricultural and urban systems occurred in the areas of Hangzhou, Ningbo, Wenzhou, Jiaxing, Huzhou, Shaoxing and Jinhua; (2) in respect to the principal component of nitrogen emissions, 91.2% were from crop planting in agricultural system and 93.7% were from human living activities in urban system; (3) according to the eco-environmental risk in Zhejiang Province categorised as high, medium and low levels based on their individual comprehensive factors, Quzhou, Taizhou, Zhoushan and Lishui were classified as low risk areas whilst Hangzhou, Ningbo and Wenzhou were determined to be at high risk.

Key words：Nitrogen emissions　Agricultural system　Urban system　Eco-environmental risk　Zhejiang Province

生态环境风险研究即量化研究生态环境发生灾害的概率。近年来，生态环境风险研究与应用日趋广泛，研究对象的多元化发展表现在由单一风险源扩展到人类综合活动[1]。目前，与氮素及氮氧化物相关的指标广泛应用于农业和工业方面的生态环境风险研究中，"氮素对生态环境的影响程度"已成为政府和学术界共同关注的热点[2]。学者们主要从两个方面研究氮排放，第一方面是农业系统：Das 和 Adhya[3]、Wang[4] 等研究了肥料的有效利用对甲烷和氮氧化物排量的影响；Huang 等[5] 的研究指出了有机水稻不同品种的氮吸收利用和产量、质量之间的关系；Wen 等[6] 结合氮、磷肥料的应用研究了肥料增加对玉米产量和养分吸收的影响；谢

绍兴文理学院科研启动项目，编号：20145013、20155010。

第一作者吕越，女，1982 年生，2014 年毕业于西北农林科技大学水建学院，博士，讲师。

* 通信联系人，chen_321300@163.com。

运球等 [7] 通过对农产品等输出氮的计算评价了岩溶区面源污染对漓江的影响。第二方面是城市系统：Butenhoff 等 [8] 的研究发现不同就业性质对日常出行排氮量有不同程度的影响；Debono 和 Villot[9] 研究了热解过程中各种氮化合物的反应途径；高群和余成 [10] 的研究指出高强度的人类活动和城市景观格局的改变不仅影响了氮的循环过程，而且加重了氮污染的程度；郭明山等 [11] 利用热重－质谱联用(TG-MS)技术研究城市污泥慢速热解特性及含氮气体产物的生成规律；吉木色 [12] 通过 MSIASM 研究了人均 GDP、产业比例结构与能耗量对氮排放的影响，并分别对其产生的排氮量进行了估算。

但是，关于氮排放估算，鲜有在研究中同时考虑农业和城市系统两个方面，而它们均是研究氮排放量的本质因素。为了弥补这方面研究的不足，本研究以浙江省氮排放为切入点，基于对生态环境和人类活动的影响程度，从地区差异和动态趋势的角度研究农业和城市系统中人类活动所产生的氮排放量及类型，评价生态环境风险程度。目的在于为根据实际情况制定科学的氮减排目标，以及为针对性制定与发展阶段相关的政策和相应措施提供数据支持。

1 研究区域与方法

1.1 研究区域

浙江省是中国经济最活跃的省份之一，地处东南沿海长江三角洲南翼，面积 10.18 万 km^2，有杭州、宁波、绍兴、嘉兴、温州、金华、衢州、湖州、台州、舟山和丽水，2014 年底常住人口为 5 508 万人。浙江省生态环境相对脆弱，近年来产生的垃圾、废水、废气、噪声等使得环境负担加重，禽畜饲养密度和工厂密度偏高及化石能源排放量大成为当前最主要的环境问题 [16]。而浙江地区关于人类活动所产生的氮排放量对生态环境的风险研究相对缺乏，因此，本研究选择浙江为研究区域进行生态环境风险研究。

1.2 数据来源

本文基础数据来源于浙江省相关统计资料，并结合实地调研以补充和验证资料。包括：统计年鉴、农业统计年报、发展统计汇编、环保署水质保护处、国民经济和社会发展统计公报、浙江国土资源厅网站数据库的资料等。

1.3 氮排放计算方法

1.3.1 农业系统(N_A)氮排放计算方法

N_{AQ} 氮排放量包括饲料中含氮量和水产品含氮量，公式如下：

$$N_{AQ} = F_{aq} \times C_f - Y_{aq} \times C_{aq} \qquad (1)$$

式中，F_{aq} —— 年均用饲料量；

$\quad C_f$ —— 饲料中平均含氮量；

$\quad Y_{aq}$ —— 年均水产品产量；

$\quad C_{aq}$ —— 水产品中平均含氮量。

N_{LP} 氮排放量包括未回收利用的家禽(N_L)和家畜(N_P)粪便，公式如下：

$$N_L = N_l \times (W_l - R_l) \times C_l \times 365 \qquad (2)$$
$$N_p = N_p \times (W_p - R_p) \times C_p \times 365 \qquad (3)$$

式中，N_l、N_p —— 家禽、家畜每年的存栏量；

$\quad W_l$、W_p —— 家禽、家畜每日的粪便量；

$\quad R_l$、R_p —— 家禽、家畜每日的粪便回收量；

$\quad C_l$、C_p —— 家禽、家畜的粪便平均含氮量。

N_F 氮排放量包括农作物固氮(N_{fi})、肥料使用(N_f)、灌溉用水(N_w)、农作物秸秆还田(N_r)和农作物收获(N_h)，公式如下：

$$N_F = N_f + N_w + N_r - N_{fi} - N_h \qquad (4)$$

式中，N_f —— 包括化学肥料(尿素、复合肥料等)和有机肥料(粪便利用量)含氮量；

$\quad N_w$ —— 包括灌溉用水含氮量；

$\quad N_r$ —— 包括秸秆量、还田量及秸秆总含氮量；

$\quad N_{fi}$ —— 包括豆科和非豆科作物各自的种植面积及共生性(非共生性)固氮率；

$\quad N_h$ —— 包括每种农作物产量、收获系数及作物总含氮量。

1.3.2 城市系统(N_U)氮排放计算方法

在 N_U 中，氮排放量包括交通运输(N_T)、工业生产(N_I)和人类生活(N_H)等活动产生的氮。

(1)N_T 氮排放量包括水运(N_w)、管线(N_p)、铁路(N_{ra})、公路(N_{ro})、航空(N_a)不同交通部门所消耗的化石燃料中的含氮量。N_T 氮排放量分别考虑了上述类别消耗的废气排放量、废弃平均含氮量及化石燃料数量。

(2)N_I 考虑了工业废水(N_{iw})、工业废气(N_{ig})和固体废弃物(N_{is})。其中，N_{iw} 包括废水排放量及含氮量、处理率、处理后污泥产生量及回填率；N_{ig} 和 N_{is} 包括各自排放量、含氮量及循环回收利用率。

(3)N_H 包括生活污水(N_{hw})、生活固体垃圾(N_{hs})和人类粪便含氮量(N_{he})。其中，N_{hw} 包括污水排放量、含氮量、处理率、处理后污泥产生量及回填率；N_{hs} 包括垃圾排放量、含氮量、处理率、处理后污泥产生量及回填率；N_{he}

包括人口数量、粪便量、含氮量、处理率。

1.4　生态环境风险评价方法

本研究整合了农业和城市系统中人类各种活动对土壤、水体、大气的氮排放量及地区差异,将各种土地类型均作为风险接受体并判别各自的脆弱度,通过表征压力值来研究氮排放差异引起的生态环境风险。具体方法如下:根据浙江地区土地类别将其分为农业区、工业区、建成区(商业、住宅、乡村)、森林区、风景区、公共设施区等,将各类型用地特性对应生态系统组分类特性,结合专家调查问卷分析基于土壤、水体、大气氮承载下的不同土地类别受人类各种活动影响的脆弱度,分值为 1 ～ 10 分,分值越高越脆弱(见表 1)。

表 1　氮承载力风险下主要用地类型的脆弱度

用地类型		脆弱度		
		土壤	水体	大气
建成区	商业区	7	7	9
	住宅区	8	8	9
	乡村区	6	6	5
工业区		2	1	1
农业区		1	3	6
森林区		10	10	10
保护保育区		9	9	9
风景区		6	6	6
公共设施		3	3	3
其他		2	2	1

生态环境风险影响因素是单一风险影响(S_R)和综合风险影响(C_R)2 部分之和。S_R 计算公式如下:

$$S_R = N_c \times V_d \times L_r \qquad (5)$$

式中, N_c —— 氮承载压力值;

　　　V_d —— 不同土地类别的脆弱度;

　　　L_r —— 不同土地类别所占比例,下式同。

C_R 需结合单一风险压力源及各自治理经费、脆弱度综合考虑,计算公式如下:

$$C_R = \sum E_d \times N_c \times V_d \times L_r \qquad (6)$$

式中, E_d —— 风险暴露强度。

2　结果与分析

2.1　农业系统氮排放

浙江 2005 ～ 2014 年农业氮排放结果见表 2,农作物种植排氮量高于动物养殖。其中,有机肥的增加使得近 10a 来的肥料氮排放呈逐年降低态势,由 2005 年 140.0 万吨降至 2014 年 123.5 万吨(见图 1);近年来水稻和豆科植物的种植面积和产量减少导致农作物收获时的排氮量由 2005 年 33.3 万吨降至 2014 年 28.9 万吨;农作物秸秆过腹和燃烧还田量也与种植面积有关并逐

表 2　2005 ～ 2014 年浙江省农业排氮量（万吨）变化

年份	作物种植	动物养殖
2005	131.5	10.2
2006	133.5	9.6
2007	127.9	7.8
2008	135.9	8.5
2009	128.7	8.9
2010	127.1	8.5
2011	111.8	9.2
2012	115.0	9.6
2013	119.0	9.6
2014	123.0	9.9

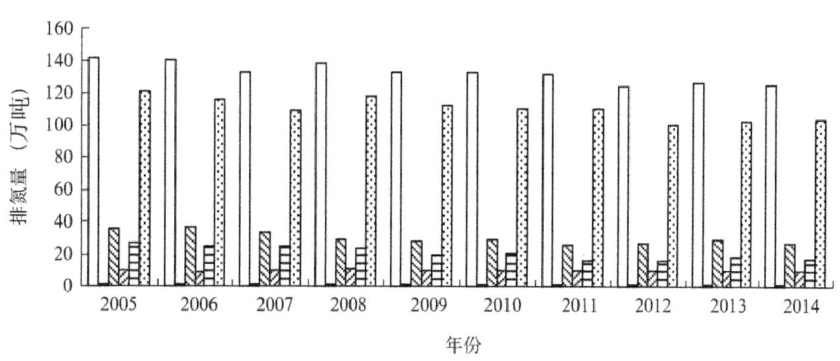

图 1　2005 ～ 2014 年作物种植过程氮排放估算

年减少,由 2005 年 25.6 万吨降至 2014 年 18.5 万吨。

作物种植和动物养殖均与排氮量呈线性关系(见图 2),其中,作物种植拟合度最佳(R^2 = 0.977 2),其次为动物养殖(R^2 = 0.964 4)。作物种植和动物养殖的排氮量大小依次为杭州、宁波、温州、嘉兴、湖州、绍兴、金华、衢州、舟山、台州和丽水,由此体现了浙江省农业氮排放程度。

2.2　城市系统氮排放

2005 ~ 2014 年生活污水处理率的提高和生活固体垃圾等处理方式的改善,使得排氮量呈明显降低趋势(见表 3);能源再利用方式使得工业生产排氮量降低;清洁能源的利用使得化石燃料和废气排氮量呈稳中有降趋势。总体上,人类生活氮排放所占比例最高,占城市系统氮排放总量的 92.3%。工业生产氮排放所占比例次之,占 4.0%。

人类生活、交通运输和工业生产与排氮量呈线性

关系(见图 3),但人类生活与排氮量的线性关系最明显,工业生产次之。同时,城市与农业的区域排氮量大小顺序一致。

2.3　生态环境风险研究

表 3　2005 ~ 2014 年浙江省城市排氮量（万吨）变化

年份	人类生活	工业生产	交通运输
2005	34.3	1.3	1.3
2006	33.7	1.4	1.3
2007	30.6	1.3	1.2
2008	28.5	1.2	1.1
2009	28.2	1.2	1.1
2010	27.9	1.2	1.1
2011	27.5	1.1	1.0
2012	26.2	1.1	1.0
2013	26.3	1.1	1.0
2014	26.3	1.0	0.9

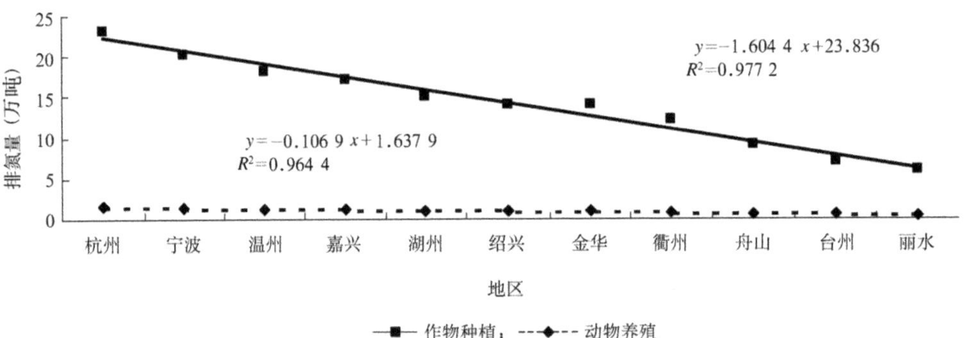

图 2　2005 ~ 2014 年区域的作物种植、动物养殖与排氮量关系

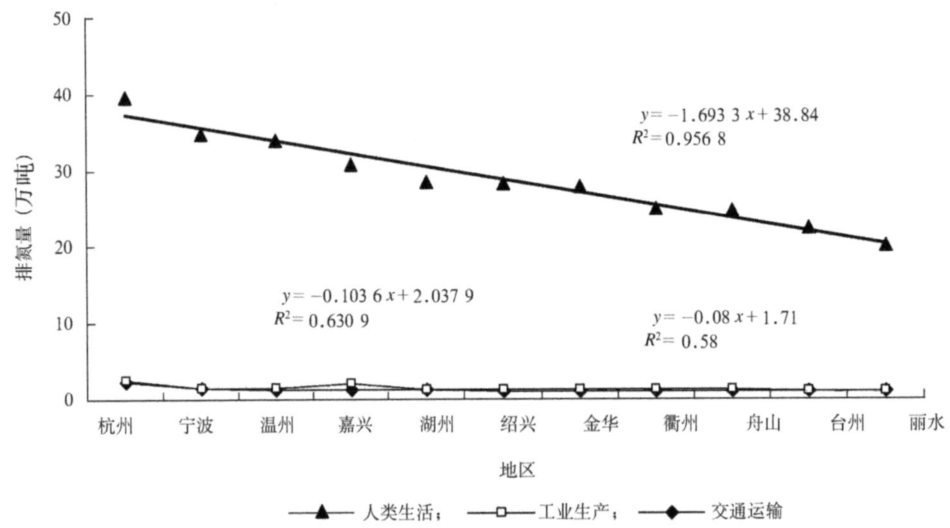

图 3　2005 ~ 2014 年浙江省城市氮排放区域差异

就单一风险影响而言,相比于水体和大气,浙江地区以土壤为风险压力源的氮排放数量最高,2004 ~ 2008 年呈下降状态,随后逐渐上升,这主要与土壤承载了主要的人类社会活动有关;以水体为风险压力源的氮排放数量每年缓慢下降,这主要与水质保护法逐渐健全、工业和畜牧业的污水排放量基本得以控制、污水的处理率较高有关;以大气为风险压力源的氮排放数量一直处于较稳定状态。就综合风险影响而言,2005 ~ 2014 年生态环境风险值缓慢上升。这主要是因为由土壤、水体和大气构成的综合风险压力源中,土壤所占比例最大,而土壤为风险压力源的氮排放数量

10 a 增加的程度大于以水体为风险压力源的氮排放数量下降的程度,因此在综合风险影响中的生态环境风险值仍缓慢上升。

基于各市人口密度和人类综合活动强度引起的氮承载程度,来确定 2005 ~ 2014 年浙江省各市生态环境风险评估平均值,可将其区分为风险值≤ 250、250 ~ 900、≥ 900 这样 3 个区间(见图4),分别为低生态环境风险区(衢州、台州、舟山和丽水)、中生态环境风险区(嘉兴、湖州、绍兴和金华)。高生态环境风险区(杭州、宁波和温州)。

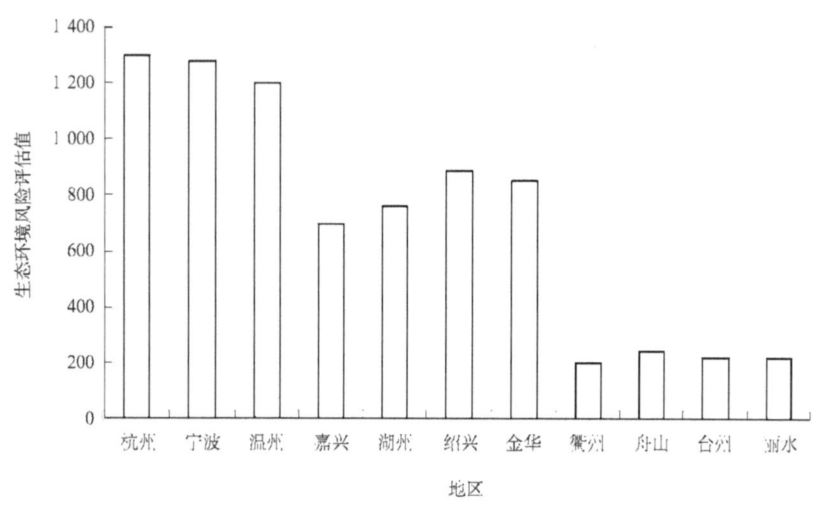

图 4　浙江省 2005 ~ 2014 年氮排放综合生态环境风险平均值区域分布

3　讨论

在整合估算人类综合活动的氮排放量方面,本研究所涉及数据(如人口数量、土地类型、家禽家畜、农作物种类及能源消耗等)均来自于当地政府统计部门,即以行政区域为单元。若以流域为单元研究氮承载,则本研究的估算结果需结合氮循环模型进行修正。同时,由于各市环境管理标准的不同,使得氮排放量估算有一定误差。如各市降雨季节和污水处理系统的差异会共同影响河流山川等氮排放量。因而,今后对于氮排放量的估算需结合实测水质数据进行修正。

4　结论

(1) 在农业系统氮排放方面,农作物种植为农业系统氮排放的主要构成部分,占农业系统氮排放总量的91.2%。农作物种植氮排放量和动物养殖的氮排放量均以杭州、宁波、温州、嘉兴、湖州、绍兴和金华地区居高。在城市系统氮排放方面,人类生活氮排放所占比例最高,占城市系统氮排放总量的93.7%。人类生活、交通运输和工业生产的氮排放量均以杭州、宁波、温州、嘉兴、湖州、绍兴和金华地区居高。

(2) 通过对人类综合活动氮排放量的估算来研究生态环境的风险度,将不同土地类型作为风险接受体,既能依据生态特性说明其脆弱度,又能反映生态环境风险的空间差异。就单一风险影响而言,浙江地区以土壤为风险压力源的氮排放数量最高,以水体为风险压力源的氮排放数量每年缓慢下降,以大气为风险压力源的氮排放数量一直处于较稳定状态。就综合风险影响而言,2005 ~ 2014 年生态环境风险值缓慢上升。同时,结合相关环境保护法可知,降低大气氮排放对生态环境风险的影响主要通过大范围推广使用清洁能源车辆、控制机动车数量、大力监管工业废气废水废弃物等

手段;降低水体氮排放对生态环境风险的影响主要通过调整污水排放准则、提高排水系统全面利用化、基于保护饮用水的原则对重点河流山川进行整治等手段;其他人类综合活动(如禽畜饲养、能源消耗等)即便在一定大范围内已得以控制,但仍无法有效改善其对生态环境负担的加重。

5 参考文献

[1] 蓝艳,陈刚,彭宁．以环境标准推动技术创新迈向生态创新[J]．环境与可持续发展，2015,40（5）:30-34.

[2] 马文静,张承中,韩德明,等．西安城区夏季地面臭氧浓度变化特征分析[J]．环境工程，2015,33（10）:47-49,65.

[3] DAS S, ADHYA T K. Effect of combine application of organic manure and inorganic fertilizer on methane and nitrous oxide emissions from a tropical flooded soil planted to rice[J]. Geoderma, 2014, 213:185-192.

[4] WANG JINYANG, CHEN ZHAOZHI, MA YUCHUN, et al. Methane and nitrous oxide emissions as affected by organic-inorganic mixed fertilizer from a rice paddy in southeast China[J]. J Soils Sediments, 2013,13（8）:1408-1417.

[5] HUANG LIFEN, YU JUN, YANG JIE, et al. Relationships between yield, quality and nitrogen uptake and utilization of organically grown rice varieties[J]. Pedosphere, 2016,26（1）:85-97.

[6] WEN ZHIHUI, SHEN JIANBO, BLACKWELL M, et al. Combined Applications of Nitrogen and Phosphorus Fertilizers with Manure Increase Maize Yield and Nutrient Uptake via Stimulating Root Growth in a Long-Term Experiment[J]. Pedosphere, 2016, 26（1）:62-73.

[7] 谢运球,玉宏,裴建国,等．桂林寨底地下河农业系统氮流失估算[J]．农业环境科学学报，2015,34（10）:1979-1984.

[8] BUTENHOFF C L, KHALIL M A K, PORTER W C. Evaluation of ozone, N dioxide, and carbon monoxide at nine sites in Saudi Arabia during 2007 [J]. Journal of the Air and Waste Management Association, 2015,65（7）:871-886.

[9] DEBONO O, VILLOT A. Nitrogen products and reaction pathway of nitrogen compounds during the pyrolysis of various organic wastes[J]. Journal of Analytical and Applied Pyrolysis, 2015,114:222-234.

[10] 高群,余成．城市化进程对氮循环格局及动态的影响研究进展[J]．地理科学进展，2015,34（6）:726-738.

[11] 郭明山,金晶,林郁郁,等．城市污泥慢速热解过程中氮的转化规律[J]．化工进展，2016,35（1）:302-307.

[12] 吉木色．基于情景分析的城市大气污染物减排潜力研究[J]．环境与可持续发展，2015,40（5）:102-105.

责任编辑　梁丹涛　（收到修改稿日期:2017-03-13）

上海市滩涂植物群落分布现状及成因分析

A Research on Distribution and Factors of Marsh Vegetations in Shanghai

沙晨燕　谭　娟　苏敬华　王　卿　王　敏＊　（上海市环境科学研究院，上海 200233）

Sha Chenyan　Tan Juan　Su Jinghua　Wang Qing　Wang Min＊　(Shanghai Academy of Environmental Sciences, Shanghai 200233)

摘要　上海市沿江沿海地区是我国主要的滩涂湿地分布区之一。滩涂植物群落的分布格局、时空动态及其影响因子是滩涂生态系统研究的基础与关键。通过野外调查，掌握了 2011 年上海市滩涂植物群落的空间分布现状，分析了滩涂植物群落的分布特征及环境因子对其的影响。研究结果表明：上海市滩涂植被主要由芦苇、互花米草和莎草科植物群落组成，植物群落沿高程梯度呈明显的带状分布；芦苇群落主要分布在受长江上游来水影响较大的滩涂，互花米草群落主要分布在受海洋潮汐影响较大的滩涂，莎草科植物群落主要分布在高程较低的滩涂；不同植物群落对滩涂的盐度、水淹频率等环境因子的耐受不同，其分布呈现明显的空间分异；薹草、海三棱藨草等莎草科植物主要分布在水淹频率较高的低潮滩，互花米草分布在水淹频率适中、盐度较高的中潮滩，芦苇分布在水淹频率中等且盐度较低的中高潮滩。

关键词：滩涂湿地　植物群落　分布格局　影响因子　上海市

Abstract　Plant community is an important component of the wetland ecosystems. It is to examine the dynamics, succession and the main affecting factors of plant community in the brackish marshes of Yangtze River estuary. The major findings have been summarised that plant zonation is found along the elevation gradient from lower marshes to higher marshes. This spatial pattern of plant distribution shown in sequence of plant community succession is *Scirpus mariqueter*, *Spartina alterniflora* and *Phragmites australis* communities. *P. australis* community is mainly distributed in the area influenced by upper Yangtze River flow such as Chongming Island, Changxing Island and Jiuduan Shoal. *S. alterniflora* community is mainly spread in the areas influenced by marine tide such as Dongtan (East Shoal) and Beitan (North Shoal) of Chongming Island, and upper Jiuduan Shoal. *S. mariqueter* community is mainly scattered in the elevation lower tidal flats such as Dongtan of Chongming Island and lower Jiuduan Shoal. According to the characteristics of plant community and environmental heterogeneity, *S. alterniflora* have adapted itself to the biotic and abiotic environments in Yangtze River estuary since the intentional introductions obviously facilitated its invasions there. Ecological mechanisms for the successful invasions of *S. alterniflorai* into the brackish marshes are the interactions between invasiveness of *S. alterniflora* and invisibility of the brackish marsh ecosystem under the disturbance of human activities in Yangtze River estuary.

Keywords:　Coastal wetland　Plant community　Distribution pattern　Influencing factor　Shanghai City

上海地区滩涂多为淤涨型潮滩，具有时空动态迁移等特点。潮间带湿地生态系统为典型的开放系统，具有对干扰的高度敏感性，生态系统比较脆弱[1]。滩涂植被是潮间带湿地生态系统的重要组成部分，具有多种环境资源值和生物多样性功能，生物和土地资源也均有很大的潜在利用前景。滩涂植被资源虽属于可再生的自然资源，但上海市近年来由于人类活动的影响而使滩涂湿地质量有所下降，滩涂植被面积和生物多样性进一步减少，上海市滩涂资源的可持续开发利用面

————————————————

上海市科委基金项目，编号：13231203402；上海市科委基金项目，编号：13231203601。

第一作者沙晨燕，女，1983 年生，2010 年毕业于华东师范师大学河口海岸研究院，博士，工程师。

＊ 通信联系人，wangmin@saes.sh.cn。

临诸多的问题和挑战[2]。

上海市位于长江口地区，是我国重要的河口滩涂分布区。至 2005 年，长江口吴淞高程 −5 m 以上的湿地面积为 2 699 km² [3]，而且在长江径流与海洋潮汐的共同作用下，大量泥沙在河口淤积，滩涂面积仍在逐年增加，植物区系与植物群落也随之快速变化。上海地区滩涂湿地包括沿江沿海大陆边滩、河口江心沙洲和岛屿湿地 3 种类型[4]。沿江滩涂湿地主要分布在长江口南岸（西起浏河口，东至芦潮港），以南汇边滩为主。长江口的江心沙洲有已露出水面并发育有植被的无人居住的沙岛如九段沙、青草沙等，岛屿湿地则包括露出水面成陆并被人类开发定居的沙岛，如崇明岛、长兴岛和横沙岛。

海滩涂植被资源较为丰富，主要分布在吴淞高程 2m 线以上的潮间带地。潮滩植物多为多年生草本植物，自然植被以芦苇等禾本科植物和海三棱藨草等莎草科植物为主，人工引种的互花米草也有相当大的比例，植被均为耐盐性植物。上海滩涂湿地植被组成简单，主要由芦苇群落、互花米草群落与以藨草－海三棱藨草为主的莎草科植物群落组成。在崇明东滩、九段沙等面积较大的滩涂上，这几种植物群落同时存在；在其他地区，受海洋潮汐影响较大、盐度较高的滩涂，多为互花米草群落，如南汇东滩、杭州湾北沿边滩等，受长江上游来水影响较大的滩涂多为芦苇群落，如崇明西滩、青草沙等[5]。主要植被组成为上述三大植被群落，也有藨草、糙叶苔草、灯芯草、碱蓬、白茅等零星分布[5]。

通过遥感分析，研究 2011 年上海市滩涂植物群落的空间分布状况，对 3 种典型植物群落（芦苇群落、互花米草群落、莎草科植物群落）的分布区域及分布特征进行描述；同时，通过现场调查和采样，研究上海市滩涂环境因子（土壤含水率、容重、盐度、总氮、总磷）之间的关系以及植物群落分布与环境因子的关系，主要包括植物株高、密度、盖度、生物量与土壤含水率、容重、盐度、总氮、总磷直接的关系。

1 材料与方法

1.1 野外调查

上海地区滩涂湿地包括沿江沿海滩涂湿地、河口江心沙洲和岛屿湿地 3 种类型[4]。要掌握上海市滩涂植物群落的分布状况，对各滩涂植被资源进行野外调查是必不可少的。野外调查时间为 2011 年 9 月中旬至 10 月下旬，历时超过 40 d。

1.2 样方设计

根据上海滩涂湿地的类型，将样点分成 3 类：①大陆边滩；②岛屿周缘边滩；③江心沙洲。其中大陆边滩包括浦东、宝山边滩，南汇边滩和杭州湾北部边滩；岛屿周缘边滩包括崇明岛东滩、北滩、西滩、南滩，长兴岛边滩和横沙岛边滩；江心沙洲包括九段沙的上沙、中沙和下沙。取样共计 19 个区域，基本遍及上海所有滩涂湿地。具体样点分布见表 1 及图 1。

每个样区均设置 1 条垂直于岸线的样带，从光滩一直延伸到高潮滩植物群落。根据样带上植物群落类型以及植物群落表现的差异，在样带上自光滩起至堤坝设置若干个 20m×20m 的样区，在样区内随机设置

表 1　野外调查样区分布

类型	名称	样带位置[1]
大陆边滩	宝山边滩	石洞口码头（3）、吴淞口（4）
	浦东边滩	三甲港（4）、浦东机场东（5）
	南汇边滩	滴水湖（4）、芦潮港（1）
	杭州湾北沿边滩	金汇港（5）、龙泉港（1）
岛屿周缘边滩	崇明东滩	团结沙（3）、捕鱼港（8）
	崇明北滩	崇启大桥东（4）
	崇明西滩	西沙湿地（4）、西滩（4）
	崇明南滩	新河港（3）
	长兴岛周缘边滩	长兴西（3）、长兴东（3）
	横沙岛周缘边滩	横沙南（4）
江心沙洲	九段沙	上沙（5）、中沙（5）

1) 括号内为样区数量。

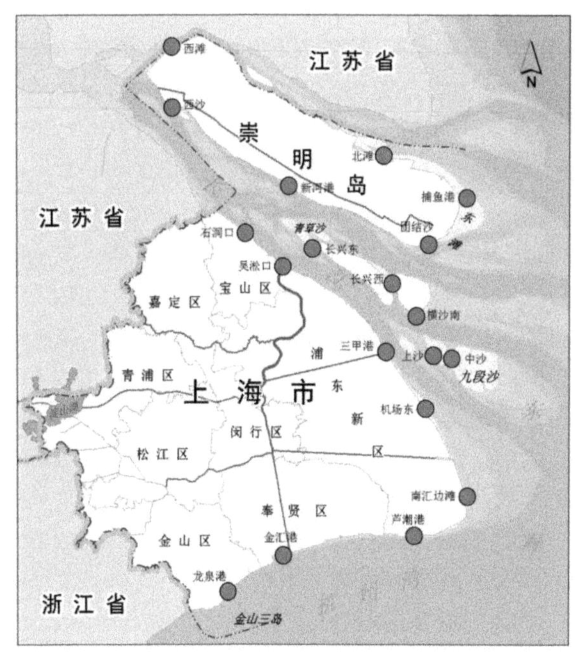

图1　野外调查样点空间分布

5个0.5m×0.5m的样方。本次取样共计样带19个,样区73个,样方365个。

1.3　野外调查内容

野外调查内容包括对植被的调查和对土壤环境因子的调查。

1.3.1　植物群落调查

使用手执式GPS仪测量群落宽度,记录植物群落类型。分别估测植被的盖度,并对该样方中植物的地上部分进行收割,并同时用米尺对植物的植株数量、最高植株高度进行测量。

所有植物样品取回实验室后,用清水洗去附着的泥沙后在80℃下烘至恒重并称重。

1.3.2　土壤环境因子调查

本次调查的土壤环境因子包括:土壤的盐度、pH、ORP、容重、含水量及TN、TP。使用内径5 cm、高5 cm的土壤环刀在0 ~ 5 cm的表层土壤中取样,环刀底部用平滑金属片托住以保证土壤孔隙水不会漏出,迅速用封口的自封袋装好。pH与ORP使用IQ 150便携式pH/mV/温度测定仪进行直接测量,测量pH时使用HI1053针式玻璃复合电极,测量ORP时使用HI3230复合铂ORP电极。含水率的测量,取80 ~ 100 g潮湿土壤,去除其中的植物组织,测量其湿重,然后在50℃下烘至恒重(1周),通过公式换算获得其含水量。盐度的测量:将烘干后的土壤样品仔细研磨成细粉,取其5 g,用25 mL双蒸水稀释,使用YSI30盐度/电导率仪测得其

盐度,根据含水量,获得该样点土壤孔隙水的盐度。总氮的测量使用碳氮分析仪Thermo Flash EA1112。总磷采用HNO_3-$HClO_4$-HF消解,ICP-AES测定。

2　结果与讨论

2.1　滩涂植物群落分布现状

上海滩涂植被主要分布在吴淞高程2m线以上的潮间带地。上海滩涂湿地的主要植物群落由芦苇群落、互花米草群落与莎草科植物群落组成,其中莎草科植物群落包括薹草、海三棱薹草、糙叶苔草、水莎草等植被。上海滩涂主要植被组成除上述三大植被群落外,还有灯芯草(*Juncussetchuensis*)、碱蓬(*Suaedaglausa*)、白茅(*Imperatecyllindrlica*)等零星分布[3]。

从2011年的遥感影像解译(见图2)及结合现场调查的结果可以看出,上海滩涂植被沿高程梯度呈明显的带状分布,从高到低依次为芦苇群落(互花米草群落)、莎草科植物群落。上海市滩涂植物群落仍然主要由芦苇群落、互花米草群落与莎草科植物群落组成。芦苇群落主要分布在受长江上游来水影响较大的滩涂,如崇明岛、长兴岛、横沙岛和九段沙等面积较大的滩涂上。互花米草群落主要分布在受海洋潮汐影响较大、盐度较高的滩涂,如崇明东滩、崇明北滩、九段沙的中沙、

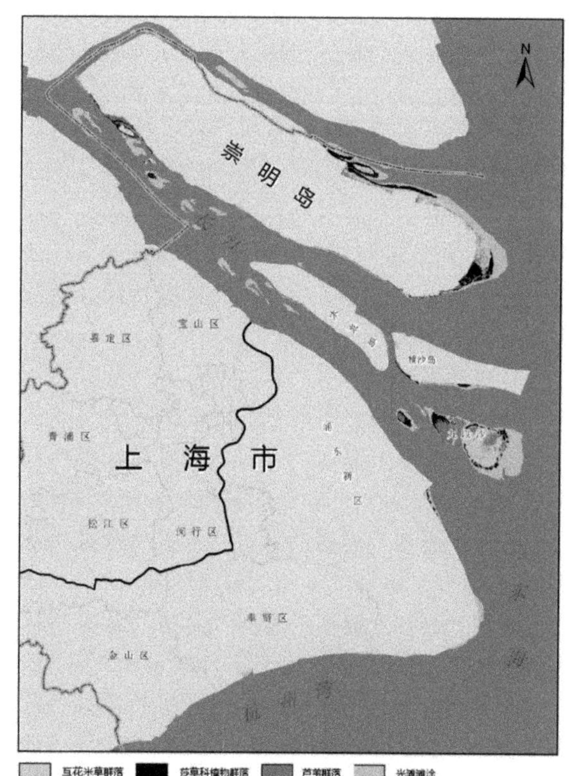

图2　2011年上海滩涂植物群落分布

南汇边滩、杭州湾北沿边滩等。莎草科植物群落以藨草－海三棱藨草混生群落为主，主要分布在崇明东滩、九段沙和横沙岛。藨草单群落主要分布在盐度较低接近淡水的滩涂：石洞口、吴淞口、三甲港，海三棱藨草单群落则零星分布于盐度略高的中等盐度滩涂：南汇边滩、奉贤金汇港。

图2显示，互花米草群落的分布面积已经超过芦苇群落和莎草科植物群落，成为上海市滩涂面积分布最大的优势植物群落。

2.2 各滩涂区域植物群落分布现状

根据上海滩涂植物群落主要分布的三大区域，即江心沙洲、岛屿周缘边滩和大陆边滩，现对各滩涂植物群落的分布现状进行详细描述。

2.2.1 江心沙洲

九段沙为长江口新生沙洲，包括上沙、中下沙和江亚南沙。上沙未人工引进互花米草，因此未受互花米草扩散的影响，植物群落沿高程有规律的呈带状分布，高滩为芦苇群落，潮沟边为莎草科植物带，宽约 50 m，以藨草和海三棱藨草为优势种，偶见糙叶苔草和互花米草。中下沙植物群落主要为郁闭、倒伏的互花米草群落。低潮滩处为仅 10 m 宽的海三棱藨草带。1997 年互花米草被人为引入中下沙，其迅速扩散，大部分有利的生境几乎都被其占据，导致海三棱藨草面积大大缩减。

上沙芦苇群落的平均盖度为 41.1%，平均生物量为 1 317.3g/m²，密度为 94.7 株 /m²，株高为 173.9 cm。藨草群落的平均盖度为 25%，平均生物量为 103 g/m²，密度为 117 株 /m²，株高为 28.2cm。中下沙海三棱藨草群落的平均盖度为 20%，平均生物量仅为 97 g/m²，密度为 70 株 /m²，株高为 30.5 cm。互花米草群落的平均盖度为 85.5%，平均生物量为 1 612.0 g/m²，密度为 143.5 株 /m²，株高为 190.1 cm。

2.2.2 岛屿周缘边滩

（1）崇明东滩：崇明东滩南起奚家港，北至北八滧港。崇明东滩作为国际重要湿地和国家级自然保护区，拥有丰富的滩涂植被资源和动物资源，生物多样性高。

从奚家港水闸到团结沙水闸一带的滩涂相对较窄，植被主要是芦苇群落，植被宽约 170 m，群落局部偶见碱蓬、飘拂草、旋覆草、糙叶苔草和束尾草等。芦苇群落的盖度为 55%，生物量为 1 155 g/m²，密度为 78 株 /m²，株高为 213.6 cm。该区段大部分芦苇带的外侧已经没有海三棱藨草带的分布。在崇明东滩团结沙至捕鱼港一带的南部，海三棱藨草与藨草和糙叶苔草形成混生群落，植被面积约为 1 153.71 hm²。捕鱼港以北

的滩涂植被主要为芦苇群落、芦苇－互花米草混生落和互花米草群落，呈典型带状分布。芦苇群落的盖度为 52.7%，生物量为 791.3 g/m²，密度为 73.3 株 /m²，株高为 164.8 cm；互花米草苇群落的盖度为 59.0 %，生物量为 704.4 g/m²，密度为 187.3 株 /m²，株高为 124.7 cm。大堤外形成的是片状的成熟芦苇带，不过该区域为水牛放牧区，受牛群放牧、啃食和踩踏影响，芦苇侵蚀较严重。局部低龄互花米草群落零星分布在光滩上，外侧已无海三棱藨草的分布。东旺沙水闸至北八滧一带的滩涂植被，靠近大堤处高程较高的地带主要为芦苇带，芦苇带外侧则主要为芦苇和互花米草群落相互混杂，最外带则以互花米草群落为主。芦苇群落的盖度为 55.3%，生物量为 753.6 g/m²，密度为 148.6 株 /m²，株高为 127.5cm；互花米草苇群落的盖度为 56.6%，生物量为 772.7 g/m²，密度为 171.4 株 /m²，株高为 123.7 cm。海三棱藨草几乎退化消失。

总之，崇明东滩的植物群落呈明显的带状分布。如在崇明东滩北部及东部形成"光滩→互花米草带→互花米草－芦苇混生带→芦苇带"沿高程从低到高的分布格局；崇明东滩的植物群落分布具有南北差异。崇明东滩北部与南部的植物群落分布具有一定的差异。芦苇群落主要分布在东滩东南部和南部，而互花米草主要分布在崇明东滩东部及北部，其在东南部及南部仅有零星分布。

（2）崇明北滩：崇明北滩位于长江口北支以南沿岸，东起北八滧，西至兴隆沙西端，包括新生沙洲黄瓜一沙和黄瓜二沙以及北湖周边的湿地。崇明北滩的植物群落沿高程呈典型带状分布，植物群落分布模式为光滩→互花米草群落→互花米草－芦苇混生群落→芦苇群落。植被宽度约为 260 m，其中混生群落宽约 130 m。芦苇群落的盖度为 77.5%，生物量为 588 g/m²，密度为 24 株 /m²，株高为 239.6 cm；互花米草苇群落的盖度为 62.8%，生物量为 741.7 g/m²，密度为 67.3 株 /m²，株高为 139.5 cm。光滩与互花米草交界处，互花米草部分倒伏，互花米草植被分布几乎到达光滩，中潮滩上无海三棱藨草的分布。互花米草的面积已经超过了本地种芦苇，成为北滩滩涂分布面积最大的优势植被。

（3）崇明西滩：崇明西滩北起永隆沙，南至南门港，是长江口南支北侧的潮间带湿地。崇明西滩的植物群落主要为芦苇群落。崇西湿地的芦苇群落下带有旋覆花，偶见醴肠、马兰、束尾草、水蓼等。崇明西滩西北部是非常高大密集的芦苇纯群，芦苇高达 3.5 m。明西滩西北部芦苇群落的平均盖度为 82.5%，平均生物量为

1 994.0 g/m²，密度为 45.5 株 /m²，株高为 354.1 cm。崇西湿地即东风西沙芦苇群落的平均盖度为 48.1%，平均生物量为 602.5 g/m²，密度为 1.5 株 /m²，株高为 170.3 cm。目前已很少见到海三棱藨草的分布。

（4）崇明南滩：崇明南部边滩西起南门港，东至陈家镇的奚家港，与崇明东滩自然保护区相连。崇明南部边滩的植被较少，仅零星分布在一些局部湾口。南门港和新河镇之间植被带很窄，局部甚至没有植被分布；植被主要分布在新河港和堡镇港之间，芦苇群落为优势群落，下带有藨草、马兰、旋覆花等。芦苇群落的平均盖度为 52.5%，平均生物量为 1 690 g/m²，密度为 84 株 /m²，株高为 242 cm。

（5）长兴岛边滩：长兴岛的植被主要分布于长兴岛西部和长兴岛东部。植物群落沿高程有规律的呈带状分布，在长兴岛西部的近岸，植物群落主要为芦苇群落，芦苇高达 3 ～ 4 m，芦苇群落下层分布有糙叶苔草、线性旋覆花和马兰等。近海处，有 30 ～ 50 m 宽的菰植物群落，并伴有芦苇、糙叶苔草、藨草等。长兴岛西部芦苇群落的盖度为 67.5%，生物量为 1 290 g/m²，密度为 57 株 /m²，株高为 318.6 cm。菰植物群落的盖度为 73.5%，生物量为 985 g/m²，密度为 89 株 /m²，株高为 157.0 cm。在长兴岛东部，植物群落以芦苇群落为主，芦苇群落宽 160 ～ 200 m，偶见有藨草群落。其芦苇群落的平均盖度为 62.5%，平均生物量为 1 670 g/m²，密度为 50 株 /m²，株高为 282.8 cm。

（6）横沙岛边滩：横沙岛的滩涂植被分布较少，目前仅横沙岛南侧分布有植被，主要分布在大堤外。横沙岛边滩植物群落沿高程有规律的呈带状分布，以芦苇群落和以藨草、糙叶苔草混生群落为主，其中糙叶苔草比例较大，近岸的芦苇群落宽约 50 m，且较稀疏。其他植被还有水莎草、旋覆花和狼尾草等。近岸可明显观察到有牛群啃食的痕迹，干扰较为严重。芦苇群落宽 160 ～ 200 m，偶见有藨草群落。横沙岛芦苇群落的平均盖度为 57.5%，平均生物量为 665 g/m²，密度为 94 株 /m²，株高为 157.1 cm。藨草群落的平均盖度为 70%，平均生物量为 227 g/m²，密度为 467 株 /m²，株高为 70.1 cm。

2.2.3　大陆边滩

（1）宝山、浦东边滩：浦东新区和宝山一带也是上海围垦强度最高的地区之一，吴淞高程 0 m 以上的部分基本上全被圈围。宝山边滩的植物群落主要有藨草群落、菰 - 芦苇群落。宝山石洞口以藨草为优势种，植被宽 80 m，有芦苇斑块，偶见水莎草。吴淞口为菰 - 芦苇群落，以菰为主，水蓼、水莎草、香蒲和慈姑等植物分

布其中。植被分布模式为光滩→藨草→水莎草→水蓼 - 慈姑→菰 - 芦苇。藨草群落的平均盖度为 45%，平均生物量为 212 g/m²，密度为 1 064 株 /m²，株高为 52.7 cm。水蓼群落的平均盖度为 73.8%，平均生物量为 985 g/m²，密度为 67 株 /m²，株高为 53.9 cm。菰的平均盖度为 57.5%，平均生物量为 843 g/m²，密度为 123 株 /m²，株高为 128.7 cm。

浦东边滩植物群落主要有芦苇群落、菰群落和以藨草 - 海三棱藨草为主的群落。三甲港的植被分布模式为光滩→藨草→菰→芦苇。其中岸边芦苇带宽 10m，中间菰带宽 150 ～ 200 m，靠海的藨草带宽 50 m。浦东机场南以藨草 - 海三棱藨草群落为主，植被宽 450 m，有直径小于 1 m 的互花米草斑块岛状分布其中。藨草群落的平均盖度为 37.5%，平均生物量为 207 g/m²，密度为 330 株 /m²，株高为 57 cm。海三棱藨草的平均盖度为 61.3%，平均生物量为 136 g/m²，密度为 365 株 /m²，株高为 60.9 cm。菰的平均盖度为 85%，平均生物量为 1 410 g/m²，密度为 59 株 /m²，株高为 197.8 cm。

（2）南汇边滩：南汇边滩北起浦东国际机场，南至芦潮港汇角。南汇边滩是上海市围垦强度最大的地区之一。南汇边滩围垦强度大，加上互花米草的入侵，海三棱藨草群落和芦苇群落已损失殆尽，大堤外互花米草群落为主，石坝外为互花米草纯群，高约 2 m，植被宽 200 m，近海处有很多直径为 1 m 左右的互花米草斑块，植株很矮，只有约 60 cm。石坝内偶见海三棱藨草。互花米草群落的平均盖度为 52.5%，平均生物量为 1 336 g/m²，密度为 196 株 /m²，株高为 152.8cm。

（3）杭州湾北沿边滩：杭州湾北沿边滩主要包括金山和奉贤边滩。该岸段自然淤涨的速度缓慢，局部甚至出现侵蚀现象。仅有奉贤边滩有植被分布，金山边滩为光滩，偶见互花米草。奉贤边滩的植物群落主要以互花米草群落，偶见海三棱藨草，而且该区域的互花米草为新生互花米草群落，生长表现沿高程呈典型梯度分布。互花米草植被全宽 600 ～ 650 m，近海为低矮的互花米草群落，株高只有 40 cm 左右，近岸则为郁闭的互花米草群落，株高 2 m 左右，植被宽度为 200 ～ 300 m。互花米草群落的平均盖度为 65.7%，平均生物量为 1 031.3 g/m²，密度为 124.8 株 /m²，株高为 150.3 cm。海三棱藨草群落的平均盖度为 16.3%，平均生物量为 56 g/m²，密度为 73 株 /m²，株高为 32.9 cm。

2.3　滩涂植物群落分布成因分析

2.3.1　滩涂的环境因子空间分布

沿海滩涂的环境因子与滩涂植物群落之间存在着

一定的相互关系，特别是某些环境因子对滩涂植物的表现和分布会有较大的影响，如盐度、淹水、pH、ORP等都是影响植物群落分布的重要环境因子。各环境因子在上海市滩涂分布具有高度的异质性，在不同滩涂表现出不同的特点，但会呈现出一定的规律性(见图3)。研究结果显示，潮波强度越强的滩涂，水动力越强，土壤粒径越大，如长兴岛和南汇边滩。含水率的分布图显示滩涂越淤涨的地方，含水率越高，如九段沙和崇明东滩。pH和盐度的分布表明，越靠近外海，受海水影响比

较大的滩涂的pH和盐度越高，如崇明东滩、九段沙和杭州湾北沿。而受长江来水影响比较大的淡水滩涂，如崇明西滩、南滩、长兴岛和宝山边滩，pH和盐度则显著低于靠近外海的滩涂。总氮、总磷的空间分布则表明，总氮、总磷较高的区域往往是污染较为严重的区域，比如渔船较多的港口，人为活动较为频繁的地方。总氮较高的区域有崇明南滩的新河港和三甲港；TP较高的区域有长兴岛和浦东边滩。

ORP在滩涂的分布则未显示出明显规律。

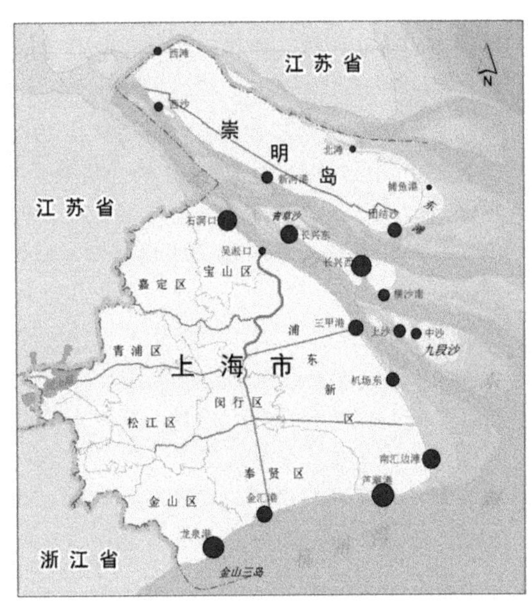

（a）容重

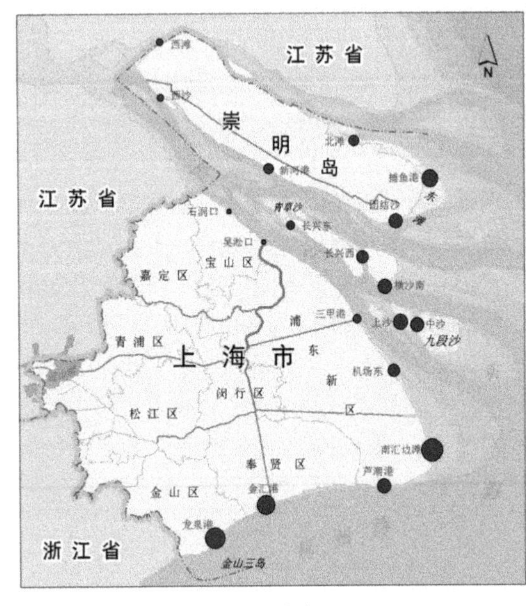

（c）pH

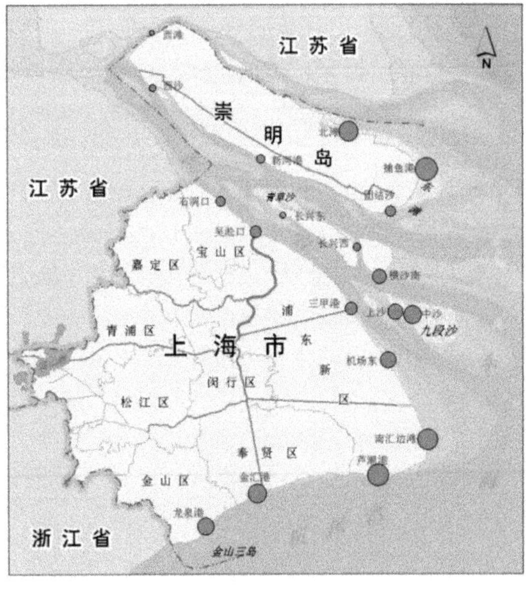

（d）盐度

图3 上海市滩涂湿地各环境因子的空间分布

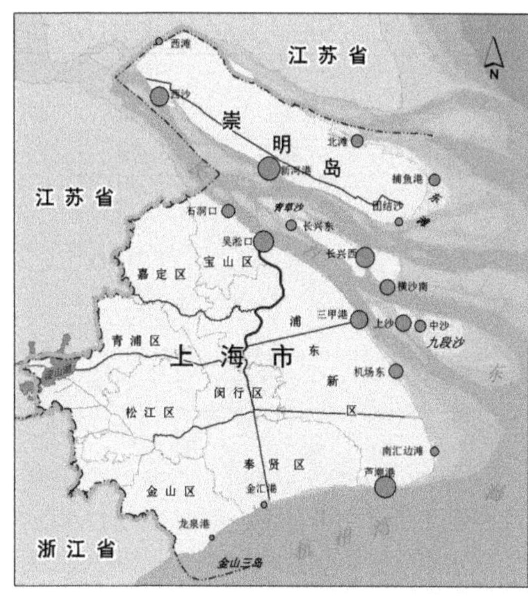 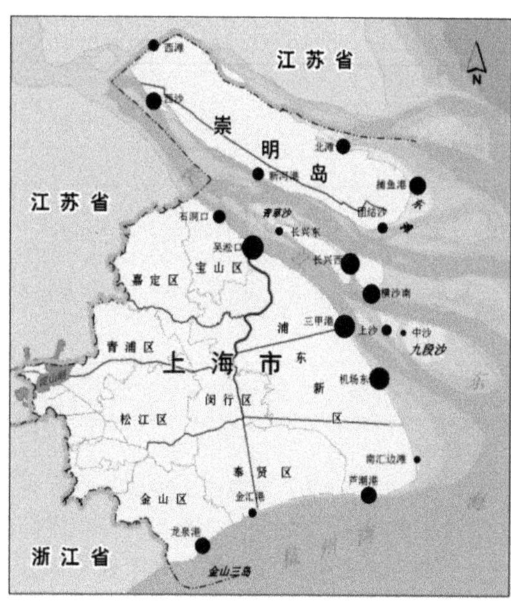

（e）总氮（TN）　　　　　　　　　　　（f）总磷（TP）

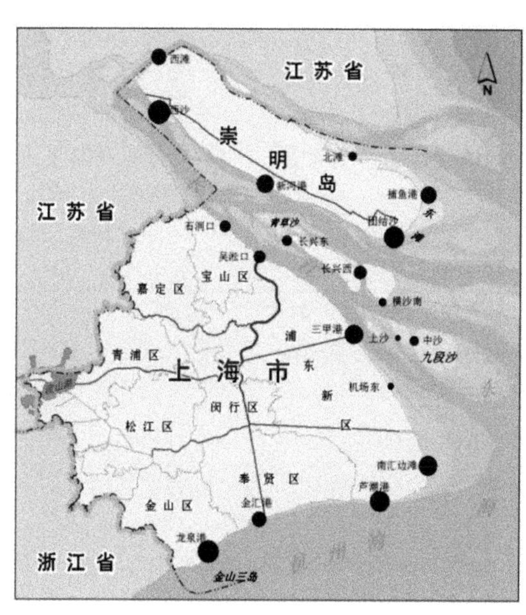

（g）ORP

图 3　上海市滩涂湿地各环境因子的空间分布（续）

为了进一步研究各环境因子之间的关系，对其进行了 Pearson 相关分析，分析结果见表 2。含水率与容重呈现负相关，滩涂越淤涨的地方，含水率越高。pH 与盐度呈现极显著的正相关，靠近外海的滩涂此规律愈加突出。pH 还与总氮呈显著负相关，pH 越低的地方，TN 越高。ORP 与其他环境因子之间则并没有显示出明显的规律性。总磷也并没有表现明显规律性，与总氮正相关，但相关性并不显著。

2.3.2　滩涂环境因子与植物分布和表现间的关系

滩涂植物对各环境因子会有不同的响应，植物群落的分布与生长亦会不同。通过分析芦苇、互花米草和薹草与海三棱薹草群落的生长表现，以及环境因子与其植物群落分布和表现之间的关系，探讨植物群落分布格局的一般规律。芦苇、互花米草和薹草与海三棱

表2　上海滩涂湿地各环境因子间的 Pearson 相关矩阵

项目	容重	含水率	pH	ORP	盐度	总氮	总磷
容重	/	−0.636[2]	0.161	0.377	−0.040	−0.169	−0.087
含水率	−0.636[2]	/	0.303	0.015	0.441	−0.006	0.005
pH	0.161	0.303	/	0.172	0.718[2]	−0.467[1]	−0.319
ORP	0.377	0.015	0.172	/	0.037	−0.093	−0.030
盐度	−0.040	0.441	0.718[2]	0.037	/	−0.228	−0.134
总氮	−0.169	−0.006	−0.467[1]	−0.093	−0.228	/	0.262
总磷	−0.087	0.005	−0.319	−0.030	−0.134	0.262	/

1）在 0.05 水平上显著相关；　2）在 0.01 水平上极显著相关。

蕙草的生长表现见图4～6。环境因子与植物分布和表现的关系则通过 Pearson 相关分析得出。中潮滩环境适中，离堤坝存在一定距离，受人为活动干扰影响较小，因此，分析数据选取中潮滩数据，分析结果见表3。

芦苇生长表现表明（见图4），生长较好的芦苇主要分布在盐度较低、靠近长江南支的滩涂，如崇明西滩、崇明南滩、崇明东滩团结沙，以及长兴岛、横沙岛和九段沙的上沙。表3显示，芦苇的生物量与株高和土壤含水率、pH 和盐度呈显著负相关。pH 与盐度呈显著正相关，说明越靠近外海，pH 和盐度越高的滩涂，芦苇生长表现越不好。芦苇的表现随着 pH 和盐度的升高而迅速降低，即滩涂土壤的 pH 和盐度会显著抑制芦苇的生长。含水率越高也会抑制芦苇的生长，上节的结论发现含水率越高的滩涂越淤涨，而从芦苇的生长表现图也发现崇明东滩为淤涨得很快的滩涂，因而土壤含水率很高，芦苇生长不好，这可能与芦苇不耐水淹有关系。

互花米草在受海洋潮汐影响较大、盐度较高的滩涂生长较好（见图5），如崇明东滩、崇明北滩、九段沙的中下沙、南汇边滩和杭州湾北沿边滩。互花米草的密度随着盐度的升高而变大，但株高却随着盐度的升高而变矮（见表3），说明互花米草对于盐度有较强的耐受力，在不同的环境胁迫下具有不同的生长对策。互花米草的盖度与 ORP 呈负相关，也就是说在含氧量低的缺氧环境下，互花米草的盖度也很大。在土壤含水率越高的滩涂互花米草的密度越大，表明互花米草在很淤涨的滩涂也能较好的生长。总之，互花米草对于各种滩涂环境都具有较强的耐受力，广泛分布于适合其生长的生境。

蕙草和海三棱蕙草对于环境因子的响应也主要表现在盐度上，可以从蕙草和海三棱蕙草的分布图看出（见图6），生长较好的蕙草和海三棱蕙草主要分布于盐度较低的滩涂。蕙草和海三棱蕙草在上海滩涂的分布常常形成混生群落，但在不同区域二者形成的混生群落中的物种比例会有所不同。蕙草单群落主要分布在盐度较低接近淡水的滩涂，如石洞口、吴淞口、三甲港；

表3　上海滩涂湿地环境因子与植物表现的 Pearson 相关矩阵

植物	表现	容重	含水率	pH	ORP	盐度	总氮	总磷
芦苇	盖度	0.055	−0.298	−0.710[2]	0.082	−0.292	−0.287	−0.079
	密度	0.503	−0.505	−0.134	0.033	−0.701[2]	0.406	−0.347
	生物量	0.611[1]	−0.593[1]	−0.606[1]	0.045	−0.822[2]	0.293	−0.482
	株高	0.520	−0.600[1]	−0.728[2]	−0.095	−0.619[1]	−0.059	−0.473
互花米草	盖度	−0.849[1]	0.562	−0.673	−0.849[1]	−0.032	0.665	0.504
	密度	−0.577	0.806[1]	0.525	0.310	0.841[1]	0.374	0.472
	生物量	0.037	0.227	−0.317	−0.208	−0.293	0.623	−0.561
	株高	0.565	−0.689	−0.496	−0.264	−0.817[1]	−0.257	−0.601

1）在 0.05 水平上显著相关；　2）在 0.01 水平上极显著相关。

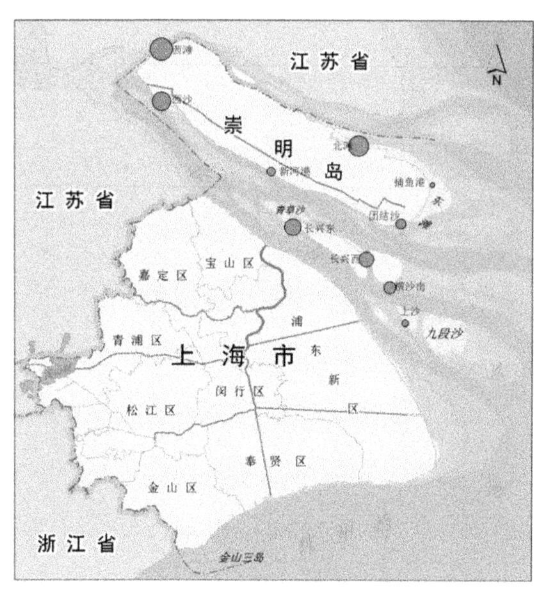

（a）盖度

（b）密度

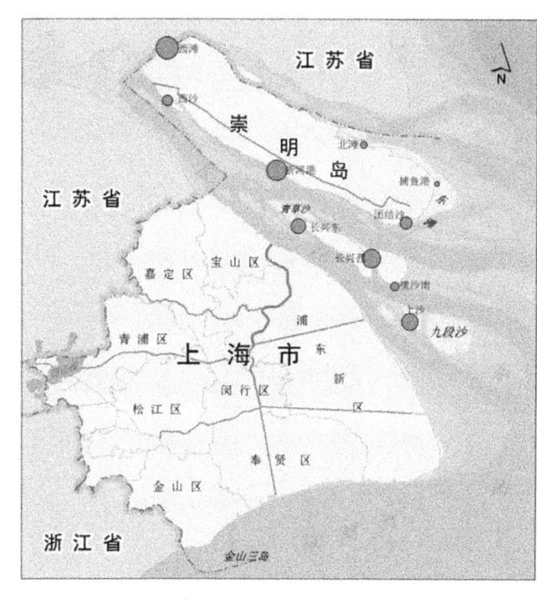

（c）生物量

（d）株高

图4　芦苇在上海滩涂湿地上的生长表现

海三棱藨草单群落零星分布于盐度略高的中等盐度滩涂,如南汇边滩、奉贤金汇港,其密度较低,生物量也较低。在崇明东滩、九段沙、浦东机场东等滩涂,藨草和海三棱藨草则形成混生群落。

3　结论

上海市滩涂植物群落仍然以芦苇、互花米草和莎草科植物群落为主,沿高程梯度呈明显的带状分布,芦苇群落主要分布在受长江上游来水影响较大盐度较低,高程较高的滩涂,如崇明岛、长兴岛、横沙岛和九段沙。互花米草群落主要分布在受海洋潮汐影响较大盐度较高的滩涂,如崇明东滩、崇明北滩、九段沙的中沙、南汇边滩、杭州湾北沿边滩等。莎草科植物群落通常分布在盐度较低,高程也较低的滩涂,如崇明东滩、九段沙、横沙岛、宝山和浦东边滩。由于外来物种互花米草的入侵和人类高强度的围垦,上海植物群落的构成已

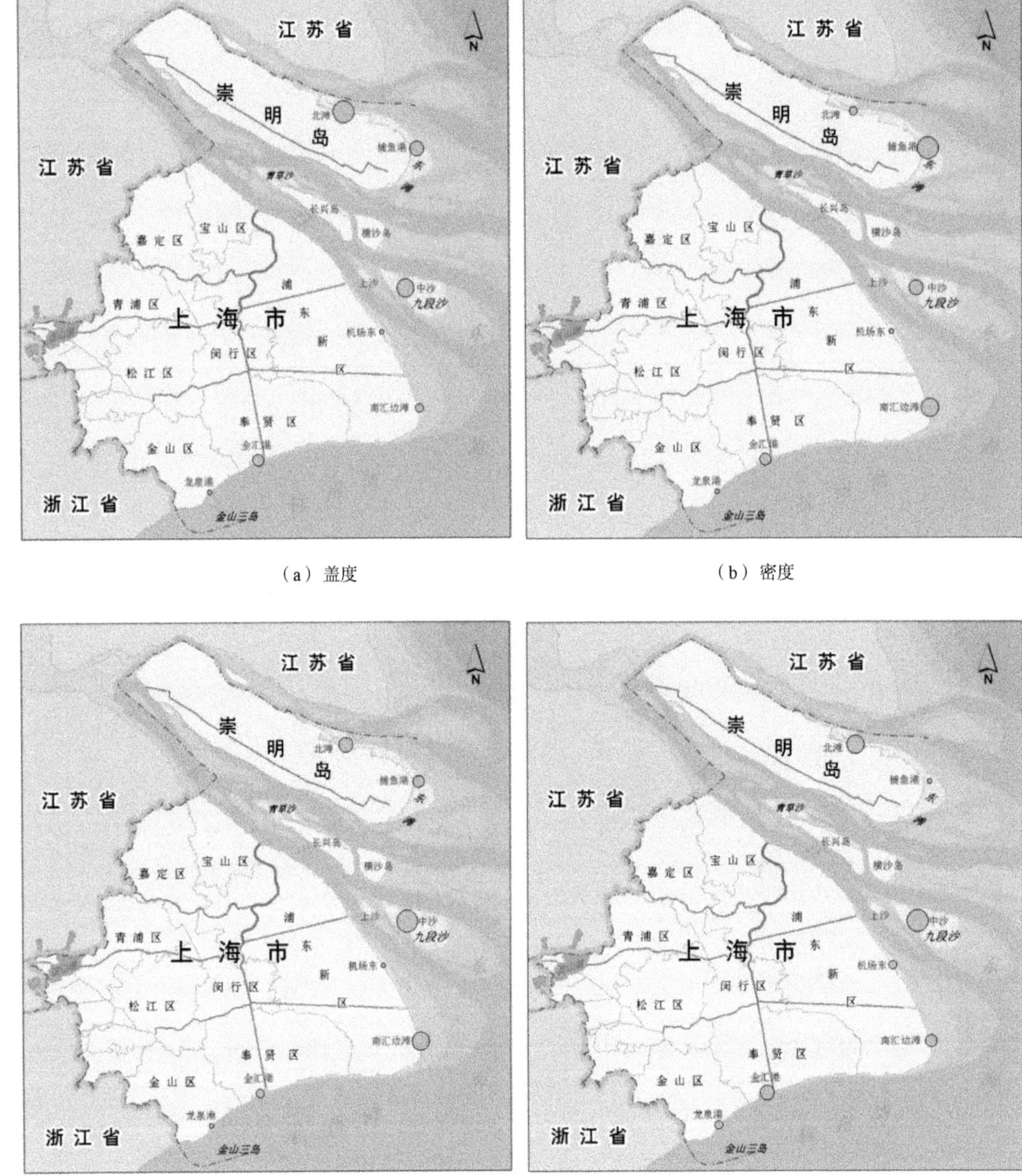

图5　互花米草在上海滩涂湿地上的生长表现

发生很大变化，互花米草的分布面积已经超过芦苇和莎草科植物群落，成为上海市滩涂植物群落中分布面积最大的优势植被。

上海滩涂生境的高度异质性，造成各环境因子在空间分布上会有所差异，但也呈现出一定的规律。由于芦苇、互花米草和藨草－海三棱藨草对各环境因子有不同的响应，因而导致它们在上海滩涂湿地上的分布与生长表现呈现出不同的特点。可见环境因子对植物群落的分布与表现有重要的影响，其中土壤盐度是影响上海滩涂植物群落的分布与表现的主要因素，盐度会决定物种的分布，同时也决定着芦苇、互花米草、藨草和海三棱藨草的生长表现。这也是导致上海市滩涂植物群落带状分布的重要因素。

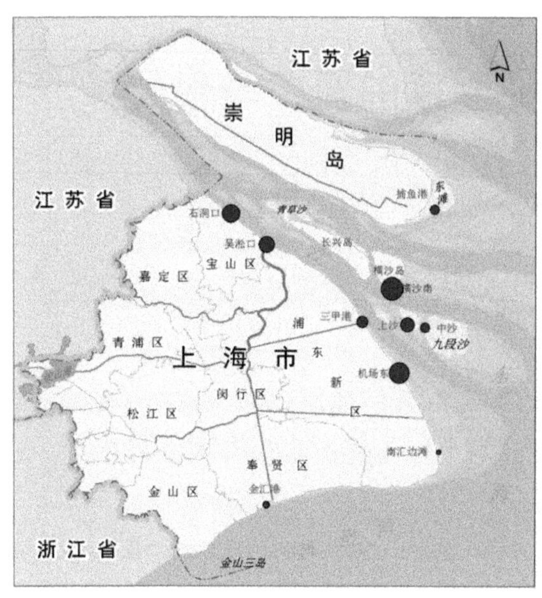
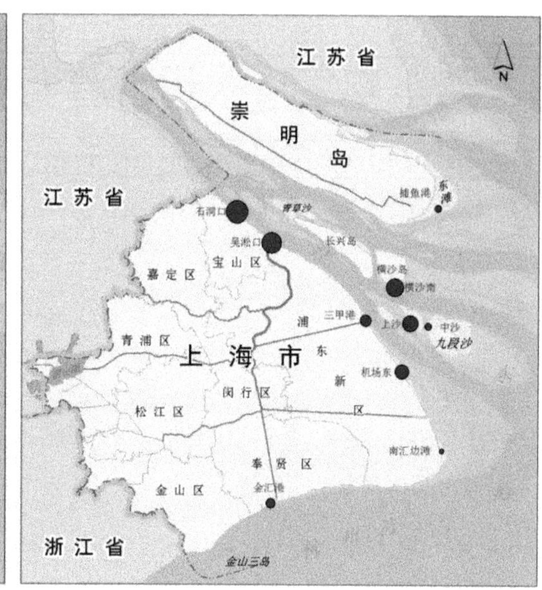

（a）盖度　　　　　　　　　　　　（b）密度

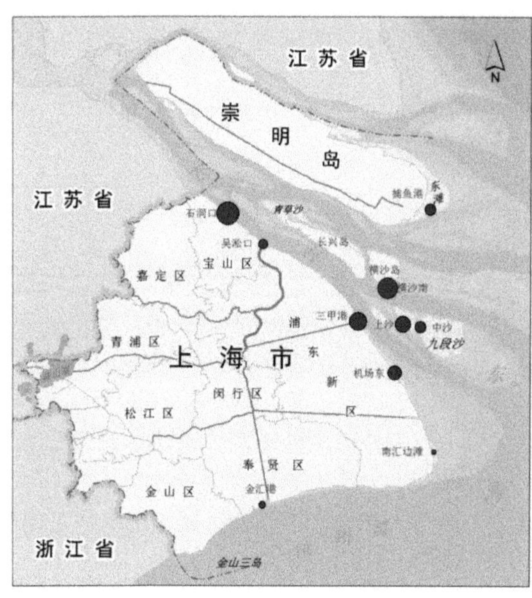
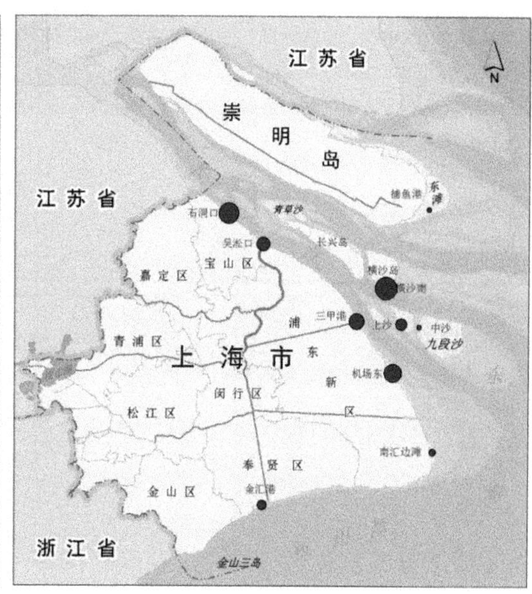

（c）生物量　　　　　　　　　　　　（d）株高

图6　藨草与海三棱藨草在上海滩涂湿地上的生长表现

4　参考文献

[1]　彭建,王仰麟．我国沿海滩涂景观生态初步研究[J]．地理研究,2000,19（3）:249-256.

[2]　李九发,万新宁,陈小华,等．上海滩涂后备土地资源及其可持续开发途径[J]．长江流域资源与环境,2003,12（1）:17-22.

[3]　黄华梅,张利权,高占国．上海滩涂植被资源遥感分析[J].生态学报,2005,25（10）:2686-2693.

[4]　王卿．长江口盐沼植物群落分布动态及互花米草入侵的影响[D]．上海:复旦大学,2007.

[5]　黄华梅．上海滩涂盐沼植被的分布格局和时空动态研究[D]．上海:华东师范大学,2009.

责任编辑　梁丹涛　（收到修改稿日期:2016-04-21）

美国《清洁空气法》运行许可证制度的经验与借鉴

Inspiring Effects of Operating Permits System in Clean Air Act of the USA and Its Reference Function

卢　锟　（上海城建职业学院，上海 201415）

Lu Kun　(Shanghai Urban Construction Vocational College, Shanghai 201415)

摘要　分析了美国《清洁空气法 1990 年修正案》确立的运行许可证制度。概述了运行许可证的申请对象，申请程序及内容；对运行许可证制度的审查和监督。阐述了运行许可证制度的实践效果，指出了我国正在全面推进的排污许可制度可借鉴之处。

关键词：美国　清洁空气法　运行许可证

Abstract　The 1990 Clean Air Act Amendments of the United States changed the basic approach to source-specific regulation by requiring each state to develop and implement a comprehensive operating permits program for most sources. The applicants, procedures and contents of the application for operating permits, and the examination and supervision of the operating permits program were summarised. Practical effects of performing the program were set forth as well. American experiences could be surely gained as a reference to develop and improve China's operating permits system in the new era.

Key words:　The United States　Clean Air Act　Operating permits

多年来，美国围绕大气、水、固体废物建立了各种许可证制度，制订了包括申请审批、现场操作、监测、数据管理、执法行动、公众监督在内的一系列规定，在实践中积累了许多经验。本文通过介绍美国《清洁空气法》运行许可证制度的内容和经验，以期为完善我国的排污许可制度提供参考。

1　美国《清洁空气法》运行许可证制度的内容

运行许可证（Operating Permits）是美国《清洁空气法 1990 年修正案》所增加的内容。在此之前的《清洁空气法》仅对新建和改建的固定排放源有开工前的许可证要求，对于已有固定排放源并没有许可证的要求。为了保证足以将空气质量改善到符合国家环境大气质量标准的程度，《清洁空气法 1990 年修正案》确立了在联邦环保局监督下由各州实施的运行许可证管理体制。1992 年 7 月 21 日，联邦环保局（EPA）颁布州运行许可证制度（State Operating Permit Programs）条例，规定了州运行许可证制度的最低要求。

1.1　运行许可证的申请对象

运行许可证制度确立了针对特定排放源（Source-Specific）的基本管制方式。根据联邦环保局的运行许可证条例，下列排放源应当申请运行许可证：

（1）任何"重大排放源"（Major Source）；

（2）新源排放标准规定的任何受控排放源（包括面源）；

（3）有害空气污染物控制条款规定的任何受控排放源（包括面源）；

（4）酸雨控制条款规定的任何排放源；

（5）属于联邦环保局指定类别的任何其他排放源。

重大排放源的确定通常以其实际或潜在（假设连续运行）的排放量为依据。重大排放源的门槛是年排放有害空气污染物（Hazardous Air Pollutants）10 t（或者 25 t 有害空气污染物的混合物）和年排放任何空气

————————————

上海市环境保护局科研项目资助，编号：沪环科（2015）70 号。

作者卢锟，男，1982 年生，2016 年毕业于上海交通大学凯原法学院，博士，讲师。

污染物 100 t。在未达标地区则适用更低的门槛。所有重大排放源、法律规定的受控新排放源和已有排放源都必须取得运行许可证，并遵守许可证规定的各项要求。针对一个重大排放源的运行许可证适用于该排放源所有受监管污染物的要求。

在《清洁空气法》之下并非所有排放源都要求取得运行许可证，这点与《清洁水法》略有差异。根据《清洁水法》的规定，任何点源的排放都应当取得运行许可证，不管是否对水体造成污染或者造成其他不利的环境影响，无运行许可证的点源排放就是非法的。这主要是考虑到运行许可证被认为对小企业不具有成本有效性，同时空气的自净能力相较于水体更强。因此，法律对需要取得运行许可证的排放源的最低标准作出了规定。于是，很多企业努力将排放量降低到门槛之下，避免成为运行许可证的申请对象，从而间接促进了企业的技术升级，起到了降低污染物排放的效果。同时，法律在申请对象的确定上也赋予了联邦环保局一定的自由裁量权，如果它认为运行许可证不具有可操作性或者会对企业构成不必要的负担，则可以对某类排放源进行豁免，但该豁免不适用于重大排放源。

排放源的所有者或运营者往往通过律师事务所或者咨询公司来申请许可证，政府官员在审批许可证或者执法时人手一册由相关法规和定量判别标准组成的工作指南，因此运行许可证制度的公信力和执行力都较高。

1.2　运行许可证的申请程序

所有上述排放源必须在成为管理对象之后的 12 个月内向州许可授权机构（The Permitting Authority）提交一份包括达标计划在内的完整的许可申请。如果没有及时提交许可证申请，这些所有者或运营者将被认定为违法，并可能被处以民事罚款（Civil Penalty）。完整的申请书应当包括以下信息：

（1）重大污染源所有污染物的排放，以及所有受管制空气污染物的排放；

（2）列明所有排放点；

（3）每年的吨排放率，以及合规所需的其他要求；

（4）详细说明空气污染控制设备；

（5）列明所有联邦空气污染控制要求；

（6）用于证明符合联邦可适用要求的监测和测量设备；

（7）关于所有联邦可适用要求的守法现状报告书，以及未达标情况下的合规时间表（A Compliance Schedule）。

企业的高级管理人员必须保证申请书的真实性、准确性和完整性。在起草许可证申请时，首先需要确定企业内的所有污染源、与排放相关的数据以及减少排放的控制设备。其次，需要详细了解法律规定的所有排放限制，以及应适用的各项控制要求。最后，需要确定符合法律规定的监测方法，制定守法现状报告，明确未达标情况下应如何达到要求的实施时间表。合规时间表是运行许可证的组成部分，对于排放源具有强制执行力。如果在许可证发放时无法达到排放要求，合规时间表应当包含具有强制执行力的标志性行为，以便得到遵守。

州许可授权机构应当在收到申请 60 d 内做出申请书是否完整的决定。在此期间，除非该机构要求申请者提供补充材料或者通知申请者内容不够完整，否则申请视为有效。如果申请者不提供所要求的补充材料或回答授权机构工作人员的询问，该机构可以拒绝签发许可证。一旦州许可授权机构认定许可证申请的完整性，就应当在 18 个月内做出最终的行政决定。在做出行政决定之前，该机构应当公开申请者提交的非保密信息，提供至少 30 d 的公众评论期并召开公开听证会，就许可证草案听取公众意见。由于预料到这一制度增加的行政成本，法律规定了超过 3 a 的分阶段实施安排。许可证的期限一般是 5 a，企业应至少提前 6 个月（但最早不超过 18 个月）提出续展申请。获得许可者通常应当就每种控制排放物支付相应的费用，并依据消费价格指数逐年增加。

1.3　运行许可证的内容

运行许可证制度在一份文件中综合了适用于特定排放源的所有法律要求，降低了守法成本。根据联邦环保局的条例规定，运行许可证的内容包括：

（1）所有可适用的排放限制和标准；

（2）监测和相关的记录保存与报告要求，包括"及时"报告许可事项和状况变化的要求；

（3）禁止二氧化硫排放超过任何法律规定限额的许可条件；

（4）如果某项规定受到质疑，确保其他许可要求继续有效的分割条文效力条款（A Severability Clause）；

（5）许可证因故可以修改、吊销、重新开放、更换或终止的说明书；

（6）确保污染源支付与经批准的州许可费用表相一致费用的规定。

此外，许可证还应包括：确保许可证得到遵守的合规保证、检验、监测、报告和记录保存要求；行政机构的检查和进入条件；合规时间表和定期报告规定。其中，合规保证必须至少每年做出 1 次，如同许可申请和其他报告一样，必须依据"合理调查（Reasonable Inquiry）"保证其真实性、准确性和完整性，并经企业高级管理人员签字确认。如果该保证不真实的话，企业的高级管理人员会面临民事罚款，故意违反该项要求将会引发刑事责任。通过这样的规定，督促企业高管仔细审核许可证申请、实施计划和合规保证。未能遵守法律要求的排放源必须制订合规时间表，每半年报告 1 次是否达到了合规要求，如果没有，则应说明理由。

详细的监测要求（包括记录和报告）的重要性不言而喻，守法和执法均赖于此，因此排放源所适用的监测、记录和报告要求均需在许可证内容中得到明确。为此，排放源的所有者或运营者应当按要求安装和运行连续排放监测系统（Continuous Emission Monitoring System，CEMS），用于取样、分析、测定和提供连续的永久排放和流量记录。联邦环保局甚至规定，在法律不要求定期监测的情况下，排放源必须自行实施能够获取完整可靠数据的定期监测，监测数据所反映的时间段应有代表性地反映许可证的遵守情况。

1.4 对运行许可证制度的审查和监督

许可证、许可证申请以及向政府机关提交的报告都是公开文件，这就使政府和公众都能够知道适用于该排污单位的要求及其遵守情况。

第一，对州许可授权机构的审查和监督。州许可授权机构应当向联邦环保局提交许可证申请、许可证草案和最终颁发许可证的副本。在此之前，应将许可证草案送交受影响各州，并设立公众评论期。受影响各州包括空气质量可能受到影响的州和位于污染源约 80 km（50 英里）范围内的邻州。受影响各州和公众可以对拟议许可证提出评论意见，如果颁发许可证的州不接受评论意见，必须做出说明。联邦环保局有权对拟议许可证进行审查。如果联邦环保局认为拟议许可证不符合法律要求，应当在收到文件之日起 45 d 内提出异议，该州则不得颁发许可证。如果在收到异议通知 90 d 内，该州没有修改和重新提交拟议许可证，联邦环保局应当直接颁发许可证或者拒绝该许可证申请。许可证申请者、任何在州公众评论期内参与评论的人以及根据州法律可以申请司法审查的人，有资格向州法院提起司法审查。司法审查请求必须在该州颁发最终许可证之日起 90 d 内提出，各州也可以缩短该

期限。

第二，对联邦环保局的监督。为了广泛收集和听取公众意见，充分保障公众在环境问题上获得信息和参与决策的权利，法律规定了针对联邦环保局审查的 60 d 公众评论期。如果联邦环保局在审查时间内没有对拟议许可证提出异议，包括公众和受影响各州在内的任何人可以在审查期届满之日起 60 d 内请求联邦环保局就他们认为不足的地方对该许可证提出异议。在很多时候，环保组织向联邦环保局请求对州颁发的许可证提出异议，并在其拒绝异议请求的情况下，向联邦法院提起司法审查。但如果许可证在经过了 45 d 审查期后获得签发，审查请求并不影响许可证的有效性。

第三，对企业的监督。一般来讲，州许可授权机构负责对企业运行许可证的实施情况开展监督。但如果州许可授权机构未能对违反许可证或其他程序要求的排放采取行动，未能处以足够的惩罚和罚款，或者未能对受管制活动进行检查和监测，联邦环保局则直接进行监管和处罚。对于企业而言，禁止的活动包括：违反任何相关法律要求，违反任何许可证条款或条件，违反任何费用或建档要求，违反任何允许进入检查或监测活动的义务等。州许可授权机构应当对违法行为处以民事罚款（Civil Penalties）或刑事罚金（Criminal Fines）。民事罚款适用于一般需要纠正的行为。刑事罚金一般针对故意违法的个人或企业，包括在许可证所要求的任何通知或报告中故意提交任何形式的虚假材料声明、表示或保证，或者故意使用不精确的监测设备或方法等。

2 美国《清洁空气法》运行许可证制度的实施效果

美国在 1990 年建立的运行许可证制度，解决了自 1970 年《清洁空气法》通过以来大气污染控制执法中存在的许多问题，收到了积极的效果。许可证制度确立起联邦环保局监督下各州实施的大气排放控制管理体制，它使排放源所适用的笼统而分散的法律规定变为详细而精确的具体说明，安装和运行连续排放监测系统对潜在排放控制的要求更加严格，许可证内容和监测报告的公开则更有利于提起公民诉讼 [1]。

2.1 运行许可证制度在很大程度上改变了《清洁空气法》的实施方式，更有利于联邦环保政策的贯彻执行

在许可证制度实施之前，排放源主要通过州实施计划（The State Implementation Plan，SIP）和开工前许可证进行管控。然而，由于空气污染具有明显的跨

区域流动性和外部性，导致以州为主导的管理模式效果不佳。虽然联邦环保局在 20 世纪 80 年代末发布了关于由各州建立具有联邦强制性的运行许可证制度的指南，但却很少得到遵守。于是，当局希望通过立法的形式予以实施[2]。许可证制度确立起各州组织实施，联邦环保局负责审查和监督的体制，强化了联邦环保局的权力和责任。

首先，各州必须根据联邦环保局条例所设定的最低要求制定包含必要措施的州运行许可证制度，提交联邦环保局批准。如果州不按规定期限上报或修改并重报运行许可证制度，联邦环保局可以进行惩罚，包括停止联邦高速公路工程援助、增加排放抵销的比例和收回污染控制管理权力。这就迫使各州必须将大气保护纳入政府的主要工作，置于与经济发展同等重要的地位，从而保证了州许可证制度规定的排放限制和措施的有效性。在联邦环保局发布州实施计划最低要求的法定期限内，各州均向联邦环保局提交了运行许可证制度[3]，为其顺利实施奠定了基础。

其次，各州必须主动实施该制度，颁发符合要求的许可证并予以监管，联邦环保局对实施情况进行审查和监督。如果联邦环保局认为某州没有充分执行该制度，应对该州给予惩罚，并最终收回颁发许可证的权力（自行颁发或由其授权的州颁发许可证）或者撤销联邦对州许可证制度的批准。在给予惩罚之前，联邦环保局应向该州发出"不合格通知"。这对联邦环保局质疑州颁发的许可证要求过松或者执法不力是很有用的。但联邦环保局对这些权力的使用非常谨慎，有时候仅是威胁使用这些权力，就使州改正了问题或者改善了执法[4]。因此，运行许可证制度将州政府的职责同联邦环境保护政策统一了起来，解决了州政府在大气保护问题上的缺位，极大地促进了国家大气污染物排放标准以及其他大气质量要求的实施。

2.2　运行许可证制度综合了适用于特定排放源的所有法律要求，更有利于守法和执法

通过在许可证中纳入排放限制、监测要求和合规时间表等要求，就使企业、州、联邦环保局和公众清楚地知晓受控对象的法律要求以及是否达到了相关要求[5]。

首先，它明确了特定排放源所适用的排放限制。在许可证制度建立之前，排放限制要求分散于州实施计划和联邦法律，数量众多、内容复杂，且往往针对宽泛的排放源类别，特定污染源应适用的法律并不是很清晰[6]。该制度并没有增设额外的管制要求，只是

在一份文件中将适用于排放源的所有要求都汇集起来。企业的操作只要符合许可证的规定就被视为合规，这也被称为许可证庇护（Permit Shield）[7]。因此，有效避免了过失违法、加强了守法，企业在开始安装排放控制设备时就努力使排放达到相关要求，从而大幅度降低了排放，改善了空气质量。

其次，它要求企业安装和运行连续排放监测系统，及时监测、记录和报告，并保证向政府提交的许可证申请和监测报告的真实性、准确性和完整性。违反此项规定将会遭到民事罚款或刑事罚金。由于罚金刑被视为犯罪，会造成减损名誉或剥夺资格的后果，因此减少了故意违反许可证的规定或数据造假的情况，提高了信息的真实性、打击了欺诈行为，为有效开展执法提供了客观依据。

最后，它要求未达标企业制定合规时间表。这就完善了企业的自我守法机制，提供了"交互性守法"（Interactive Compliance）的制度环境。在实践中，执法者往往以解决问题为出发点而非单纯的罚款，他们与企业进行协商，提供必要的技术支持，制定双方均同意的履行法律义务的日程表和方法，合作以达成令人满意的解决方法[8]。

2.3　运行许可证制度建立起了有效的公众参与机制，更有利于规范环境行政行为和监督企业违法行为

首先，它确立了针对州许可授权机构和联邦环保局两个不同阶段的公众评论期，允许公众在州许可授权机构颁发许可证之前和联邦环保局审查许可证草案之时提出意见，并就其认为不充分的许可证请求司法审查。环保组织通过这一规定积极地参与许可证的核发过程，实践中联邦环保局应环保组织请求对许可证作出修改的情况并不少见，这就起到了规范和制约环境行政行为的效果，确保了许可证核发过程的公平、公正。

其次，它要求州许可授权机构和联邦环保局公开企业的许可证申请、许可证内容、合规计划、监测报告以及合规保证。这意味着，企业的监测、记录和报告都将向公众公开，一旦企业向州环保部门或联邦环保局提交了监测数据和报告，它们就会成为公开文件。基于这些信息针对违反许可证条款和排放限制的公民诉讼就变得容易多了。而公民诉讼被证明是促进环保合规的一种重要而有效的工具[9]。

总结美国《清洁空气法》运行许可证制度实施以来的经验，其关键在于统一了排放源的政府管理体制，明确了基于技术的排放标准和相关法律规定，纳入了

监测、记录和报告要求，依靠信息公开和公众参与施以严格的违法处罚，从而提高了可操作性，降低了随意性，保证了该制度的有效性。

3 对完善我国排污许可制度的启示

当前，我国正在全面推进排污许可制度改革。笔者认为，在制订国家层面的排污许可规定时，应当注意以下几点。

3.1 完善管理体制

我国现行的大气固定源分级分类监管，实际上由市一级环保部门负责，中央政府并没有直接管理，且未能为政策执行提供实施保障，仍存在地方环境监管水平不均衡，中央政府监管缺位的情况[10]。由于地方政府对经济发展的重视，导致"政府失灵"广泛存在于环境保护领域，以致中央政府不得不使用运动式的"环保风暴"对某一地区或某一行业展开专项行动。可以借鉴美国的经验，确立排污许可证在大气排放源管理工作中的核心地位，据此建立起由地方政府负责实施、中央政府负责审查和监督的许可证管理体制，利用减少中央项目支持和收回环境管理权力等方式，形成常态化的监督，改变中央政府与地方政府在环保履职上的不统一。

3.2 转变监管方式

首先，明确哪些企业应当受到监管。以特定排放源的控制为主体，合理界定"达标排放"标准，一方面全面查明现有企业的排放情况，另一方面把达不到合规要求的新建企业挡在门外，防止环境容量被过度利用，改善环境质量。其次，以许可证文件统一相关法律规定和排放限制。明确将排放限制和法律法规写入许可证，企业按照许可证的要求进行生产，执法人员根据许可证的要求进行执法，充分体现出排污许可证制度的确定性和强制性，提高污染排放管理的可控性和规范性[11]。最后，许可证应当包括详细的连续监测、报告和记录要求。有效的监测对于判断是否遵守排放标准至关重要，可以发现运营和排放中的问题，提醒企业改正错误，实现连续达标排放。以此为基础，构建以解决问题为出发点的执法模式，通过协商制定合规时间表，帮助企业解决问题，而不是将其搬迁转移。对于故意的违法者，则给予严惩。在完善在线监控系统方面，可以给予一定的税费减免或财政支持。

3.3 加强公众监督

许可证在获得批准之前应当设立征求公众意见环节，需要取得当地居民的同意，允许可能受到影响的各方就许可申请提出意见。这样可以让地方政府提前了解可能出现的问题，并能够提高公众对于企业的了解和接受程度。在中央政府审批许可证时，也应当二次征求公众意见，畅通公众监督的途径，从而起到规范地方政府环境行政行为的作用。此外，还可以通过公开许可证申请、内容、监测数据、记录和报告，为环境公益诉讼的深入开展提供便利。

4 参考文献

[1] DANIEL A F, Ann E C. Environmental Law Case and Materials[M]. St. Paul：West Academic Publishing, 2010.

[2] CLAUDIA C. Comprehensive Clean Air and Clean Water Permits：Is the Glass Still Just Half Full? [J]. Envtl. Law, 1991 (21)：2135.

[3] LINDA A, MALONE, WILLIAM M T. Environmental Law, Policy, and Practice[M]. St. Paul：Thomson Reuters, 2011.

[4] IVAN T, ROBERT S N. New Frontiers for the Push and Pull of Federalism-Implementation of the Clean Air Act' Operating Permits in Southern California[J]. Envtl. L. Report, 1999 (29)：10757.

[5] RUHL J B, JOHN C N, JAMES S. The Practice and Policy of Environmental Law[M]. New York：Foundation Press, 2008.

[6] JOHN C A. Operational Flexibility under the Clean Air Act Title V Operating Permits[J]. Envtl. Law, 1996 (03)：37.

[7] ERIC P. Environmental and Natural Resources Law[M]. San Francisco：Matthew Bender and Company, Inc, 2012.

[8] 卢锟. 论环境法律中的过渡性措施[J]. 清华法治论衡, 2015 (02)：163.

[9] ROGER W, FINDLEY, DANIEL A F. Cases and Materials on Environmental Law[M]. Eagan：West Publishing Company, 1999.

[10] 张梦云. 借鉴国际经验完善排污许可证制度[N]. 中国环境报, 2014-07-28.

[11] 宋国君, 钱文涛. 实施排污许可证制度治理大气固定源[J]. 环境经济, 2013 (11)：21-25.

责任编辑 张 弛 （收到修改稿日期：2016-12-27）

滇西南某矿山开采的环境影响评估方法

Evaluation Method of Environmental Impact for Mining Activities in Southwest Yunnan

陈　飞　李　俊*　（昆明理工大学国土资源工程学院，昆明 650093）

Chen Fei　Li Jun *　(Faculty of Land Resources Engineering, Kunming University of Science and Technology, Kunming 650093)

摘要　矿山的无序开采会造成严重的环境污染。根据滇西南某矿山特点，对矿山开采过程中可能产生的环境污染因子进行调查监测，分别用不同的评估公式对该矿山的水、声、大气环境进行评估计算。针对水、声、大气环境，提出了相应的污染防治措施建议。

关键词：矿山开采　评估公式　污染防治

Abstract　Mining operation in an unordered way may cause serious environmental pollution. According to the characteristics of a mine in southwest Yunnan Province, investigation and monitoring of the factors associated with environmental pollution that may give rise in the course of mining have been conducted. By using various models, the evaluation and calculation were carried out individually relating to aquatic, acoustic and atmospheric environment of the mine. Corresponding measures were proposed for the prevention and control of water, noise and air pollution.

Key words: Mining　Evaluation model　Pollution prevention and control

有色金属是人类生存、经济和社会发展的基础，也是国家重要战略物资之一，但随着这些矿产资源的不断开发利用，矿山环境问题日益严重，特别是缺乏有序管理的矿山开采，不但严重破坏了原始地质环境，产生的废水、废气、废渣和噪声还影响了人类生活。因此，对矿山开采过程中可能产生的环境污染进行监测调查，评估分析开采期对矿山水环境、声环境以及大气环境可能造成的影响，提出合理的防治措施，对保护矿山环境至关重要[1-6]。

1　矿区概况

1.1　矿区自然地理

矿区位于滇西南山区，亚热带山地季风气候，深切割中山地形，山势陡峭，沟谷纵横，总体地势东高西低，为中山地貌[7]；矿区内构造中等复杂，岩石节理、裂隙相对发育，以近东西 EW 向组及南北向组节理最为发育；矿区内主要发育 1#、2#、3# 3 条溪沟，流量受季节影响明显并向西侧径流、排泄。

1.2　矿区环境质量现状

该矿区环境质量现状监测与评价的主要项目有环境空气质量、声音环境质量、矿区水质量及地质灾害危险性评价 4 个方面。

1.2.1　空气、声环境质量

为了解矿区空气、声环境现状，对评价区分别进行了 2 d、7 d 的监测，监测结果显示，矿区及周边环境空气质量较好，能够满足《环境空气质量标准》（GB3095-1995）中的二级标准，声环境达到 2 类区标准的功能区要求。

1.2.2　矿区水质量

根据监测公司对地表、地下水监测分析结果，矿区内地表水各项指标满足《地表水环境质量标准》（GB3838-2002）中Ⅲ类水质要求，地下水的各项指标满足《地下水质量标准》（GB/T14848-93）Ⅲ类水质要求。

第一作者陈飞，男，1990 年生，2015 年毕业于中国地质大学（北京）工程技术学院，在读硕士研究生。

* 通信联系人，867944627@qq.com。

1.2.3 地质灾害危险性

经现场踏勘评估，区内发育 1 处滑坡、1 处潜在不稳定边坡及 1 条泥石流。其中滑坡稳定性较差，在外界条件的诱发下可能再次滑动，危险等级中等；不稳定斜坡稳定性较好，危害及危险性中等；泥石流处于发展期，易发程度为高易发，但危害性较小。

2 评估项目及评估公式

2.1 地表水环境

经调查分析认为该矿区可能引起地表水污染的主要项目为矿体开采时矿坑涌水外排和废石场淋滤水外排 2 个污染源，矿区这 2 个污染源最终纳污水体为 3# 溪沟。考虑本矿山排放的主要污染物为重金属（持久性污染物），因此，评估分析采用完全混合公式计算工程运行期矿坑涌水排放对地表水环境的影响。

2.1.1 评估计算

（1）确定评估因子：根据矿山废水的污染特征，选定评估因子为 Zn、Pb、Cu、Cd、As。

（2）分析评估状态：在旱季情况下，矿坑涌水外排对 3# 沟溪的影响。

（3）水文条件：矿山开采外排水：评估水文条件为 3# 溪沟枯水期，流量为 230 L/s。

废石淋滤水：评估水文条件为 3# 溪沟平水期，年平均流量为 230 L/s。

（4）评估公式：从安全可靠角度出发，选取评估因子 Zn、Pb、Cu、Cd、As，矿山排水和淋滤水对水环境的影响采用河流完全均匀混合公式。

$$C_混 = \left(\sum C_p Q_p + C_h Q_h \right) / \left(\sum Q_p + C_h \right) \qquad (1)$$

式中，$C_混$——河流污染物混合浓度，mg/L；

C_p ——废水污染物排放浓度，mg/L；

Q_p ——废水排放量，m³/s；

C_h ——河流上游污染物浓度，mg/L；

Q_h ——河水流量，m³/s。

2.1.2 评估结果

由表 1 可知，矿坑涌水排放进入 3# 溪沟混合后，各项污染物浓度均小于《地表水环境质量标准》Ⅲ类水质标准值。因此，矿坑涌水排放对地表水环境影响较小。由表 2 可知，本矿山废石场外排的淋滤水不会造成 3# 溪沟水质超标。

2.2 地下水环境

2.2.1 评估公式

为说明采矿对周边地下水的影响情况，利用《环境影响评价技术导则地下水环境》（HJ 610–2011）附录 C 中推荐的 C.8 公式进行计算，适用条件为潜水含水层，矿山巷道出水。

$$R = S\sqrt{HK} \qquad (2)$$

式中，R ——矿井疏排水降落漏斗影响半径，m；

S ——水位降低值，m，此处取最大开采深度 S =120 m；

K ——含水层渗透系数，根据地质资料，K = 0.13 m/d；

H ——潜水含水层厚度，m，此处取岩浆岩裂隙含水岩组平均厚度 H =220 m。

2.2.2 评估结果

评估结果见表 3。

由表 3 可知，开采造成的地下水水位影响半径为 1 284 m。矿区及周边无集中式泉点出露，在地下水的影响半径范围内无泉点，对泉点无影响。但由于矿山裂隙节理发育，矿体位于断裂带内，因此矿体与矿场富水层具有一定的水力联系，矿山开采对矿体赋存的

表 1　矿体开采时矿坑涌水外排后纳污水体污染物浓度（mg/L）[1]

污染物	矿坑涌水污染物浓度	矿坑涌水排放量（m³/d）	3# 溪沟			Ⅲ类标准	结论
			平均流量（L/s）	背景浓度	评估浓度		
Zn	0.05 L			0.05	0.35	≤ 1.0	达标
Pb	0.01 L			0.01 L	0.01	≤ 0.05	达标
Cu	0.05 L	2 202.62	230	0.05	0.23	≤ 1.0	达标
Cd	0.001 L			0.001 L	0.001	≤ 0.005	达标
As	0.007 L			0.007 L	0.007	≤ 0.05	达标

1）HJ/T91–2002《地表水和污水监测技术规范》10.5.2：当测定结果在检出限（或最小检出浓度）以上时，报实际测得结果值，当低于方法检出限时，报所使用方法的检出限，并加标志位 L 统计污染总量时以零计。

表 2　废石场淋滤水外排后纳污水体污染物浓度（mg/L）[1]

污染物	淋滤水污染物浓度	矿坑涌水排放量（m³/d）	3# 溪沟			Ⅲ类标准	结论
			平均流量（L/s）	背景浓度	预测浓度		
Zn	0.05 L			0.05	0.049 5	≤ 1.0	达标
Pb	0.01 L			0.01 L	0.011 1	≤ 0.05	达标
Cu	0.02 L	236.3	230	0.004	0.004 2	≤ 1.0	达标
Cd	0.005 L			0.001 L	0.001 0	≤ 0.005	达标
As	0.007 L			0.007 L	0.007 0	≤ 0.05	达标

1）说明见表 1。

表 3　地下水影响范围评估结果

评估对象	渗透系数 [K（m/d）]	含水层厚度（m）	水位降低值（m）	影响半径（m）
岩浆岩裂隙含水层组	0.13	220	120	1 284

含水层及局部地下水的水量和水位具有一定影响。

2.3　声环境

矿山为坑采，噪声影响最主要为建设期施工噪声，声源主要来自各种施工机械工作时发出的噪声。工程机械除运输车外，大部分都位于地下工作，且部分施工机械要配合使用，因此在评估声环境时应综合考虑岩体等介质对机械噪声的吸收作用和各种机械在一起工作时的叠加效应对矿山周边关心点进行噪声影响评估，根据调查矿山周边关心点主要为牛东村、真龙村和俄俅村，分别距离工业场地 450 m、1 516 m、1 540 m。

2.3.1　评估公式

施工期的噪声源为点声源，本评价采用点声源公式评估施工期噪声对环境的影响，考虑距离衰减和各种施工机械的噪声叠加。

（1）距离衰减声源公式：

$$L_r = L_{r0} - 20\lg（r/r_0）\tag{3}$$

式中，L_r—— 评价点噪声评估值，dB（A）；

L_{r0}—— r_0 处的声级；

r—— 为评估点距声源距离，m；

r_0—— 为参考点距声源距离，m。

（2）声源叠加评估公式：

$$L_A = 10\lg\left[\sum_{i=1}^{n}10^{0.1L_i}\right]\tag{4}$$

式中，L_i—— 第 i 个声源声值；

L_A—— 某点噪声总叠加值；

n—— 声源个数。

2.3.2　评估结果

由表 4 可知，在地表建筑施工阶段昼间 75 m 范围外噪声可满足工业企业厂界噪声排放标准限制要求，夜间 225 m 外噪声可满足工业企业厂界噪声排放标准限值的要求，关心点距离工业场地最近的村庄为牛东村，距离 450 m，其余关心点距离工业场地均在 1 km 以上，因此矿山施工期噪声对周围敏感点生产影响小。

2.4　空气环境

施工期对空气环境影响最大的是施工扬尘，其次为运输及一些动力设备运行产生的 NO_x、CO 和 THC。二次扬尘污染主要产生于挖土填方、物料装载和运输环节。生产期则主要为矿体回风井和废石场的外排粉尘，本文针对施工扬尘和生产期矿体回风井和废石场的外排粉尘在一定范围的浓度进行评估。

2.4.1　施工扬尘评估结果

表 5 为 2.5 m/s 风速下，下风向施工扬尘影响的程度和强度，可知距施工点下风向 200 m 处的扬尘浓度仍超过国家空气质量二级标准，应采取相应的防尘、除尘措施。

2.4.2　生产期外排粉尘评估结果

对生产期采矿回风井和废石场外排粉尘评估，主

表 4　施工机械噪声超标范围评估结果

序号	施工设备名称	噪声级（r_0 值）	评价标准〔dB（A）〕		超标范围（m）	
			昼间	夜间	昼间	夜间
1	推土机	83（5 m）	60	50	20	50
2	挖掘机	90（5 m）	60	50	38	110
3	钻机	77（5 m）	60	50	15	30
4	振捣棒	93（1 m）	60	50	50	150
5	电锯	85（1 m）	60	50	25	75
6	混凝土搅拌机	89（1 m）	60	50	35	95
7	载重汽车	85（5 m）	60	50	25	75
8	吊车	73（5 m）	60	50	10	20
9	叠加值	96.7	60	50	75	225

表 5　施工扬尘下风向影响情况

下风向距离（m）	TSP 浓度（mg/m³）
10	0.541
30	0.987
50	0.542
100	0.398
200	0.372

要根据《环境影响评价技术导则》（HJ2.2–2008）采用点源估算公式计算各种矿山场地环境的 TSP（总悬浮微粒）的最大落地浓度及距离（见表 6 和表 7）。

由表 6、表 7 可知，项目矿山风井口和废石场排放浓度均符合相关规范要求，地下开采产生的粉尘大部分为粒径较大的颗粒物，少量 < 10 μm 的颗粒物，通过自然沉降以及采取喷雾、洒水等防尘措施，对地表空气影响较小；废石场距离敏感点最近距离为 587 m，通过采取洒水降尘和降低废石卸载落差等措施，废石场排放的 TSP 对周围大气环境及关心点的影响不大。

表 6　矿体开采回风井对空气环境的影响

计算项目	评估值
最大落地浓度（mg/m³）	0.020 38
最大落地浓度距离（m）	70
占标率（%）	2.26

注：占标率即大气污染物排放中最大落地浓度占标准浓度的比率。

表 7　废石场对空气环境的影响

计算项目	评估值
最大落地浓度（mg/m³）	0.027 75
最大落地浓度距离（m）	230
占标率（%）	3.08

1）占标率即大气污染物排放中最大落地浓度占标准浓度的比例。

3　环境污染防治措施

3.1　水污染防治措施

对矿体矿坑涌水，在不同矿体中段的平硐洞口或斜井井口设置一定容积的沉淀池，矿坑涌水经沉淀后用于其他施工降尘或绿化工作，其他外排；在废石场两侧及顶部设置截洪沟，并在废石场下游设置沉淀池收集淋滤水，经沉淀处理达标后外排。

3.2　噪声污染防治措施

在加强机械保养的前提下，有条件的应使用减震垫或消音器，并合理安排施工时间，尽量保证休息时间段不施工；优化施工方案，尽量从源强及传播途径上降低施工噪声。

3.3　空气污染防治措施

对废石场等施工场地应定期洒水防治浮尘，在空气干燥或大风日加量洒水，增多洒水次数，开采结束后进行植被复垦；在井下设置通风井抽排爆破废气和粉尘。

4　参考文献

[1]　武强,薛东,连会青 . 矿山环境评价方法综述 [J]. 水文地质工程地质，2005,32（03）:84-88 .

[2]　王华东 . 矿山开发的环境影响评价 [J]. 环境工程，1982（01）:65-67 .

[3]　江松林,孙世群,王辉 . 安徽省矿山环境质量综合评价研究 [J]. 合肥工业大学学报(自然科学版)，2008,31（01）:112-115 .

[4]　沈建新 . 浅谈有色金属矿山生态环境影响与评价 [J]. 有色冶金设计与研究，2011,32（02）:9-12 .

[5]　邢燕秋,杜真 . 地质环境背景对矿山地质环境保护与恢复治理影响及分析 [J]. 科技与企业，2013（02）:126-126 .

[6]　陶知翔,成先雄,赵美珍 . 矿山环境问题与防治对策 [J]. 金属矿山，2008,38（01）:96-97 .

[7]　王进进 . 云南某矿山环境质量现状评估 [J]. 上海环境科学，2017,36（01）:25-29 .

责任编辑　张　弛　（收到修改稿日期：2017-04-20）

上海市重点企业清洁生产审核制度结合排污许可证管理的可行性分析

An Analysis on the Possibility of Combining Cleaner Production Audit System with Pollutant Discharge Permit Management for Key Enterprises in Shanghai

王晓奥[1,2]　戚雁俊[1,3]　虞　斌[1,3]　卫小平[1]　刘　扬[1]*　（1. 上海市环境科学研究院，上海 200233；2. 上海环境保护有限公司，上海 200233；3. 上海环科环境认证有限公司，上海 200233）

Wang Xiaoao[1,2]　Qi Yanjun[1,3]　Yu Bin[1,3]　Wei Xiaoping[1]　Liu Yang[1]* (1. Shanghai Academy of Environmental Sciences, Shanghai 200233; 2. Shanghai Environmental Protection Co., Ltd., Shanghai 200233; 3. Shanghai Huanke Environmental Certification Co., Ltd., Shanghai 200233)

摘要　清洁生产审核是工业污染防治的重要抓手，而排污许可证是准予企业在生产经营过程中排放污染物的凭证。从管理职能、管理重点及管理技术等方面，论述了清洁生产审核与排污许可证管理相结合的可行性。提出上海市重点企业清洁生产审核制度结合排污许可证管理的具体措施建议。

关键词：清洁生产审核　排污许可证　重点企业　上海

Abstract　Cleaner production audit is an important starting point for the prevention and control of industrial pollution, whilst pollutant discharge permit is a certificate to grant pollutant emissions to enterprises. The combination possibility of those two aspects was discussed from views of the managerial functions, focuses, techniques, and etc. Specific measures were proposed for the cleaner production audit system to be combined with the management of pollutant discharge permit for key enterprises in Shanghai.

Key words:　Cleaner production audit　Pollutant discharge permit　Key enterprise　Shanghai

清洁生产审核，是指按照一定程序，对生产和服务过程进行调查和诊断，找出能耗高、物耗高、污染重的原因，提出降低能耗、物耗、废物产生以及减少有毒有害物料的使用、产生和废弃物资源化利用的方案，进而选定并实施技术经济及环境可行的清洁生产方案的过程[1]。排污许可证，是指环境保护主管部门根据排污单位的申请，核发的准予其在生产经营过程中排放污染物的凭证。排污许可证的许可事项包括允许排污单位排放污染物的种类、浓度和总量，规定其排放方式、排放时间、排放去向，并载明对排污单位的环境管理要求[2]。

清洁生产审核作为企业开展节能减排与环保合规性工作的重要工具，已经与环境影响评价、上市企业环保核查、创建国家环保模范城市等各类环保制度协同推进，使得清洁生产审核成为了工业污染防治的有效抓手[3]。在我国加强排污许可证的管理、规范排污行为、发展"一证式"管理的排污许可证制度的背景下[4]，探索如何结合排污许可证管理，开展重点企业清洁生产审核工作非常必要。

上海市环境保护局科研项目（编号：沪环科 2015-117）资助。

第一作者王晓奥，女，1990 年生，2014 年毕业于英国布里斯托大学水与环境管理专业，硕士。

* 通信联系人，liuyang@saes.sh.cn。

1　重点企业清洁生产审核与排污许可证管理相结合的可行性

1.1　清洁生产审核与排污许可证管理职能相结合

2016 年 7 月 1 日起实施的《清洁生产审核办法》指出："第八条有下列情形之一的企业，应当实施强制性清洁生产审核：（一）污染物排放超过国家或者地方规定的排放标准，或者虽未超过国家或者地方规定的排放标准，但超过重点污染物排放总量控制指标的"[1]。这里的"超过国家或者地方规定的排放标准和超过重点污染物排放总量控制指标"即指排污单位污染物排放总量超过了其申请核发的排污许可证中所允许的排放污染物的种类、浓度和总量。

同时，《清洁生产审核办法》第 3 章及《清洁生产促进法》第 20 条均明确了"双超"企业清洁生产审核的全过程管理由各级环境保护主管部门负责实施及"双超"企业评估验收由环境保护主管部门牵头[5]。这说明对于"双超"企业开展清洁生产审核以及排污许可证管理，都是环境保护主管部门的工作职能。

1.2　清洁生产审核与排污许可证管理重点相结合

2011 年上海市启动重点污染物排污许可证试点研究工作，作为实施总量控制制度的一个手段。先期选择涉及火电、石化、医药、化工、造纸、印染、食品、有色和污水处理厂等重点行业的 10 家企业开展试点，市环保局、松江区和浦东新区政府同步开展工作。该轮试点工作初步制定完成了《上海市主要污染物排污许可证管理办法（试行）》规范性文件，确定了分期分批、网上办事的工作原则，制定了申领、变更、撤销、注销和补领的工作程序。2012 年，上海市环保局根据实际管理需要，在上海市试点开展第 1 批主要污染物排污许可证发放工作，并同步推进后续管理工作[6]。

2009 ~ 2015 年，上海市共计发布重点企业清洁生产名单 7 批次，涉及重点企业 1 033 家，名单中所确定的重点企业主要依据是《关于深入推进重点企业清洁生产的通知》[7] 及《上海市重点企业清洁生产审核若干规定（试行）》[8] 中所规定的 5 个重金属污染防治重点防控行业、7 个产能过剩主要行业及《重点企业清洁生产行业分类管理名录》中所罗列的火电、化学原料及化学制品制造、石化、制药、纺织、有色金属冶炼及压延加工、环境治理等 21 个行业。对比上海市排污许可与重点企业清洁生产审核工作要点，可以发现两项工作均重点关注火电、石化、医药、化工、纺织等几大重污染行业。

1.3　清洁生产审核与排污许可证管理技术相结合

清洁生产审核过程中通过原材料和能源的调整替代、工艺技术的改进、设备装备的改进、过程控制的改进、废弃物的回收利用和产品的调整变更等措施，达到污染物的源头削减及过程控制，提高资源利用效率，减少或避免生产和产品使用过程中污染物的产生和排放，以减轻或消除对人类健康和环境危害[9]。污染物减排在实施清洁生产审核中占据核心地位，但目前我国侧重清洁生产管理体系的发展，对于污染物减排的清洁生产技术（方案）及污染物减排绩效与效果评估的研究理论和方法却没有明确的指导文件[10]。与污染物减排不同，节能降耗的清洁生产技术（方案）可以参考《企业节能量计算方法》（GBT 13234−2009）推算其产品节能量、产值节能量、技术措施节能量、产品结构调整节能量、单项能源节能量等各类节能降耗清洁生产技术（方案）的绩效。

上海市环境保护局目前正在制定《上海市排污许可证技术核查工作指南》及《上海市排污许可量核算技术规则》，开展二氧化硫、氮氧化物、烟粉尘和挥发性有机物（VOCs）等污染物的总量核算技术规则研究。并且为了配套上海市环境保护局《2016 年度及"十三·五"期间本市大气污染物重点排放企业总量控制方案》的实施，上海市环境保护局已经于 2016 年 2 月发布了《上海市工业企业挥发性有机物排放量核算暂行办法》以及石化行业、船舶行业、汽车制造业（涂装）、涂料油墨制造业、印刷行业等五大行业的上海市 VOCs 排放量计算方法。

上述针对排污许可证管理的已经发布或者正在制定的污染物排放量核算准则均包含了污染物排放现状及污染物减排效果的计算方法，对于污染物减排的清洁生产技术（方案）其污染物减排绩效与效果评估具有非常重要的参考价值。

2　上海市重点企业清洁生产审核结合排污许可证管理的措施建议

2.1　基于排污许可证核发工作的重点企业清洁生产名单筛选

2010 年以来，上海市已开展清洁生产审核的重点企业涉及化学原料及化学品制造行业 233 家、通信设备、计算机及其他电子设备制造行业 69 家、制药行业 63 家、轻工行业 74 家、交通运输设备制造 93 家、环境治理行业 55 家、其他行业 40 家、纺织行业 40 家、金属表面处理及热处理加工行业 65 家、电气机械及器材制造 54 家、有色金属冶炼及压延加工行业 52 家。

目前，上海市大部分涉及 5 个重金属污染防治重点防控行业、7 个产能过剩主要行业及《重点企业清洁生产行业分类管理名录》的规上企业均已开展了第一轮清洁生产工作，而上海市环境保护局尚未发布"十三·五"期间及新一轮环境保护和建设三年行动计划（2016 ~ 2018）的重点企业清洁生产审核工作方案。因此，在全市大力推进工业企业的排污许可证申请与核发的背景下，重点企业清洁生产审核工作应以排污许可证核发工作计划为基础，全力配合排污许可证核发与后续的监督管理工作。例如，上海市环境保护局 2016 年 3 月发布了《2016 年度及"十三·五"期间本市大气污染物重点排放企业总量控制方案》[11]，提出了对占企业排放总量 80% 以上的 320 家大气污染物重点排放企业于 2016 年率先实施排污许可证管理，明确年度减排任务。针对上述 320 家大气污染物重点排放企业，建议于十三五期间，分批次优先列入上海市重点企业清洁生产名单，通过清洁生产审核对其排污许可证的执行情况进跟踪评价[12]，并且鼓励其推进清洁生产技术完成排污许可证所要求的污染物减排任务。

2.2 基于排污许可量技术核查的重点企业清洁生产减排绩效评估

2010 年以来，上海市已开展清洁生产审核的重点企业清洁生产审核方案实施共产生 3 930 个方案，其中无（低）费方案 3 452 个，中（高）费方案 478 个；产生节能效益：节水约为 5 亿 t、节电约为 1.7 亿 kW·h、节煤约为 1.6 亿 t、节油约为 16 万 t、节天然气约为 232 万 m^3、二氧化碳约为 14 万 t。但对于污染物减排效益的汇总数据则非常欠缺，并且在实际清洁生产审核评估验收过程中大部分减排清洁生产方案其减排绩效往往无法统计，仅通过宏观分析描述其污染物减排效果。

目前，上海市环境保护局已经制定了建立健全排污许可证配套制度体系工作方案，计划于 2016 年 12 月底前制定发布《上海市排污许可证技术核查工作指南》和《上海市排污许可量核算技术规则》。上述排污许可证核查核算技术文件不仅明确了对初次申领排污许可证的企业其二氧化硫、氮氧化物、烟粉尘和挥发性有机物（VOCs）等污染物的总量核算技术规则，也确立了跟踪评估企业排污许可证所要求的污染物削减指标减排效果的方法与规则。同时，上海市为规范挥发性有机物（VOCs）排放量计算所制定的石化行业、船舶行业、汽车制造业（涂装）、涂料油墨制造业、印刷行业等五大行业的上海市 VOCs 排放量计算方法，《上海市工业企业挥发性有机物排放量核算暂行办法》中也特别说明了污染减排工作中 VOCs 排放量按照本办法执行。因此，建议在清洁生产审核过程中引入上述排污许可证及挥发性有机物（VOCs）排放量的核算方法，针对二氧化硫、氮氧化物、烟粉尘和挥发性有机物（VOCs）等排污许可证涉及的污染物提出规范性的清洁生产技术（方案）、污染物减排绩效计算方法与效果评估规则。

2.3 基于排污许可证证后监督管理的重点企业清洁生产审核优化

《上海市主要污染物排放许可证管理办法》确定了排污许可证包括正本和副本，正本应载明持证单位名称、地址、法定代表人（业主）、有效期限、发证机关、发证日期、证书编号等持证单位基本信息；副本载明排放污染物的种类、排放方式、排放去向、总量控制指标等排污许可要求以及在线监测与手工监测规定、信息报告制度、自愿合作计划等专业管理要求[13]。上述大部分排污许可证副本中所罗列的专业管理要求在清洁生产审核过程中均有所涉及。例如，污染物排放的种类、方式、去向及总量控制指标即是清洁生产审核中产排污环节的审核重点；突发环境事件应急预案、建设项目环评及三同时竣工验收、工业固体废物（危险废物）贮存与处置管理均在清洁生产审核中有相应的章节明确审核要求；企业环境信息公开通过强制性清洁生产审核制度得到了有效的促进[14]。

因此，清洁生产审核对于排污许可证的证后管理工作可以起到非常重要的监督与促进工作。建议根据排污许可证证后管理的需求，清洁生产审核中可以针对以下几个方面强化审核工作要求。

（1）在预审核中加强主要污染物排放总量与排放浓度的考核，对于排污许可证中规定的在线监测与手工监测执行情况进行合规性分析。

（2）在预审核中对照排污许可证中水环境管理和大气环境管理具体要求，说明一般要求与特殊要求的执行情况。

（3）在设定目标指标与清洁生产方案过程中，充分考虑排污许可证中企业自愿合作计划及总量控制（减排）年度工作方案的可行性。

3 结语

在上海市"十三·五"规划纲要"大力推进污染物达标排放和总量减排"章节中，明确说明了实施重点行业清洁生产改造的发展方向[15]。同时，在上海市排污许可证副本中"D、专业管理要求"部分特别设立了"重点企业清洁生产审核管理"的章节。这都说明了重点企业清洁生产审核与排污许可证管理以及污染物总量控制存在着密不可分的关系。通过重点企业清洁生产审核与排污许可证管理有机结合、共同实施，将有效推动污染物达标排放和总量减排核心工作的开展，促进清洁生产的可持续实施，达成总量控制与排污许可管理的目标。

4　参考文献

[1]　中华人民共和国国家发展和改革委员会,中华人民共和国环境保护部 . 清洁生产审核办法[EB/OL]. 2016-5-16. http://bgt.ndrc.gov.cn/zcfb/201605/t20160519_802233.html.

[2]　中华人民共和国环境保护部 . 排污许可证管理暂行办法(征求意见稿)[EB/OL]. 2014-11-27.http://www.mep.gov.cn/hdjl/yjzj/zjyj/201411/t20141127_292080.shtml.

[3]　白艳英,于秀玲,马妍,等 . 重点企业清洁生产审核评估验收指标体系研究[J]. 环境保护，2012,13;40-43.

[4]　卢瑛莹,冯晓飞,陈佳,等 . 基于"一证式"管理的排污许可证制度创新[J]. 环境污染与防治,2014,11;89-91.

[5]　周奇,周长波,朱凯,等 . 健全清洁生产法规助推绿色发展之路——《清洁生产审核办法》解读[J]. 环境保护，2016,13;53-57.

[6]　陈昊,刘扬 . 美国水质交易政策与上海市水污染物排污权交易市场发展的探讨[J]. 上海环境科学，2016,35(04);155-158.

[7]　中华人民共和国环境保护部 . 关于深入推进重点企业清洁生产的通知[EB/OL]. 2010-4-22. http://www.zhb.gov.cn/gkml/hbb/bwj/201010/t20101014_195526.htm.

[8]　上海市环境保护局 . 上海市重点企业清洁生产审核若干规定(试行)[EB/OL].2009-1-1. http://www.sepb.gov.cn/fa/cms/shhj//shhj2024/shhj2085/2009/04/18307.htm.

[9]　段宁,但智钢,王璠 . 清洁生产技术：未来环保技术的重点导向[J]. 环境保护，2010,16;21-23. [10]王志增,但智钢,王圣,等 . 清洁生产技术削污效果评估方法与案例研究[J]. 环境工程技术学报，2016（03）;284-289.

[11]　上海市环境保护局 . 2016 年度及"十三五"期间本市大气污染物重点排放企业总量控制方案[EB/OL]. 2016-3-25.http://www.sepb.gov.cn/fa/cms/shhj/shhj2133/shhj2137/2016/03/92100.htm

[12]　周长波,刘菁钧,白艳英,等 . 让清洁生产审核助力排污许可证改革[N]. 中国环境报，2016-05-13003.

[13]　上海市环境保护局 . 上海市主要污染物排放许可证管理办法[EB/OL].2012.12.14.http://www.sepb.gov.cn/fa/cms/shhj//shhj2013/shhj2021/2013/01/75015.htm

[14]　白艳英,郭亚静,宋丹娜 . 强制性清洁生产审核制度实施与企业环境信息强制公开的创新[J]. 环境保护，2014,22;50-53.

[15]　中华人民共和国国务院 . 中华人民共和国国民经济和社会发展第十三个五年规划纲要[EB/OL].[2016-03-17]. http://www.gov.cn/xinwen/2016-03/17/content_5054992.htm.

责任编辑　张　弛　（收到修改稿日期：2017-02-18）

综合型生态工业园生态产业链的构建探析

An Approach to the Construction of an Eco-industrial Chain System in Synthesised Eco-industrial Parks

花 月 鲍春晖 辛玉婷 姚 敏 何 卿（江苏省环境科学研究院，江苏省环境工程重点实验室，南京 210036）

HuaYue Bao Chunhui Xin Yuting Yao Min He Qing (Jiangsu Provincial Key Laboratory of Environmental Engineering, Jiangsu Provincial Academy of Environmental Science, Nanjing 210036)

摘要　园区产业链的结构决定着整个园区工业生态系统的稳定性和可持续性，因此，研究产业链的结构对于促进生态工业园的健康发展具有重要的现实意义。以张家港经济技术开发区为研究对象，利用循环经济、生态工业学和产业链的相关理论和研究方法，在其产业发展定位和开发区现状研究的基础上，提出了张家港经济技术开发区的生态产业链总体结构，并根据现代纺织服装业、现代装备制造业、新材料产业、新能源产业这 4 个主导产业对张家港经济技术开发区生态产业链进行了具体设计，从物质流、能量流、信息流等方面进行了补充完善，从而为张家港经济技术开发区生态工业园建设提供理论参考依据。

关键词：　生态工业园　生态产业链　经济技术开发区　张家港

Abstract　As the structure of industrial chain in an industrial park will determine the stability and sustainability of its industrial ecosystem, it is of great and practical significance to study the structure of industrial chain for promoting the healthy development of eco-industrial parks (EIPs). Zhangjiagang Economic and Technical Development Zone was taken as an object of the study. Using relevant theories and research methods for circular economy, eco-industry and industrial chain, and based on researches of the industrial development orientation and present situation, a general structure of the eco-industrial chain (EIC) in Zhangjiagang Economic and Technical Development Zone has been proposed. Furthermore, detailed design for EIC of the Development Zone was conducted on four leading industries including modern textile and apparel industry, modern equipment manufacturing, new material industry, and new energy industry with supplements in respect of material flow, energy flow, information flow, and etc. It could provide a theoretical basis for the construction of an EIP in Zhangjiagang Economic and Technological Development Zone.

Key words: Eco-industrial park (EIP)　Eco-industrial chain (EIC)
　　　　　Economic and technical development zone　Zhangjiagang

党的十八大将生态文明建设与经济建设、政治建设、文化建设、社会建设"五位一体"作为建设中国特色社会主义事业的总体布局，明确提出建设美丽中国，实现中华民族永续发展。而生态工业园区是区域层面和工业经济领域推进生态文明建设的重要载体[1]，已成为解决结构性污染和区域性污染，调整产业结构和工业布局，实现新型工业化的范式[2]。生态产业链则是生态工业园区最基本的构成单元，也是生态工业园区的最基本特征[3]。生态产业链的建设关系到生态工业园的健康发展，建设生态工业园区必须重点规划和建设其生态产业链[4]。目前，国内外学者主要在生态工业园规划建设中的物质流和能量流规划[5]、生态工业园产品链[6]及固体废弃物代谢链网[7]的构建等方面进行研究。针对各个子系统在生态产业建成之初如何实现各自的可持续发展，本文在剖析张家港经济开发区产业链建设现状和存在问题的基础上，提出了基于物质流、能量流、信息流的现代生态产业链，以期为张家港经济技术开发区生态工业园建设提供理论参考依据。

第一作者花月，女，1983 年生，硕士，工程师。

1　张家港经济技术开发区生态工业园概况

张家港市位于长江下游南岸，江苏省东南部，是沿海和长江两大经济开发带交汇处的新兴港口工业城市，属长江三角洲的重要组成部分。张家港经济技术开发区始建于 1993 年，2011 年升级为国家级经济技术开发区，坐落于张家港市主城区。随着经济快速发展，开发区规划面积不断增加，张家港市对经济开发区和杨舍镇进行了管理机构调整，建设区镇合一的管理体制，园区行政管理区域范围增至 100.209 km²，先后入选"中国十佳最具投资竞争力园区"，杨舍镇获评"中国十大魅力乡镇""江苏省文明镇"。

园区目前已经形成的主导产业有纺织服装行业、现代装备制造业、新材料和新能源。2012 年，这四大主导产业工业增加值占整个开发区工业增加值的 89.2%，主导行业聚集优势愈发明显。传统行业（纺织服装）的比重在逐年降低，"三新产业"（现代装备、新材料、新能源）正呈现蓬勃发展的趋势，低碳经济业已成为园区的发展方向。

2　生态产业链构建

2.1　总体框架

生态产业链发展策略是"改造升级传统行业，大力发展三新产业"。通过本次生态工业园的创建，引导有共同指向的产业向特定区域集聚，促进优势产业相对集中，形成生产专业化区域，建立集群中纵横交织的有效联系机制，降低产业的发展成本；鼓励大企业在工业集中发展区内建立企业园，围绕优势企业和龙头产品，延伸产业链，形成产业配套能力，不断壮大产业实力，整合各种资源，形成稳定、持续的竞争优势集合体；积极建设生态产业链条，延伸主导行业产品链，大力发展上下游企业，完善主导产品链条和生产链条，实现产业产品链合理化延伸；发挥园区的辐射、带动功能，加大功能整合力度，以优势产业（产品）链为纽带，积极发展关联性强、集约水平高的产业集群和特色鲜明的区域产业品牌。

根据"循序渐进，虚实结合"的原则，结合项目招商情况、当地的产业现状和市场需求，发展现代纺织服装、现代装备制造、新材料、新能源产业的补链升级。严格准入门槛，不同产业的核心企业及其相关的附属企业组成工业生态群落，群落间通过物质的交换和水的梯级使用联系在一起，构成多种物质能量链接的生态链网络（见图1）。

物质循环：工业生产的产品通过各种商业渠道提供给居民，经过日常生活的消耗变成各种生活废弃物与工业废弃物经分类收集后，一同进入资源再生企业，经过筛分、清洗、提炼、再生等过程，部分可再生废物提供给工业生产作为原料，部分再生产品提供给居民。其余不可利用的废弃物则交给废物处置机构处置。

水循环：日常生活产生的污水与工业废水一同进入开发区污水处理厂进行处理，处理后的中水根据其所含污染物的状况可考虑作为水质要求不高的企业的生产和清洗用水，居住小区的清洗用水和公共绿地的灌溉用水等。同时，可考虑企业之间水的梯级利用。污水处理厂的尾水处理成可再利用的中水，可以回用到附近河道的景观用水、商业楼宇中央空调的冷却用水等。

集中供热：以创建区金柳江南热电公司（创建区外）作为热源，建设集中供热管网，提供工业生产和居民生活所需的热能。其产生的煤渣和粉煤灰为建筑企业生产建筑产品提供了原材料。

信息交换：各种教育机构、研发机构（包括企业内的研发机构）是园区科技开发的重要支柱。科技开发和工业生产是一种相互促进的关系，科技的进步带动工业的发展，而工业的发展则为科技开发提供了资金，也指明了科研的方向。

2.2　产业链现状

2.2.1　现代纺织服装业

园区服装制造业发展迅猛，特别是特种纺织业，生产技术处于国内领先水平。区内建有毛纺织基地，涉及从原毛清洗到服装、帽、袜等终端产品，拥有澳洋集团、华芳集团、龙杰特种化纤等骨干企业。几大知名企业的稳步发展和一些中小企业的兴起，为园区的纺织服装行业发展成为全国乃至整个东南亚地区最大的棉毛纺专业生产基地奠定了坚实的基础（见图2）。

江苏省沿江地区纺织工业区域块状经济的雏形已初步形成，形成了众多的年产值达数十亿元的产业集群。园区纺织行业与这些企业缺乏联系沟通、协作和联合，没有形成整体合力和完整的产业链。目前，园区纺织服装企业已逐步将生产制造向苏北等外地进行转移，区内企业则专注于研发、贸易和检验三大中心的拓展，这将带动业内最薄弱的一个环节——自主品牌产品的研发、生产和销售，推动整个行业进一步良性发展。

2.2.2　现代装备制造业

园区现代装备制造业一直坚持走高端化、高效益、

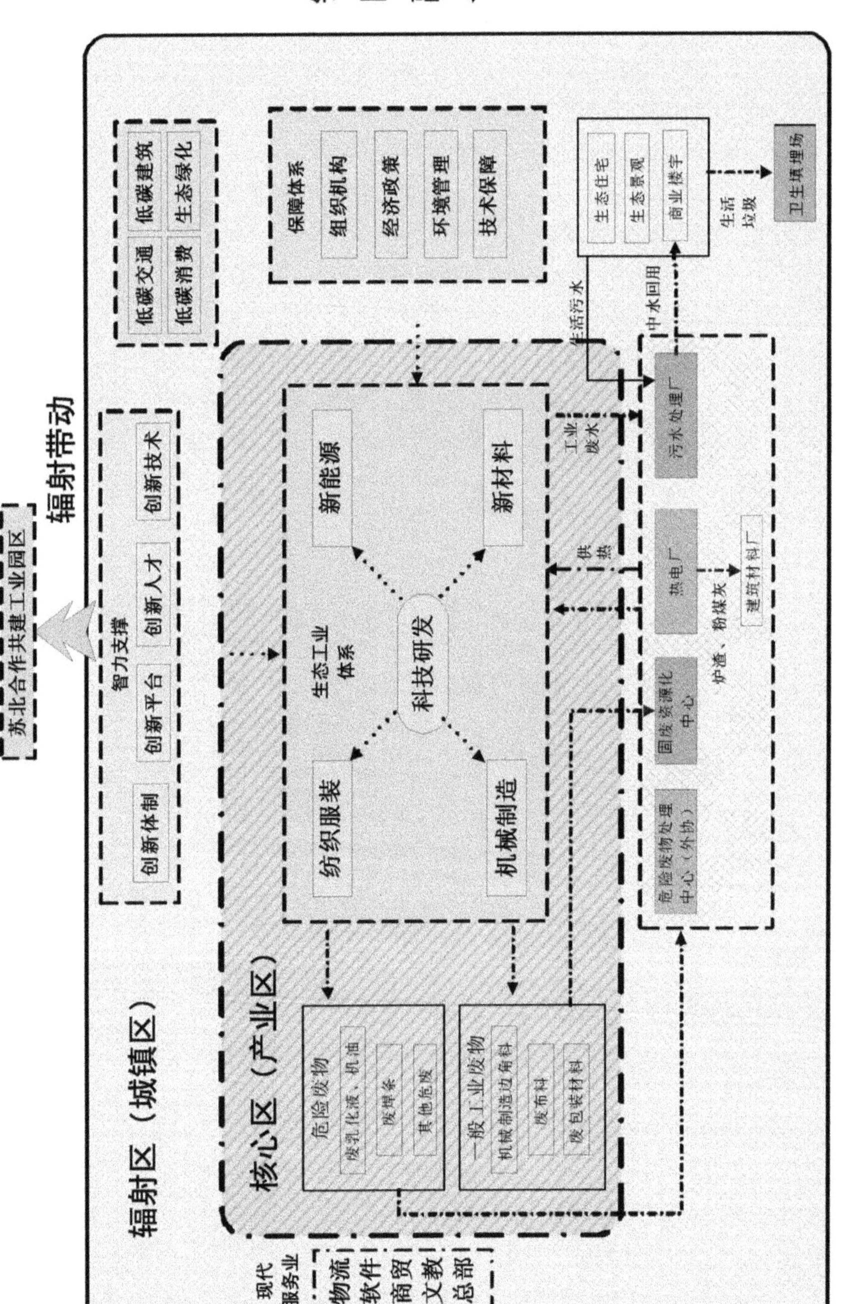

图 1　园区生态工业产业链规划示意

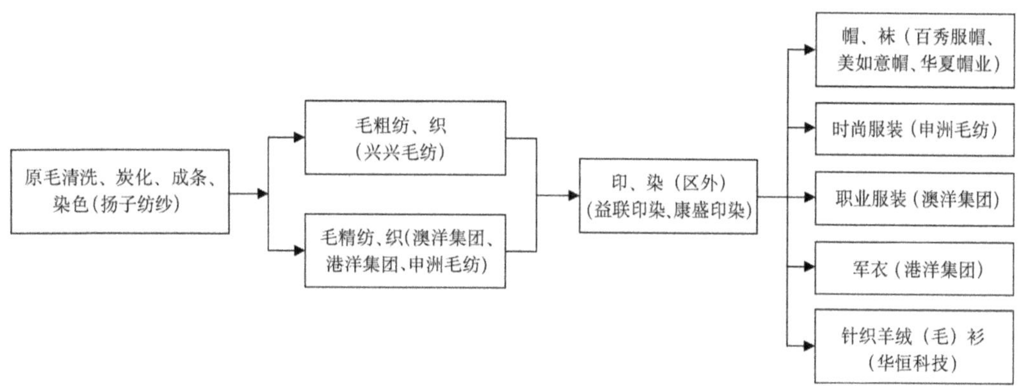

图2　纺织服装行业现有产业链

高增值的发展之路，通过企业的纵向延伸及相关产业的横向拓展，实现聚合效应。从行业结构看，区内规模以上机械电子产业主要涉及机械加工、汽车零部件制造和压力容器制造等。园区形成了以石化、电力、工程、交通、节能、环保设备为主的产业链，其中石化装备压力容器产业链最为完备。以海陆重工、富瑞特装2家上市企业整机生产工厂为龙头，带动一大批零部件企业与之配套，形成产业优势。园区石化装备产业被省经信委命名为第1批新型工业化产业示范基地。行业现有产业链主要企业和流程见图3。

目前，园区内装备制造业已初具规模，招商部门也把其列为园区的重点招商对象之一。但是园区装备制造业厂商大部分为外资企业，民营企业相对较少，先进技术基本上为外资企业所掌握，要鼓励国内企业、民营企业入园并加强与相关外企的信息交流与技术合作。

2.2.3　新材料产业

目前，园区新材料产业工业增加值在2007～2012年呈稳步上升趋势，新材料行业的发展将成为园区的一个新的经济增长点。区内的新材料仅为玻璃基板、绝热耐火新材料、PVC塑料、除尘滤料等，结合区外企业，形成的产业链见图4。区内新材料产业门类较少，现有门类还未形成集群优势，下一步应重点发展第6代TFT-LCD玻璃基板、工程塑料、高性能复合材料、高分子纳米材料等。

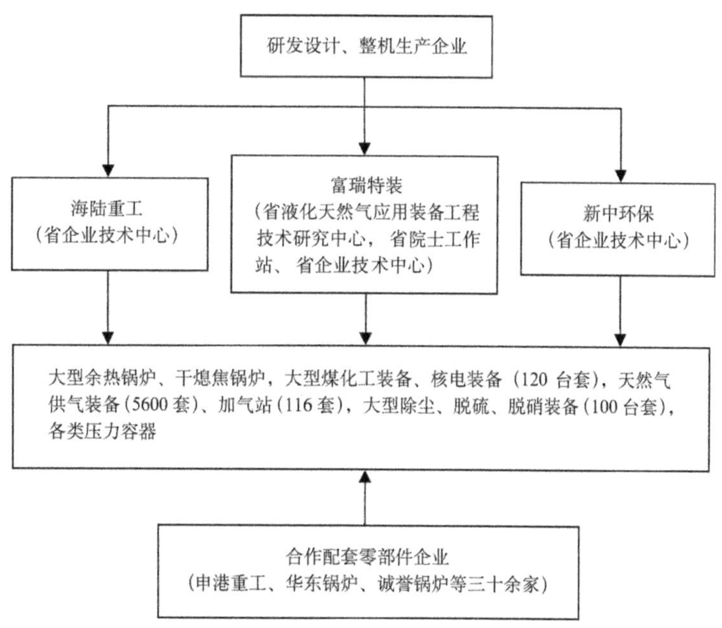

图3　现代装备制造业现有产业链

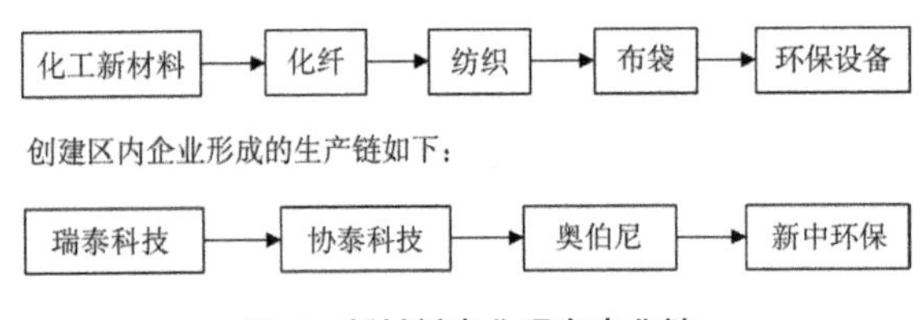

创建区内企业形成的生产链如下：

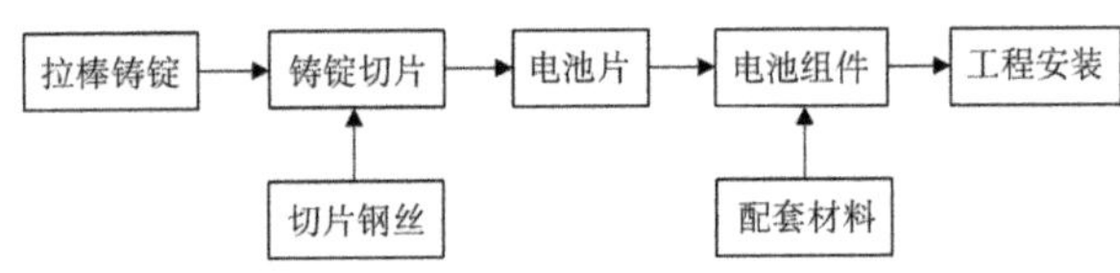

图4　新材料产业现有产业链

2.2.4　新能源产业

园区以光伏产业带动整个新能源产业快速发展，产品主要有太阳能胶膜背板及太阳能电池片与组件等。区内光伏产业已经形成从切片到组装完整的产业链（见图5）。光伏产业相对较为集中，总体看，园区光伏类企业大部分在产业链中下游，中游的硅片生产仅有宏宝光电、富瑞达光电科技等企业规划生产。园区光伏产业处于产业链的成长期，光伏企业规模不大，抗风险能力不强，产业配套协作水平有待提高。

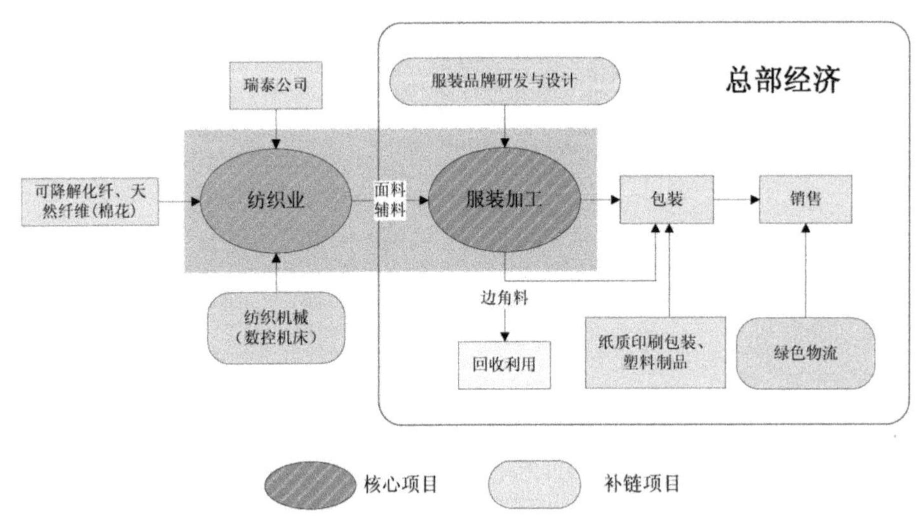

图5　光伏产业现有产业链

2.3　生态产业链构建与完善

2.3.1　现代纺织服装业

从纺织原料→纱线→布匹→染整（园区外协助）→服装及其他制成品；各环节生产→资源配置→各半成品、成品→销售，充分利用市场前景好、科技含量高、产品关联度高的产品或优势企业，以产品技术为主线，资本为纽带，上下联结，向下延伸，前后形成链条，生产全过程控制，实现经济效益和生态效益的统一。园区在纺织服装业提倡优化产业产品结构，鼓励产业中前端外延外移。印染及后整理工序由园区外企业进行协助完成。在纺织行业应推行绿色供应链管理模式，即关注产品的整个生命周期，从纤维种植、纺纱织造、前处理、印染、后整理、成衣制作及至废弃物处理的整个过程都要强调其生态安全，减少对环境的损害。通过新型材料技术的应用，建立产学研紧密结合的创新体系，开发具有自主知识产权的新产品、新工艺，提升核心竞争力，加快重大科研成果的转化和产业化，为地区发展提供新的经济增长点。图6是纺织服装产业生态系统的规划示意。

2.3.2　现代装备制造业

装备制造业上游为材料产业，可充分利用东沙化工园区的新材料企业；此外装备制造业对钢铁的产品结构、产品质量要求很高，所需钢板是附加值较高的产品，经开区所在区域部分为市区中心地段，不允许建立冶金基地，可与冶金工业园区的沙钢集团等钢铁企业对接，从而为园区装备制造业提供所需要的钢材，故将东沙化工区和冶金工业园区作为虚拟企业，将其纳入经开区现代装备制造业产业链中，以此形成完整的链条。建议该产业重点发展方向为核能装备、再制造装备、重工装备、智能电网装备等新装备企业，装备制造行业与开发区内的汽车制造业、开发区周边的电子信息行业、机床加工业及其他行业之间的协调发展是开发区经济高质增长的突破点。装备制造行业工业生态系统的规划示意见图7。

图6　纺织服装产业生态系统规划示意

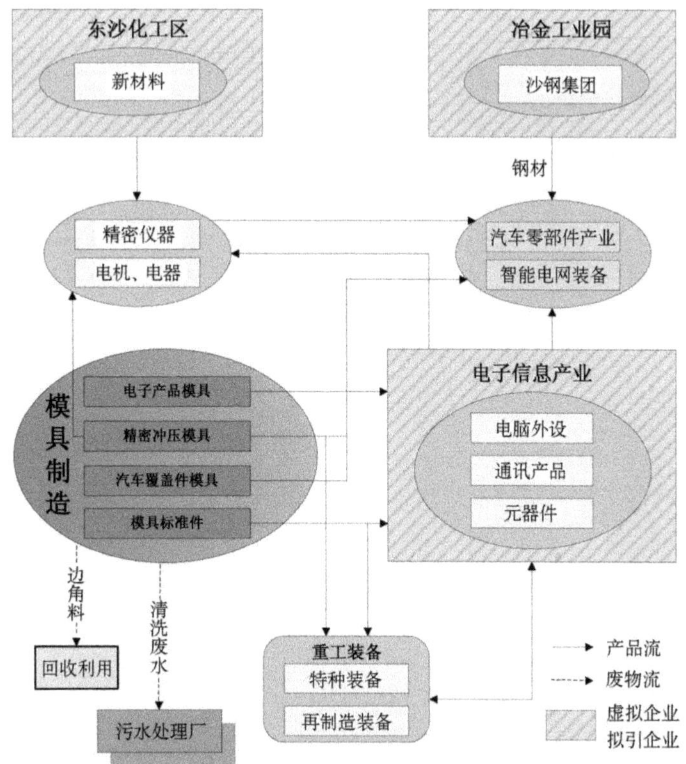

图 7　现代装备制造业工业生态系统规划示意

2.3.3　新材料产业

　　以彩虹平板的玻璃基板制造为龙头，重点招引玻璃基板下游封装、应用模组企业，通过 3～5 a 的努力，在张家港形成一个新的千亿级高世代玻璃基板生产产业集群；同时要注重发展纳米新材料、高分子工程塑料、复合材料、绝热材料等新材料行业，将开发区的新材料产业培育成张家港市新兴支柱产业，把张家港经济技术开发区建成世界一流的节能产业研发和生产基地，跨入世界 500 强行列（见图 8）。

2.3.4　新能源产业

　　基于现有的光伏产业基础，以永能光电为龙头，依托区外的硅料、硅片环节，积极发展中游和下游产业链，重点打造光伏发电系统和各种系统设备等特色重点产品，构筑新型能源基地。加强政企学研合作，

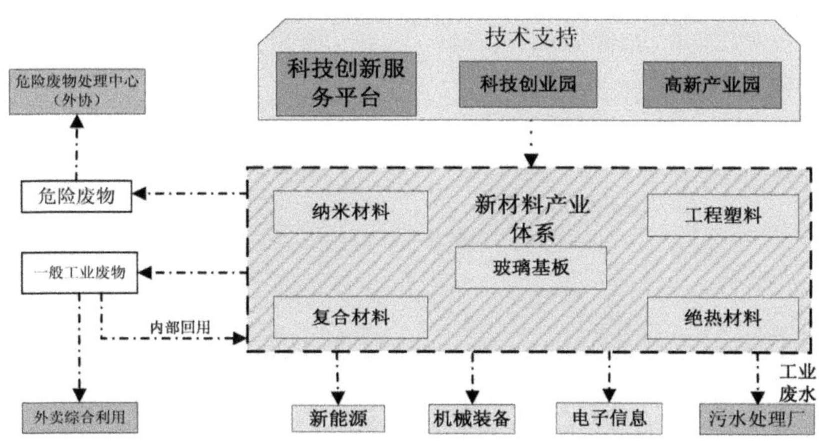

图 8　新材料生态产业链示意

以工程技术研究中心和国际级实验室为研发平台，大力研发非晶硅薄膜太阳能等新技术替代原有技术，全力扶持科研成果转化（见图9）。

2.4 生态产业链可持续发展综合策略

以循环经济、生态工业学和产业链等理论为指导，以规划的产业定位与园区空间布局大方向为基础，以生态产业链的设计为标准，引入能与核心行业形成生态产业链的企业，挖掘行业之间潜在的生态产业链，依托产业结构的转型升级、产业生态化改造和产业链合理化延伸来实现区内生态工业园的循环经济环状链。

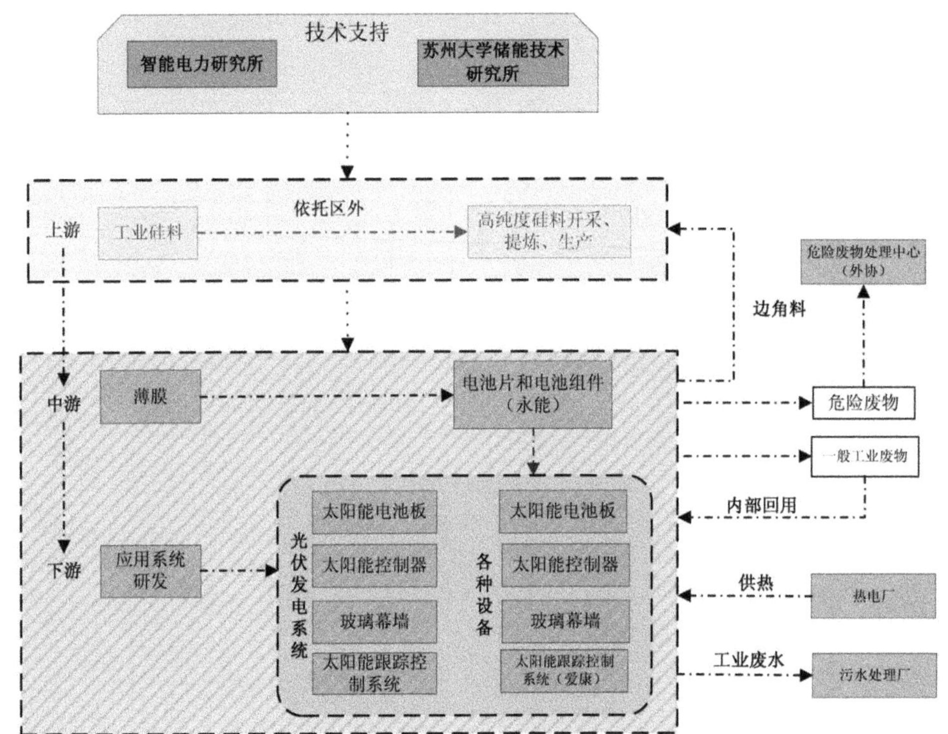

图9 新能源产业链构建示意

3 结语

倡导生态文明建设已经成为我国社会经济发展的趋势，建设生态工业园是顺应时代发展的需要，是我国建设生态文明的重要实践形式。如何促进已建成生态工业园的可持续发展，是我国工业生态化进程中所需解决的关键问题。本文探析的生态工业园生态产业链构建策略及方法希望能为我国其他生态工业园建设提供借鉴。

4 参考文献

[1] 崔涤尘,刘业业,王艳艳,等．工业园区生态文明案例分析及建设途径——以临沂经济技术开发区为例[J]．环境保护科学, 2015,41（4）:100-103.

[2] 基于循环经济的生态工业园区产业链研究 [EB/OL]. http://www.zj.stats.gov.cn/tjfx_1475/tjfx_sjfx/201303/t20130306_138484.html.

[3] 安达,冯流,曹东,等．包钢生态工业园区建设的生态工业网络设计[J]．环境保护, 2005（1）:57-60.

[4] 钱华．张家港经济开发区生态产业链构建研究[D]．南京：东南大学, 2009.

[5] LILIAN B, ALESSANDRA M. Eco-industrial park development in Rio de Janeiro, Brazil: a tool for sustainable development[J]. Journal of Cleaner Production, 2009,17（7）:653-661.

[6] 王玉灵,王志军,高铁军．生态产业链的构建研究——以曹妃甸工业区海水资源综合利用为例[J]．北京理工大学学报(社会科学版), 2009,11（5）:38-43.

[7] YONG GENG, ZHAO HENGXIN. Industrial park management in the Chinese environment[J]. Journal of Cleaner Production, 2009,17（4）:1289-1294.

责任编辑　梁丹涛　（收到修改稿日期：2015-11-26）

纳帕海湿地浮游细菌的丰度及可培养低温细菌多样性研究

Studies on the Abundance of Bacterioplankton and Diversity of Culturable Low-Temperature Bacteria in Napahai Wetland

崔尹赡　李　珊　魏云林　张　琦　林连兵　季秀玲 *　（昆明理工大学生命科学与技术学院，昆明 650500）

Cui Yinshan　Li Shan　Wei Yunlin　Zhang Qi　Lin Lianbing　Ji Xiuling * (Faculty of Life Science and Technology, Kunming University of Science and Technology, Kunming 650500)

摘要　以纳帕海湿地 7 个水样作为研究对象，利用荧光显微镜计数法和稀释涂平板法分别开展了纳帕海湿地浮游细菌丰度和可培养细菌多样性的研究。结果表明，旱季和雨季浮游细菌丰度的平均值分别为 3.52×10^5、2.02×10^6 个 /mL，雨季高于旱季。浮游细菌丰度与环境因子的相关性分析表明：浮游细菌的丰度与叶绿素 a 的含量呈正相关，与温度、pH 呈负相关。从纳帕海湿地分离并鉴定了 19 株低温细菌，其中假单胞菌属是优势种群，纳帕海湿地低温细菌物种多样性丰富。

关键词：纳帕海湿地 浮游细菌 丰度 低温 多样性

Abstract　The abundance of bacterioplankton and diversity of culturable low-temperature bacteria in seven different water samples collected from Napahai wetland were investigated by using epifluorescence microscopy (EFM) technique and dilution-plate method. Average values of the bacterioplankton abundance were 3.52×10^5 individuals per millilitre and 2.02×10^6 individuals per millilitre in drought and wet seasons, respectively, showing that the latter ones were far higher than the former ones. Relationships between the abundance and environmental factors were analysed indicating that the bacterioplankton abundance was positively correlated with the content of chlorophyll a, and negatively done with the temperature and pH values. Of nineteen low-temperature bacterial strains isolated and identified from Napahai wetland, pseudomonas was the dominant species. It was found that the diversity of low-temperature bacteria existing in Napahai wetland was rich.

Key words: Napahai wetland　Bacterioplankton　Abundance　Low-temperature　Diversity

浮游细菌是地球上分布最为广泛、数量最多的生物，在生物地球化学循环中具有非常重要的作用[1]。作为生态系统中的分解者，它们不仅可以降解水体中的有机质，还能把有机物矿化后变成无机物，加速物质能量流动。浮游细菌是生态系统的重要组成部分，其数量与种群结构直接影响生态系统的稳定性，其数量与其栖息环境密切相关[2]。

荧光显微镜（Epifluorescence Microscopy，EFM）计数法是目前最为常用的检测浮游细菌丰度的方法，检测结果比透射电子显微镜（Transmission Electron Microscope，TEM）精确，操作简单。最早选用 DAPI（4,6–diamidino–2–phenylindole）荧光染料来计数，但由于产生的光较暗，对光学显微镜的质量要求较高；其后开始选择 Yo-Pro–1，它是非常稳定、明亮的荧光染料，但染色时间较长，一般要 48 h，经改进微波处理可缩短至 4 h；而 SYBR Green I 染色时间较短，只需 15 min 即可，但缺点是荧光淬灭很快，因此在染色时需加入抗荧光淬灭剂；SYBR Gold 与 SYBR Green 方法相同，染料也更稳定，与其他染料相比产生黄色的光，因此不适于计数腐殖质或沉积物的样品。

地球上有广阔的低温区域，生活着各种各样的微生物，其中数量最多的是细菌，并在长期的进化过程中适应了低温环境。根据生长温度的不同，Motia[3] 将低温微生物分为两类：一类是最适生长温度为 15℃ 而

国家自然科学基金（编号：31160121, 31360129）资助。

第一作者崔尹赡，男，1992 年生，2014 年毕业于昆明理工大学生物工程系，在读硕士研究生。

* 通信联系人，jixiuling@126.com。

最高生长温度不超过 20℃，在 0℃ 可生长繁殖的嗜冷菌；另一类是最适生长温度高于 15℃ 而最高生长温度超过 20℃，在 0 ~ 5℃ 可生长繁殖的耐冷菌。

纳帕海属于金沙江流域，是滇西北高原低纬度、高海拔、季节性沼泽湿地，属于中国湿地的独特类型，平均海拔 3 260 m，面积 3 434 hm²，雨旱季分明，11 月至次年 4 月为旱季，同年 5 ~ 10 月为雨季[4]。以纳帕海湿地的 7 个水样为研究对象，利用 EFM 技术检测了不同样点、不同季节浮游细菌的丰度，并对影响浮游细菌丰度的环境因素进行了相关性分析。同时对旱季采集的样品中的低温细菌进行了分离培养，开展了低温细菌形态学及 16S rRNA 基因鉴定研究，并构建系统发育树，初步阐明纳帕海湿地可培养低温细菌的多样性。

1 材料与方法

1.1 样品采集

2013 年 12 月（旱季）和 2014 年 9 月（雨季）分别采集纳帕海湿地 7 个水样样品（见表 1）。采集到的水样中分别加入终浓度为 1 μg/mL 的 DNase I 和 RNase A，37℃ 消化 30 min，以去除游离的核酸，再加入终浓度体积分数为 0.5% 的 25% 戊二醛，4℃ 避光固定 15 min，液氮速冻。

表 1　水样样品信息

样品编号	采样地		pH		温度（℃）	
	坐标	海拔（m）	旱季	雨季	旱季	雨季
YW-5	E99° 37′ 43″，N27° 54′ 26″	3 266	6	6	8	23
YW-6	E99° 38′ 11″，N27° 54′ 04″	3 270	5.5	6	9	25
YW-7	E99° 37′ 44″，N27° 54′ 18″	3 270	6	6	5	22
SDW-1	E99° 38′ 16″，N27° 51′ 08″	3 272	5.5	7	9	27
SDW-2	E99° 38′ 09″，N27° 50′ 34″	3 273	6	7	9	27
YNW-1	E99° 37′ 28″，N27° 53′ 34″	3 275	6.6	6	7.5	20
YNW-2	E99° 37′ 47″，N27° 53′ 35″	3 274	5.5	6	6	19

1.2 水样元素及叶绿素 *a* 的测定

水样样品的元素分析由农业部农产品质量监督检验测试中心（云南昆明）进行测定。

叶绿素 *a*（*Chl-a*）的测定采用丙酮提取法：水样（40 mL）经 0.45 μm 的醋酸纤维滤膜过滤，收集藻类于滤膜上。滤膜对折装在黑色塑料袋内，20℃ 避光 12 h，室温解冻 5 min，直至滤膜变软，在 -20℃ 冰冻 20 min，室温解冻，反复冻融 3 ~ 5 次。将滤膜放入 90% 丙酮（10 mL）的离心管，120 r/min 离心 1 min，直至滤膜完全溶解，4℃ 冰箱 20 h，4 000 r/min 离心 15 min。分别在 630、645、663、750 nm 波长处测定离心管上清液的吸光度，利用公式 $Chl\text{-}a$（mg/L）$=12.7 \times A663 - 2.69 \times A645$ 计算 $Chl\text{-}a$ 的浓度。

1.3 荧光显微镜检测浮游细菌的丰度

浮游细菌数量用荧光显微镜计数法进行测定，利用 SYBR Green I 作为荧光染料，用荧光显微镜放大 100 倍进行观察并计数。同时取 1 mL 经 0.02 μm 滤膜过滤的 TE buffer 作为空白对照，与样品制片同样操作。

1.4 相关性分析

数据用 SPSS 软件包中独立样本检验法分析不同季节浮游细菌丰度的差异性；多元相关分析 Pearson 相关系数分析浮游细菌丰度与 *Chl-a* 含量、pH、温度及元素之间的关系。

1.5 低温细菌的分离纯化

将旱季采集到的样品用无菌水进行稀释，采用稀释涂布平板法分别涂布 LB 和 PYGV 固体培养基，15℃ 倒置培养 2 ~ 3 d。根据菌落的形态、颜色和大小等特征，挑取不同细菌的单菌落进行划线培养，每个菌落纯化 3 次后获得纯化的低温细菌。

1.6 可培养细菌的系统发育分析

以分离纯化得到的细菌基因组为模版，利用 16S rRNA 基因扩增的 1 对通用引物 27F：5′-AGAGTTTGATCCTGGCTCAG-3′ 和 1492R：5′-ADGGCTACCTTCTTACGACTT-3′，对分离纯化的细菌进行 PCR 扩增。PCR 产物经胶回收试剂盒胶回收后，与 pMD-18T 克隆载体相连（16℃ 连接 4 h），CaCl₂ 法转化大肠杆菌 DH5α 感受态细胞，涂布含有氨苄青霉素的 LB 平板。利用 M13（RV/M4）引物进行 PCR 扩增检测阳性克隆，由北京奥科公司进行测序。所得序列拼接后与 NCBI 数据库进行 Blastn 比对，利用 MEGA 6.06 软件中的邻接法构建系统发育树。

2　结果与分析

2.1　水样元素及叶绿素 a 的含量

分别对旱季和雨季采集的 7 份水样中的大量元素（Mg、Ca、Na、K）的含量和叶绿素 a 的含量进行测定（见表 2）。

构成微生物体的元素都来源于环境中，这些元素对微生物生命活动有着重要的作用。一般功能是构成细胞内的分子和对微生物生理功能进行调节，如 Na^+ 参与渗透压的维持，Mg^{2+} 是酶的激活剂，Ca^{2+} 与热稳定性有关。由于人工活动对自然环境的影响，来自不同采样点的样品各种元素含量各不相同。旱季各元素的含量均高于雨季，可能是由于雨水的稀释作用造成的。$Chl\text{-}a$ 的含量在不同的季节变化不大，基本维持恒定。这可能是由于随季节的变化，浮游植物的数量和生命活动的程度与水量的变化呈正相关造成的。

2.2　浮游细菌的丰度

采用 SYBR Green I 染料对纳帕海湿地采集的 7 个水样样品进行染色，荧光显微镜计数旱季和雨季浮游细菌丰度，部分视野见图 1，各样品浮游细菌丰度统计见图 2。从图中可以看出，各样品浮游细菌的丰度不同，并且雨季浮游细菌的丰度明显高于旱季。经独立样本均值差异性检验发现旱季和雨季浮游细菌的丰度具有显著差异性（$P < 0.01$，$r = 0.927$）。说明纳帕海湿地的浮游细菌丰度具有时间和空间上的变化。这

表 2　旱季和雨季水样元素及叶绿素 a 的含量（mg/L）

编号	旱季						雨季					
	N	Mg	Ca	Na	K	$Chl\text{-}a$	N	Mg	Ca	Na	K	$Chl\text{-}a$
YW−5	0	5.9	45.7	9.9	3.04	0.105	0	4.86	26	4.62	2.66	0.263
YW−6	0	5	45.6	9.8	3.47	0.207	2.67	5.04	23.1	4.4	2.11	0.162
YW−7	0	6.12	44.9	9.85	2.88	0.144	0	4.78	28.2	4.56	2.66	0.19
SDW−1	6.74	8.87	41.3	7.73	24.8	0.098	1.34	3.45	29.5	2.32	0.79	0.121
SDW−2	1.35	6.92	34.1	3.14	3.3	0.01	2.67	4.14	43	1.41	0.592	0.075
YNW−1	4.04	6	22.8	17.8	6.14	0.582	0	4.45	34.4	9.08	5.12	0.616
YNW−2	33.7	23	92.4	7.2	1.83	1.732	0	5.2	33.2	7.2	1.83	1.875

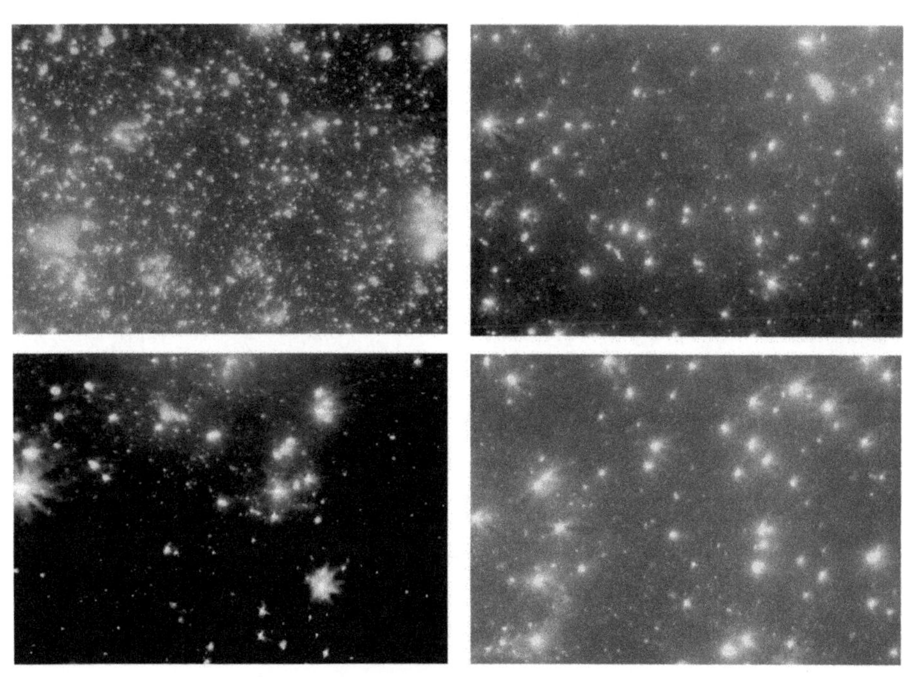

图 1　荧光显微镜计数浮游细菌丰度

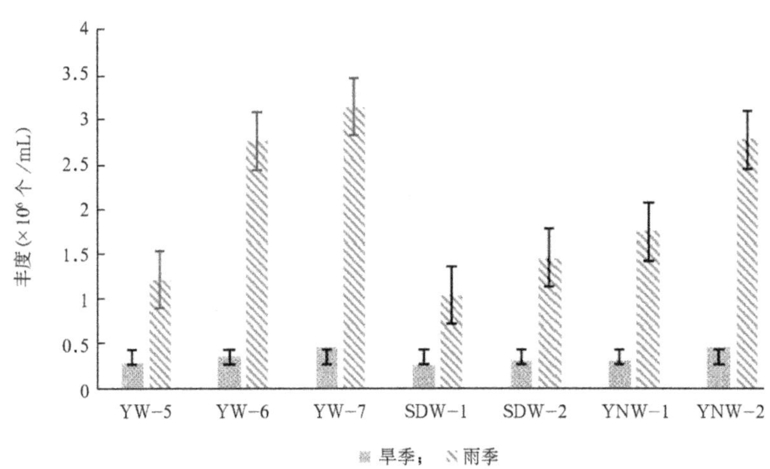

图 2　水样样品浮游细菌丰度统计

可能是因为不同采样地自然环境不同，受到人工影响的程度不同。雨季纳帕海湿地水量充足，温度较高，适于浮游细菌生长繁殖。

2.3　细菌丰度与环境因子之间的相关性

利用 SPSS 软件对不同季节浮游细菌的丰度与环境因子的相关性进行分析，结果见表 3。从表中可以看出，旱季浮游细菌丰度与 $Chl\text{-}a$、N、Mg 和 Ca 的含量呈正相关，与 pH、温度（T）、Na 和 K 呈负相关；雨季浮游细菌丰度与 $Chl\text{-}a$、Mg、Na 和 K 呈正相关，与其他因子呈负相关。

浮游细菌丰度与 $Chl\text{-}a$ 进行 t 双尾检验，$P<0.01$，旱季和雨季 Person 相关系数 r 分别为 0.49 和 0.412，具有显著正相关性。旱季和雨季浮游细菌丰度与 pH 进行 t 双尾检验，$P<0.01$，r 分别为 -0.157 和 -0.401，具有显著弱负相关性和显著负相关性。浮游细菌丰度与温度进行 t 双尾检验，具有显著的负相关性（$P<0.01$，r 分别为 -0.864、-0.492）。

旱季浮游细菌丰度与 N、Ca、Mg、Na 和 K 因素的相关性分析表明，与 N、Mg 和 Ca 的 Person 相关系数为 0.403、0.433、0.576，P 分别为 $P>0.05$、$P<0.05$、$P<0.01$，表明旱季浮游细菌丰度与 Mg 和 Ca 具有显著正相关。雨季浮游细菌丰度与 Mg、Na 和 K 因素的 r 分别为 0.710、0.341、0.170，P 值分别为 $P<0.01$、$P<0.05$、$P>0.05$，表明雨季浮游细菌丰度与 Mg 和 Na 具有显著正相关性。

2.4　可培养低温细菌的多样性

采用 LB 和 PYGV2 种培养基从采集的样品中分别分离到 24 株和 38 株可培养低温细菌。经菌落观察、革兰氏染色后进行合并，最终选取其中 17 株代表性低温细菌进行 16S rRNA 基因全长测序。测序结果提交 NCBI 数据库，获得的登录号分别为 KM391403~KM391419。利用 MEGA 6.06 软件中的 Neighbor-joining 方法构建系统发育树（见图 3）。

由图 3 可知，本研究分离到的低温细菌在系统发育关系上共分为 4 个不同的类群，以变形菌门（Proteobacteria）最占优势，其余为放线菌门（Actinobacteria），厚壁菌门（Firmicutes）和拟杆菌门（Bacteroidetes）。这些细菌分别隶属于假单胞菌属（*Pseudomonas*）、胶团杆菌属（*Zoogloea*）、寡养单胞菌属（*Stenotrophomonas*）、节杆菌属（*Arthrobacter*）、

表 3　浮游细菌丰度与环境因子的相关性（r）

季节丰度	环境因子							
	$Chl\text{-}a$	pH	T	N	Mg	Ca	Na	K
旱季细菌丰度	0.490	-0.157	-0.864	0.403	0.433	0.576	-0.050	-0.541
雨季细菌丰度	0.412	-0.401	-0.492	-0.131	0.710	-0.282	0.341	0.170

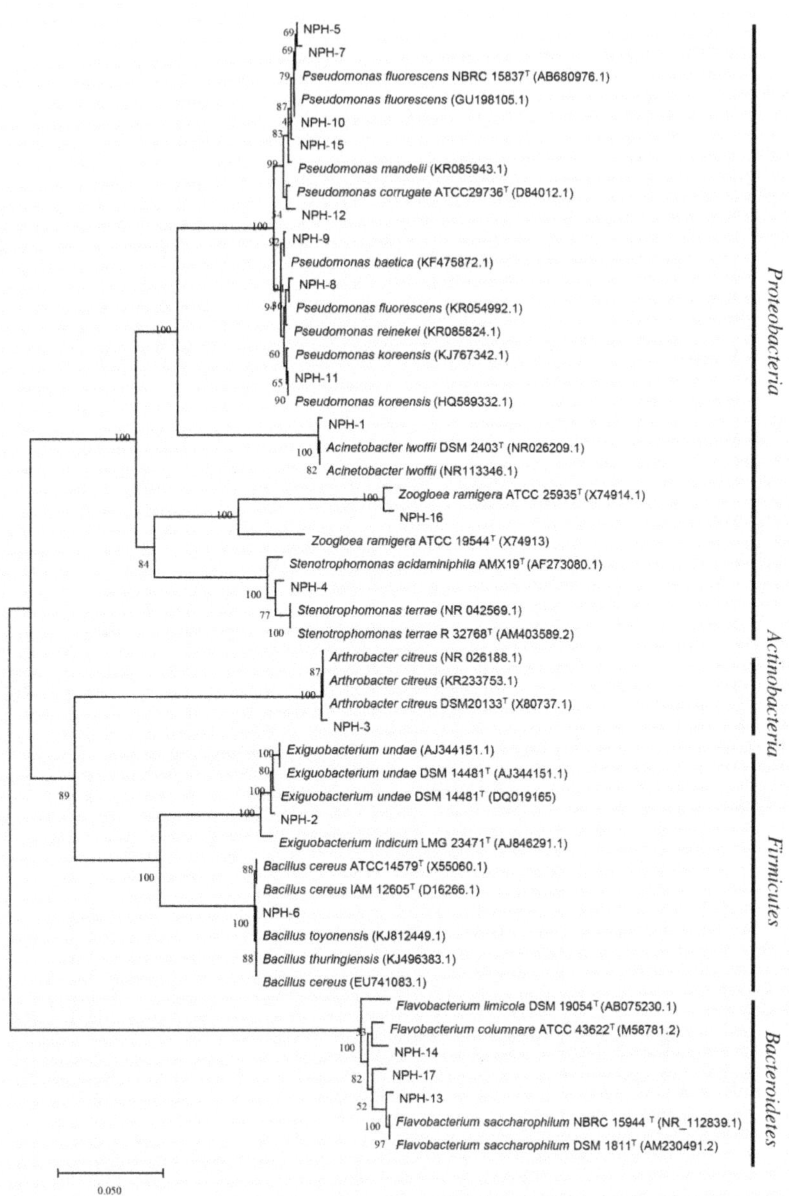

图3　可培养低温细菌系统发育树

微小杆菌属（*Exiguobacterium*）、芽胞杆菌属（*Bacillus*）、黄杆菌属（*Flavobacterium*）7 个属。其中 8 株为假单胞菌属，占分离菌株总数的 47%，为优势菌群。

3　讨论

通过对纳帕海湿地中 7 个样点进行水样分析，表明该地区浮游细菌丰度分布存在明显的空间差异；同时在旱季和雨季分别在同一样地进行采样分析，表明浮游细菌的丰度存在明显的季节性差异，总体上雨季高于旱季。对细菌丰度具有影响的各种环境因子也不同，温度是浮游细菌丰度的决定性因素。从旱季的水样中分离鉴定出 1 批低温细菌，通过系统发育分析表明，该地区的低温细菌具有丰富的多样性，并且低温细菌存在共同的优势菌群。高原湖泊的季节性变化，环境的复杂性可能是导致微生物多样性的重要原因[5]。

已有的报道主要是针对海洋、河口和海岸等地域的浮游细菌丰度展开研究，而对淡水湿地尤其是淡水高原湿地的研究较少。浮游细菌的丰度会因时间、地点的不同而变化，即使在同一区域也受不同环境因子的影响，主要影响因素有：浮游病毒丰度、*Chl-a* 含量、水体深度、季节变化、温度、pH 及营养水平等[6-13]。利用 EFM 技术对纳帕海湿地旱季和雨季浮游细菌的丰度进行了调查，并对影响浮游细菌丰度的环境因子进行了相关性分析。

纳帕海湿地浮游细菌丰度与温度呈显著负相关性（$P<0.01$），推测温度是造成浮游细菌季节分布差异的重要因素之一，也是浮游细菌的主要控制因子，这可能与纳帕海湿地独特的高原气候有关。而青岛近岸海域浮游细菌丰度与温度呈显著正相关[14]；大鹏湾海域浮游细菌丰度与温度呈显著正相关（$P<0.05$，除夏季）[15]。多数研究表明[16-17]，细菌丰度与 pH 具有较高的正相关性，本研究中 pH 确实对细菌丰度影响较大，但呈负相关性。这可能由于纳帕海高原湿地属于人为干扰下退化的高原湿地，人类活动破坏当地的环境所致。

水体中 $Chl-a$ 的浓度直接取决于水体中藻类的生物量，而水温、光照、营养是影响水体中藻类生长的主要环境因子，水体滞留时间影响浮游植物生物量的积累，鱼类和浮游动物的捕食也能够影响浮游植物的生物量，水体中 $Chl-a$ 浓度的季节分布是浮游植物对这些因子季节变化的响应表现。经典的浮游细菌 $Chl-a$ 相互关系认为浮游细菌的丰度和 $Chl-a$ 浓度呈正相关，但也有研究表明，海岸初级生产力也可能由微生物对陆源溶解有机质的营养再生而维持。大鹏湾浮游细菌与 $Chl-a$ 春季无相关性，而其他季节两者都呈显著正相关，表明大鹏湾浮游细菌丰度主要由初级生产者——浮游植物来决定，而春季由河流带来的陆源物质取代了浮游植物而成为浮游细菌的营养来源[15]。纳帕海浮游细菌数量与浮游植物量呈显著正相关，这与冯胜等[18]对太湖的研究结果类似。预示着纳帕海水体中的浮游植物产生的有机碳可能是其生长的重要碳源。北冰洋楚科奇海浮游细菌丰度与温度和叶绿素 a 浓度存在显著正相关（$P<0.01$），这说明浮游植物生物量的增加能够促进细菌的生长[19]。

从浮游细菌的季节变化上看，纳帕海湿地雨季浮游细菌丰度显著高于旱季，由于独特的地质及地理位置，决定了纳帕海湿地独特的气候类型——明显的雨旱两季。夏季光照强、水温高，浮游细菌的生长旺盛，而冬季则相反。从 7 个采样点的平均值来看，浮游细菌的丰度有明显的差异，同时，雨季的浮游细菌丰度显著高于旱季，说明在纳帕海区域浮游细菌的分布并不平均，因采样点环境的不同会产生明显的区别，存在明显的时空上的差异。刘睿等[20]对渭河的浮游细菌进行研究的结果表明，渭河水体浮游细菌群落空间和季节差异明显，且季节性差异比空间差异更加显著。

纳帕海湿地旱季和雨季浮游细菌丰度的平均值分别为 3.52×10^5 个 / mL 和 2.02×10^6 个 / mL，低于大鹏湾全年浮游细菌丰度（6.30×10^8 个 / mL）[14]，但高于南海南部海域的丰度（$10^3 \sim 10^4$ 个 / mL）[21]和春季东海、黄海异养细菌的丰度（平均 1.22×10^5 个 / mL）[22]；雨季浮游细菌丰度显著高于旱季（$P<0.1$，$r=0.927$）。文献报道在许多水域浮游细菌丰度有明显的季节变化，例如大鹏湾浮游细菌丰度夏季 > 春季 > 秋季 > 冬季[15]；刑鹏等[23]对太湖梅梁湾和湖心区浮游细菌的丰度研究结果表明，该地区夏季及秋季浮游细菌的丰度高于冬季和春季。北运河的浮游细菌丰度也是夏季高于冬季[24]，太湖水体中的浮游细菌丰度同样是春夏季高于秋冬季[25]，这些可能都与水温、水体的营养水平有直接关系。

还采用经典的分离培养技术，利用 LB 和 PYGV 2 种培养基从纳帕海湿地中分离得到 60 多株低温细菌。从分离效果上看，PYGV 培养基所分离菌株的多样性稍高于 LB 培养基，这可能是前者营养比较丰富的原因。我们还对其中的 19 株可培养的低温细菌进行了 16S rRNA 基因测序。从结果看，假单胞属是其中的优势种属，这是因为假单胞菌属群体庞大，广泛分布于土壤、水体中。纳帕海湿地具有特殊的生态环境，是获取微生物新种质资源的理想场所，从该地区分离培养微生物可作为发掘新型生物活性物质的基础。分离获得的低温细菌可为进一步研究生态生理学特征和挖掘低温相关功能基因提供材料。研究表明，纳帕海湿地中低温细菌具有非常高的物种多样性，该结果可为进一步研究高原湖泊的微生物适应性等提供有益参考。

4　结语

（1）纳帕海高原湿地的浮游细菌在旱季和雨季浮游细菌丰度的平均值分别为 3.52×10^5 个 / mL 和 2.02×10^6 个 / mL，雨季高于旱季。旱季和雨季浮游细菌的丰度具有显著差异性（$P<0.01$，$r=0.927$）。纳帕海湿地的浮游细菌丰度具有时间和空间上的差异变化。

（2）浮游细菌的丰度与温度、pH、$Chl-a$、Mg 元素的含量具有很高的相关性，温度是浮游细菌丰度的决定性因素。旱季浮游细菌丰度与 $Chl-a$、N、Mg、Ca 的含量呈正相关，与 pH、温度、Na、K 呈负相关；雨季浮游细菌丰度与 $Chl-a$、Mg、Na、K 呈正相关。

（3）纳帕海湿地具有丰富的低温细菌资源。利用 2 种培养基从纳帕海湿地分离并鉴定 19 株低温细菌，其中假单胞菌属是优势种群。

5　参考文献

[1] AZAM F, FENEHEL T, GRAY J G, et al. The ecological role of water-column microbes in the sea[J]. Marine Ecology Progress Series, 1983,10:257.

[2] LEKUNBERRI I, GASOL J M, ACINAS S G, et al. The phylogenetic and ecological context of cultured and whole genome-sequenced planktonic bacteria from the coastal NW Mediterranean Sea[J]. Systematic and Applied Microbiology, 2014,37 (03)：216−228.

[3] MORITA R Y. Psychrophilic bacteria[J]. Bacteriological Reviews, 1975,39:144−167.

[4] 田昆,陆梅,常凤来,等．云南纳帕海岩溶湿地生态环境变化及驱动机制[J]. 湖泊科学, 2004,16 (01):35−42.

[5] 唐杰,徐青锐,王立明,等．若尔盖高原湿地不同退化阶段的土壤细菌群落多样性[J]．微生物学通报, 2011,38 (05):677−686.

[6] SIME-NGANDO T, COLOMBET J. Virus and prophages in aquatic ecosystems[J]. Can J Microbiol, 2009,55 (02):95−109.

[7] LÓ PEZ-BUENO A, TAMAMES J, VELA´ZQUEZ D, et al. High diversity of the viral community from an Antarctic lake[J]. Science, 2009,326 (5954):858−861.

[8] TIJDENS M, HOOGVELD H L, KAMST-VAN A M P, et al. Population dynamics and diversity of viruses, bacteria and phytoplankton in a shallow eutrophic lake[J]. Microbial ecology, 2008,56 (01):29−42.

[9] COLOMBET J, CHARPIN M, ROBIN A, et al. Seasonal depth-related gradients in virioplankton: standing stock and relationships with microbial communities in Lake Pavin (France)[J]. Microbial ecology, 2009, 58 (04):728−736.

[10] THOMAS R, BERDJEB L, SIME N T, et al. Viral abundance, production, decay rates and life strategies (lysogeny versus lysis) in Lake Bourget (France)[J]. Environmental microbiology, 2011,13 (03):616−630.

[11] ROOSSINCK M J, SAHA P, WILEY G B, et al. Ecogenomics: using massively parallel pyrosequencing to understand virus ecology[J]. Molecular Ecology, 2010,19 (s1):81−88.

[12] RODRIGUEZ-BRITO B, LI L L, WEGLEY L, et al. Viral and microbial community dynamics in four aquatic environments[J]. The ISME journal, 2010,4 (06):739−751.

[13] KARUZA A, DEL N P, CREVATIN E, et al. Viral production in the Gulf of Trieste (Northern Adriatic Sea):Preliminary results using different methodological approaches[J]. Journal of Experimental Marine Biology and Ecology, 2010,383 (02):96−104.

[14] 张喆,孟祥红,肖慧,等．青岛近岸水体夏冬季浮游病毒、细菌分布特征及其与环境因子的关系 [J]．武汉大学学报（理学版）, 2008,54 (02):209−214.

[15] 姜发军,胡章立,胡超群．大鹏湾浮游细菌时空分布与环境因子的关系[J]．热带海洋学报, 2011,30 (01):96−100.

[16] CLEGG C D. Impact of cattle grazing and inorganic fertiliser additions to managed grasslands on the microbial community composition of soils[J]. Applied Soil Ecology, 2006,31 (01):73−82.

[17] SINGH B K, NUNAN N, RIDGWAY K P, et al. Relationship between assemblages of mycorrhizal fungi and bacteria on grass roots[J]. Environmental microbiology, 2008,10 (02):534−541.

[18] 冯胜,高光,秦伯强,等．太湖北部湖区水体中浮游细菌的动态变化[J]. 湖泊科学, 2006,18 (06):636 −642.

[19] 高源,何剑锋,陈敏,等．北冰洋楚科奇海浮游细菌丰度和生产力及其分布特征[J]．海洋学报, 2015,37 (08):96−104.

[20] 刘睿,吴巍,周孝德,等．渭河浮游细菌群落结构特征及其关键驱动因子[J]. 环境科学学报, 2017, 37 (03):934−944.

[21] 白洁,刘小沙,候瑞,等．南海南部海域浮游细菌群落特征及影响因素研究 [J]．中国环境科学, 2014,34 (11):2950−2957.

[22] 卢龙飞,汪岷,梁彦韬,等．东海、黄海浮游病毒及异养细菌的分布研究 [J]. 海洋与湖沼, 2013,44 (05):1339−1346.

[23] 邢鹏,孔繁翔,高光．太湖浮游细菌种群基因多样性及其季节变化规律[J]. 湖泊科学, 2007,19 (04):373−381.

[24] 于洋,王晓燕,张鹏飞．北运河水体浮游细菌群落的空间分布特征及其与水质的关系 [J]．生态毒理学报, 2012,3 (07):337−344.

[25] 宋玉芝,赵淑颖,黄瑾,等．太湖水体附着细菌和浮游细菌的丰度与分布特征[J]．环境工程学报, 2013,7 (08):2825−2831.

责任编辑　张　弛　（收到修改稿日期：2017-02-16）

上海市推行绿色供应链管理的意义及实践路径

The Significance of and Approaches to Promoting Green Supply Chain Management in Shanghai

胡冬雯　王　婧　胡　静　（上海市环境科学研究院，上海 200233）

Hu Dongwen　Wang Jing　Hu Jing　(Shanghai Academy of Environmental Sciences, Shanghai 200233)

摘要　绿色供应链是将环保节能等"绿色"因素融入整个供应链的新型环境管理手段，该概念在 20 世纪由美国提出后，逐渐影响各国的环境管理理念。概述了国内外绿色供应链的研究与实践现状。阐述了实施绿色供应链管理对上海市实现产业结构调整、环境风险管理、政府职能转变和规避贸易壁垒等方面的重要意义。分析了上海市推行绿色供应链管理在政策环境、企业管理、技术储备和公众意识等方面的基础条件。提出了在上海市继续深化示范和推广绿色供应链管理的建议。

关键词：　绿色供应链　环境管理　实践　上海市

Abstract　Green supply chain (GSC), a creative environmental management measure incorporating green factors into whole supply chain, was originated in the United States in last century and is now gradually influencing the idea of environmental management worldwide.　Present status of the research and practice on GSC both in China and overseas was summarised.　The significance of GSC management for realising industrial restructuring, environmental risk management, governmental function transformation, trade barrier avoiding, and etc. in Shanghai was expounded.　Basic conditions of policy environment, business management, technology strength and public awareness for carrying out the GSC management in Shanghai were analysed. The suggestions to further deepen the pilot cases and spread GSC management in Shanghai have been given.

Key words:　Green supply chain (GSC)　Environmental management　Practice　Shanghai

绿色供应链的概念最早由美国密歇根州立大学的制造研究协会在 1996 年进行一项"环境负责制造（ERM）"的研究中首次提出，基本含义就是把环保节能等"绿色"因素融入整个供应链，使企业充分利用具有绿色优势的外部资源，并与具有绿色竞争力的企业建立战略联盟，使各企业分别集中精力去巩固和提高自己在绿色制造方面的核心能力和业务，达到整个供应链资源消耗和环境影响最小的目的 [1]。最近几年，在经济一体化的影响下，区域经济合作拓展的范围越来越宽，供应链涉及的网络范围更加宽广深入，随之产生的污染事件也引起越来越多的公众关注。其中，大多数事件都源于企业对供应商的环境行为纵容或者漠视。而污染事件产生的直接影响，一方面导致供应商无法承担污染的后果而走向衰落破产，另一方面也导致企业品牌受到巨大的舆论冲击，信誉备受质疑，并且在客观上造成严重的甚至不可逆的生态环境破坏，危害公众的日常生活。

目前，一些知名跨国公司（如福特、宝洁集团、通用电气等）都在积极实施绿色供应链管理，以提高企业的核心竞争优势。从总体上看，目前国际上对绿色供应链的研究比较分散，没有形成系统的理论，定量分析者更少。国内对绿色供应链的研究起步较晚，国内企业在实施绿色管理方面较国外先进企业有明显的不足，在思想观念方面，绿色供应链管理意识相对淡薄，供应链上各种物流活动引起的环境污染十分严重 [2-3]。以包装物回收率为例，我国与发达国家相比就存在很大差距。纸包装回收率，美国为 47.8%，日本为 37.1%，我国为 20.4%。玻璃包装回收率，西欧国家平均为 30.5%，日本为 49%，我国为 20%。对塑料包装，主要采用回收利

———————————————
上海市环境保护局科技专项，编号：沪环科 2013-32。

第一作者胡冬雯，女，1980 年生，2004 年毕业于英国爱丁堡大学，硕士，工程师。

用、焚烧和深埋处理 3 种方式，其中，西欧国家回收利用率为 15%，焚烧率 30%，深埋率 55%；日本回收率 5%，焚烧率 70%，深埋率 25%；美国回收利用率 10%，焚烧率 5%，深埋率 85%；我国对于塑料包装的回收率约 10%[4]。与此同时，一些地方政府和企业往往以牺牲环境为代价来发展经济，没有认识到污染环境和破坏环境不仅危及企业，还危及社会的可持续发展。绿色供应链管理强调设计、购料、工艺、包装、回收等，各个环节均实行"绿色化"，这大大增加了传统供应链管理的难度，特别是要求企业对现行技术进行改造和升级，现有的技术水平往往难以达到[5]。

上海市作为国内特大型城市，与其他省市相比，具备了政策、企业实践、技术储备、公众意识等方面的基础优势，先行先试的时机和条件也已经成熟，率先推行绿色供应链管理试验，有助于为日后全国范围内推广积累经验，并有利于改进技术手段。新的环境标准对全球范围内制造和生产型企业提出了新的挑战，即在新形势下如何使工业生产和环境保护能够共同协调发展。政府的法令和日益强大的公众舆论压力，迫使环境治理问题必须纳入企业的规划议程。与此相应，生产企业也设法调整供应链流程，以降低成本和更好地满足顾客需求。因此，在上海市推行绿色供应链管理的研究尤为重要。

1　现实意义

作为中国最大的经济中心和长三角区域发展龙头，上海市产业基础坚实，汇聚形成了一批品牌影响力大、产业链体系覆盖长三角并延伸全国的国有、中外合资和外资企业，其中不乏自主创新意愿强烈、富有社会责任意识的大型企业。"十三·五"期间，按照"创新驱动、转型发展"的要求，上海市必须着力创新企业环境管理模式，借助市场的力量建立开放的、激励和倡导型的管理机制，促进供应链企业进行绿色改革，为深入推进节能减排、推进环保区域合作、探索环境保护新模式做出有益尝试。

1.1　从源头切入产业转型的办法

2013 年，上海市政府发布了《上海市主体功能区划》，四大片区的功能定位成为上海市产业格局的基本方向，限制开发和禁止开发制度得以落实，明确的生态红线和风险红线的划定将使土地规划和审批更为严格，环境准入标准也将越来越高，对产业类项目实行全市统一的占地、耗能、耗水、资源回收率、资源综合利用率、工艺装备、"三废"排放和生态保护等强制性准入标准，

并鼓励各区县实行高于全市的准入标准，促进产业绿色发展[6]。同时，产业集聚规模效应将愈趋明显，项目入园入区将带动整体产业链的品质升级，提高环境管理成效，降低运营维护成本。而一些不符合主体功能定位的企业将通过财政、土地、节能环保等手段向外转移或淘汰。四个中心建设成为上海中长期发展的核心战略，面对全球经济整体低迷的趋势，先进制造业和现代服务业是本地政策导向和市场资源聚集的主要指引。高能耗、高污染和高风险特征的行业以及一些传统产业链上游行业将会成为结构调整的主要对象，而高科技、高附加值和节能环保型产品将迅速占领市场重要地位，从而推动本地乃至全国资金的流向，影响企业的发展规划，吸引领导层和融资平台的投资关注。

城市布局的限制和产业战略的导向将对上海市本地产业链的结构产生重大影响。绿色供应链是产业链上各企业实现环境效益和经济效益最大化的管理手段，目前，公众已不仅要求现代企业对产生的废物进行处理，更要求企业减少产生污染环境的废物，而且要求企业进行绿色管理、生产绿色产品。调查显示，在美国有 80% 的消费者愿意为环境友好的产品支付更高的价格[7-8]。上海市可借助龙头企业敏锐的政策嗅觉和在商务采购策略上对生产型企业的约束和引导，促动整个产业链的产能升级和结构转型。

1.2　有效改善企业风险的环境管理

近几年，上海市的环境突发事件呈现爆发态势，2006 ~ 2013 年各类突发环境事件总计 924 起，2013 年的突发环境事故数（197 起）是 2006 年（36 起）的 5.4 倍，突发环境事故年均递增率为 41%，其中的原因一方面是由于公众的环境意识迅速上升，环境维权行为更为频繁，另一方面也因为高风险企业仍然面临重大的隐患，环境安全形势不容乐观。

2015 年 1 月 1 日起全面实施新环保法，着重解决环境违法成本低的问题，明确企业不仅要对减少排放污染物负责，也要对排放的污染物给公共环境质量造成的影响承担责任。这意味着越来越严格的环境管理要求将明显提高企业污染防控成本，企业传统上靠末端治理和应急公关来维系的环境管理手段已走到尽头，面对日趋严格的节能环保规定，企业疲于应付和遮掩，造成大量社会资源的浪费和环境效益的损失。对于企业和政府而言，实行绿色供应链就是使环境管理从末端走向前端的途径，强调全过程管理将成为实现可持续化发展的唯一选择，从源头杜绝污染和环境风险，从产业链整合共同提高资源产出率，开展系统

化的环境管理，平衡企业内部、企业之间及政府三方面的关系，提出管理政策，才能有效规避企业环境风险、节约管理成本[9]。

1.3　政府角色向行政服务型转变

政府部门对于企业环境行为的管理职能基本是监督和惩罚，以及有限的鼓励。环保部门的日常行政工作主要包括对新改扩建设项目开展环境影响评价及环保验收、对重点工业企业进行环保绩效监察、对环境突发事件做出响应和处理、针对上市公司开展环保核查、对工业企业开展排污申报及排污许可证核发（见表1）。其中，真正对企业形成长效监管的措施就是通过环境执法监察，对重要污染源开展一定频次的环保督察。从执法资源现状看，上海全市 3 万多个工业源中，128 个大型企业（环保国控点）可以保证每月 1 次的监察频率，1 700 家左右的企业（区控重点源）可以保证每年平均 2 ~ 4 次的监察频率，其余大量的工业企业均只能开展每年 1 次甚至每 2 年 1 次的环境监察。环境监察资源不足，对企业的行政约束不够，这在当前企业环境意识普遍尚欠发达的背景下，造成企业的环境行为管理缺乏手段，这也是政府部门将长期面对的一个困境。

绿色供应链管理使一部分环境意识和管理水平较高的大型企业自发对自身供应链上的企业开展环境教育和环境行为监督，有利于激发更多的企业资源和社会力量为环境监管工作所用，创新环境管理手段。作为现有行政手段的一个有力补充，也使政府职能部门从行政审核和监督的职能更多地转向服务企业和推动社会发展，符合十八大以来中央对各级政府的要求和全社会发展潮流。

1.4　面向国际市场的贸易中心

以发展贸易中心为目标，上海市面临着来自西方发达国家越来越繁杂的环保公约、法律法规和标准标志等形式的商品准入限制。近几年，此类绿色壁垒的发展趋势从一些初级产品的贸易阻碍渐渐扩大到中间产品和工业制成品，从资源环境扩大到动植物和人类健康，从商品生产、销售扩大到生产方法和过程，从产品内在品质设计到外部包装（见表2）。传统生产链的产品和企业管理模式面对愈来愈严峻的贸易壁垒适应性较差，缺乏应对机制，市场反应被动，严重影响商品流通和业务拓展。

表 1　环保部门针对企业的管理职能

职能分类		内容	性质
监管职能	环评	新、改、扩项目开工前评估及三同时验收	一次性
	环境监察	调查污染源排放情况、查环保设施的运行情况	长效性
	环保核查	14 个行业的企业申请上市或再融资时评估（即将取消）	一次性
	应急查处	企业环境突发事件的响应、处置、审查和处理	一次性
	排污许可证	对全市约 1 400 家企业开展环境考察核发许可证	一次性
	排污费征收	根据企业排污申报和监察情况开展费用征收	长效性
鼓励职能	超量减排鼓励	针对电厂和污水厂的污染物削减补贴	长效性
	截污纳管鼓励	太湖流域企业直排改造纳管补贴	一次性
	清洁生产审核	针对双超双有企业	一次性

表 2　我国遭遇绿色贸易壁垒的主要类型

类型	主要内容
绿色关税	对可能造成环境威胁及破坏的进口产品征收的附加税
绿色市场准入制度	以环境污染或人体健康为由限制产品进口
绿色反补贴/反倾销	由于产品接受出口国的环境补贴或未将环境成本内在化而限制进口
推行 PPMS 标准	对产品的生产过程制定环境标准，强行要求对进出口产品审核认定
强制性绿色标签	要求进口产品必须取得相关认证或标签
检验程序和制度	针对特殊物质制定整套严密的检验制度和繁琐的检验程序，使进口货物难以通过
其他	要求回收利用、政府采购、押金制度的强制措施

2013 年 8 月，中央批准上海市正式成立自由贸易区，旨在在上海市进一步加大经济贸易开放，先行先试中国未来的贸易大计。中央和地方，以及国际诸多国家都对此举予以非常大的关注和期待，预见上海将成为国际贸易中心，这一定位既有利于捍卫中国在全球贸易竞争中的主导地位，同时也利于中国经济与全球经济接轨，具有重大的历史意义。

在这一关键时期大力促进绿色供应链管理的实践，一方面可以帮助贸易企业积极应对发达国家借"绿色"之名而行贸易保护之实，规避国际贸易中出现的环境争端，降低投资风险，掌握行业发展和市场占领的主动权。另一方面，可以阻止一些发展中国家、特别是环保技术落后的发展中国家的产品进口，为本国市场形成巨大的保护网，是上海自贸区成为亚太供应链核心枢纽的必要保障。

2　基础条件

2.1　政策基础条件

早在 1998 年，在《上海市政府采购管理办法》中就明确规定政府应当采购符合环境保护要求，优先采购低耗能、低污染的货物和工程设备，这在全国的地方政府采购立法中走在前列。2013 年，全上海政府采购清单中，节能环保产品达九成，全市消费市场中的环保标志产品和节能标志产品有一大半以上由政府完成采购，每年制定的政府采购清单亦会强调对环保标志产品的倾斜，对全社会绿色消费整体水平提升产生巨大影响。

2008 年，上海市政府在促进节能减排方面做出有益举措，设立了"上海市节能减排专项资金"，用于鼓励企业对现有设施、设备或能力等进一步挖潜和提高，用于支持原有资金渠道难以覆盖或支持力度不够且矛盾比较突出的企业和社会的节能环保方面，主要解决能源储备及安全、可再生能源利用开发、淘汰落后生产能力、节能减排技改、合同能源管理、建筑交通节能减排、清洁生产、水污染减排、大气污染减排、固废减量化、循环经济发展和绿色产品推广等 13 个领域的问题（见表 3）。

但由于目前国内社会的环境意识和管理程度发展尚处于较为初期阶段，使绿色供应链管理具有经济外部性和准公共品的性质，仅靠市场机制尚不足以解决，需要发挥政府职能对此进行干预。一方面各种国外经验和学术研究验证了环境法规对实施绿色供应链能够

表 3　上海市节能减排专项资金补贴情况

资金补贴文件	补贴对象	补贴范围
产业结构调整专项补助办法	调整企业	300 元 / t（标煤） 7 000 ~ 12 000 元 / t（减排量）
上海市燃煤（重油）锅炉清洁能源替代工作方案和专项资金扶持办法	锅炉企业	10 ~ 30 万元 / t（蒸汽）
可再生能源和新能源发展专项资金扶持办法	新能源项目	无偿补助 贷款贴息
节能技术改造项目专项扶持实施办法	工商企业	300 元 / t（标煤）
分布式供能系统和燃气空调发展专项扶持办法	公共和企业建筑	分布式功能 1 000 元 / kW 燃气空调 100 元 / kW
合同能源管理项目财政奖励办法	节能服务公司	中央项目 600 元 / t(标煤) 地方项目 500 元 / t(标煤)
建筑节能项目专项扶持暂行办法	居住和公共建筑	新建 50 元 / m² 改造 50 ~ 100 元 / m²
脱硫石膏综合利用专项扶持实施办法	脱硫石膏利用企业	综合利用 10 元 / t 石膏替代 20% 投资补贴
交通节能减排专项扶持资金管理办法	交通工具和实施	1 500 ~ 3 000 元 / t（标准油）
鼓励企业实施清洁生产专项扶持实施办法	清洁生产审核企业	20 万元 高费项目 < 100 万元
燃煤电厂脱硫设施运行超量减排奖励暂行办法	燃煤电厂	4 000 ~ 6 000 元 / t
城镇污水处理厂 COD 超量削减补贴政策实施方案	污水处理厂	0.035 ~ 0.07 元 / t
循环经济发展和资源综合利用专项扶持暂行办法	废弃物综合利用项目	投资额 20% 补贴

起到促进、制约和监督的作用，另一方面在市场培育初期，政府有必要开展一定的经济杠杆手段来调节中和绿色供应链管理给企业带来的成本负担，而目前这两方面的情况都一定程度有所缺失。

目前基于节能方面的财政补贴名目较多，支持内容较丰富，资金配套量也较大。相比之下，环保相关的经济激励政策无论从受惠范围、门槛条件，还是资金力度方面均明显不足。其中，对于污染物超量减排的经济补贴只针对电厂和污水处理厂，清洁生产补贴目前只面向一些双超双有的环保违规企业，环境保护专用设备企业所得税优惠和燃煤锅炉清洁能源替代虽然面向所有企业，但由于基础设施的替换造成运营成本变化的问题，这 2 条补贴政策其补贴力度不足以调动企业真正开展相关工作的积极性。

2.2 企业实践基础条件

上海市是全国改革开放后首要的对外口岸，外资企业聚集在此，为上海市经济创造了大量财富。2013 年的全市工业产值中有一半来自于外资企业，36% 左右的工业从业人员就业于外资企业[10]。上海市的外资企业多来自于欧美和日、韩等发达国家，这些国家环境法制建设起步较早，环境管理水平相对较国内高，所属企业环境保护和社会责任意识较强，较早开始接触绿色供应链理念和实践，许多企业已将外国母公司的管理制度在中国实施运用（如宜家），而许多合资企业也深受外方基于环境保护的各种管制，逐渐培育起自身的环境管理体系。

20 世纪以来，上海市一直作为我国传统的工业城市，形成了行业门类齐全、产品种类繁多、技术力量较强、配套协作度较高的工业生产体系。随着产业结构调整成果显现，作为第二、第三产业之间融合区间的生产性服务业迅速发展，逐步成为经济的支柱性产业，物流、信息服务、金融保险、房地产等行业的发展速度都超过了全市平均产业经济增速，年均增速均超过 15%，对上海市经济增长拉动贡献率达一半左右，加上发达的园区经济，使上海逐渐实现全产业链管理成为可能。

上海市在 20 世纪一直扮演着全国经济试金石的角色，许多企业在上海创业并崛起，企业管理文化悠远而又具有不断突破的精神，大量本地企业始终保持对创新发展的追求，企业始终是全市科技研究贡献的主要力量，这一发展趋势使企业在全市科技研究中贡献的比例在 2013 年高达 61%。2012 年，上海市政府发布实施意见，用以落实《中共中央国务院关于深化科技体制改革加快国家创新体系建设的意见》，市国资监管部门每年安排不低于 30% 的国资收益，用于支持企业技术创新和能级提升活动。

但企业的环境保护意识水平参差不齐。在示范企业及其供应商的调研问卷中获悉，即使在有意于开展绿色供应链示范建设的企业中，环境保护意识水平和认知基础也存在相当大的差距。外资企业对绿色供应链的必要性认可程度整体评估比中资企业高了近60%。在所有认为必须开展绿色供应链管理的企业中，90% 是制造型企业，只有 10% 是商贸型企业。从总体来看，环境保护意识水平呈现出明显的外资企业高于中资企业、工业企业高于服务型企业、大型企业高于中小型企业的特征。

2.3 技术储备基础条件

凭借网络载体，上海市已初步建立了企业环境信息公开平台，行政获取和民间获取的部分信息结合媒体、社区等进行发布。目前，主要发布内容包括"重点行业环境信息""污染源环境监管信息""环境信用信息""工程建设领域项目信息""行政许可审批动态信息"等。其中，"污染源环境监管信息公开"中的企业清洁生产审核、企业上市或再融资环保核查，"工程建设领域项目信息公开"中的环评、竣工验收等内容，既是政府对企业实施环境管理和服务的有效手段，又是全社会比较关注的企业环境信息。

与全国比较，上海市的行业协会发展处于领先水平，各类产业协会和行业协会达到 200 多个，覆盖了大部分的工商业。行业协会为企业服务、市场开拓、行业调查统计、协助政府进行行业管理等方面积累了大量的经验，做出了显著的贡献。其中，主要支柱产业的行业协会，如集成电路行业协会、信息服务行业协会、化工行业协会和汽车行业协会等，成为本地行业发展的政策制定组织部门，也是引领企业开展节能环保工作的重要平台。

但另一方面，绿色供应链管理是个非常复杂和综合的体系，其体现的不仅是末端的环境绩效，也是企业提高系统管理水平、提升自身竞争力的工具。所以，一些现有的仅用于环境管理和环境绩效评估的指导性导则及技术标准都不能反映供应链管理与绿色环保的契合情况。而一些用于体系认证（如 ISO14000）或基于特定产品载体的供应链环保要求（如 RoHS）也难以全面覆盖到纵向的产业链。这对许多有意愿开展绿色供应链管理的企业是极大的困难和阻碍，也对政府推动绿色供应链的实践产生不利影响。

2.4 公众意识基础条件

消费市场是绿色供应链管理体系建立的核心和原

始驱动力。上海市人口和经济的集聚效应带来了蓬勃的消费市场，由于人口素质相对较高，大专以上学历人口比例高于 21%，公众更容易接受先进的社会理念[10]。在相对开放的社会氛围中，政府和社会力量得以在环境教育方面做出有益贡献，通过环境教育基地、学校环境教育、社区环境教育等渠道取得良好的社会效益。

但与此同时，鼓励和宣传绿色供应链的平台建设尚有所欠缺。上海通用公司早在 2007 年就开始开展绿色供应链试点项目，并取得了较好的环境绩效和社会效益，却没有成为行业或地区进一步推动深化拓展的促动力。一方面是因为当时社会对绿色供应链的认知水平较低，另一方面也是缺乏宣传企业绿色形象的公众平台。而相关供应商，尤其是一些中小型生产型企业供应商，在面临下游龙头企业开展绿色绩效改善要求的时候，显示出环境专业知识缺乏的问题，同时又无从寻求技术咨询支持渠道的困境。缺少环境服务社会平台的这类情况，在大多数供应商中都普遍存在。

3　对策与建议

绿色供应链管理是一项创新型的社会及企业作为模式，需要政府的相关制度保证。这种制度一般包括三大类型。一是强制性政策。强制性政策必不可少，通过法律法规来强调绿色供应链的指导定位是实现绿色供应链发展的根本基础，是最终方向。但是强制性政策一般有制定周期长，利益方博弈过程复杂，社会普遍意识要求高，效果滞后等缺点。目前，有条件的领域可以考虑着手研究，比如：政府采购中对于绿色产品的强制指标要求，基于绿色供应链进行采购管理，制定科学、合理、可行的采购战略，制定绿色采购的标准[11]、公众消费品销售预收回收费制度、快递行业包装材料规范化要求等。二是经济激励性政策。比起强制性政策，激励性政策见效较快，是短期内推动企业绿色供应链发展的有力驱动，是企业最乐见的政策措施，通常具有立竿见影的推进作用。但是在政府财政压力和供需不平衡的局面下，激励性政策一般可提供的资源力度和作用范围比较有限，难以惠及所有行业和领域，长期持续的可能性不高，而且会使企业开展绿色供应链管理的驱动力发生一定程度的扭曲。三是无直接经济刺激的鼓励性政策，如组织自愿性活动和宣传，或授誉认证等措施。相较激励性政策，鼓励性政策覆盖面较广，是发动全社会参与绿色供应链发展的有效抓手，具有符合市场规律及以公众期许为准的调节功能，政府行政成本较低，社会影响面更大。

但是，鼓励性政策对顶层设计以及运营机制建设要求较高，需要非常有效的组织能力和成熟的技术支持。

上海市绿色供应链示范项目的开展和推进，使绿色供应链在全市层面的推广实施逐步积累了一定基础，也是实现一个环保理念由点到面的拓展过程。在国合会的政策框架下，结合上海市现有的政府管理基础及企业意识水平，建议上海市可以从以下 4 个方面加强绿色供应链的推广工作。

3.1　加强企业环保执法监管和政策引导

国外推行绿色供应链较为成功的一个重要因素，是将企业的环境责任纳入到国家的有关法律中。同发达国家相比，我国的环保法规建设明显滞后，尽管制定了一些"绿色"政策，但缺乏有效监管，惩罚力度不够，实施效果不理想。所以，应进一步制定和完善严格的符合中国国情的环保政策，将环保审查与质量监督结合起来，提高对污染源的惩罚标准与打击力度，对污染企业征以高税，对不达标的企业加以严惩，加强工业企业污染排放管理，继续建设和完善重点污染源在线监控系统，提高现场环境监察和执法装备水平。

同时进一步做好企业环境信息公开，一方面通过不断扩展企业环境信息的公开内容和企业范围，凭借媒体曝光企业环境违法行为等情况，加大警示和惩戒力度，树立企业的环境公关意识和责任感；另一方面通过优秀企业案例和供应链管理经验的宣传树立企业典范，引导社会的生产价值观转变。

3.2　搭建绿色供应链促进平台

绿色供应链管理的基本单位是企业，企业之间由供需关系组成了产业链。供应链的网络结构要实现环境绩效的共同提升，必须有一个组织良好、协调有效的平台，既能够为企业的供应链管理提供服务，又能够起到意识灌输和能力培养的目的。搭建平台的技术基础有硬件和软件两个方面：硬件方面，必须建立绿色供应链的信息数据系统，为绿色供应链管理中的供应商、制造商、采购商、消费者提供绿色产品信息数据及相关技术服务，为多方交流互动搭建平台；软件方面，须具备针对供应链的环境绩效评估手段及解决供应链绿色改善的技术方法，为企业在开展管理尤其是供应商评估方面提供必要的支持。

3.3　完善绿色供应链技术体系建设

企业的供应链管理是否能达到"绿色"的范畴，对整个供应链的综合评价是可以直接量化并且成为可视化的输出结果。通过综合评价在供应链管理的各方面、多层次进行绩效评价，以全面反映企业的运营情况以及环境友好程度。与传统的企业环境绩效评价的模式不同，这种管理模式必须实现从产品设计、生产、销售、使用到废弃回收全程的绿色性，建立一套完整的、科学的、规范化的评价指标，用以客观全面地评价供应链的绿色绩效，提供给企业在供应链管理中组建、运营、撤销等决策的依据，使整条供应链从源头到废弃回收各节点企业的绿色性得到协调和控制。鉴于绿色供应链评价体系比其他环境绩效评价更为综合和复杂，在以意识培育和市场引导为主旨的评价初期，各种评价技术和方法难以科学界定。精细化的指标体系一方面可能因为无法全面获得数据而难以起步，另一方面也会因为企业开展评估审核的经济成本问题影响参与积极性。建议模仿部分先进国家使用简单化的非专业技术型指标来开展供应链绿色度评价，以反映一个企业供应链在实现绿色环保方面的成熟程度。它从社会经济效益、资源和环境三方面入手，对人类主体行为中资源投入程度、生产产出程度和环境影响程度进行评价[12]。当前，对于绿色度评价的研究才刚起步，成果和文献相对较少，绿色度评价的研究主要集中于对绿色产品、绿色技术工艺、绿色虚拟企业的绿色度评价[13-16]。这些研究通常以相关的环境法规、环保标准或者绿色制造、绿色设计、绿色物流的理论为基准，当产品生产环境或是企业生产物流活动达到法规或标准的要求时，即可认为是绿色产品或绿色技术[17]。

3.4 继续深入示范和试点

上海市第 1 阶段示范项目选择了 3 个不同行业、不同业态、不同背景的企业开展试点，结合上海产业发展特征，应在点上示范推向行业或者区域的示范，逐步扩大绿色供应链实践的范围和深度，为进一步的面上推行提供必要的经验及技术积累。行业方面，结合已有示范基础和行业特征，考虑在上海推行零售超市行业的绿色供应链示范较有基础；区域层面，结合上海现代化工业园区环境管理基础，考虑选择有条件的开展示范。

4 结语

本文就上海市推行绿色供应链管理的意义及途径进行分析讨论，在推行意义方面主要从产业转型、企业风险、政府角色、贸易中心 4 个角度进行剖析，明确推行绿色供应链管理对实现环境效益和经济效益最大化、有效规避企业环境风险、节约管理成本、规避国际贸易中出现的环境争端的重要性。结合上海市实际状况，分析了政策基础、企业实践基础、技术储备、公众意识基础的优势与不足，提出指导性对策建议，

包括加强企业环保执法监管和政策引导、搭建 GSC 促进平台、完善 GSC 技术体系、深入示范和试点。

推广绿色供应链管理任重而道远，关系到企业、行业、国家乃至世界的长远发展，并越来越受到各国政府、企业及学术界的重视，为促进此战略的实施，政府应积极构建外部环境，制定相关法制政策及激励机制，针对企业实际情况，采取不同的方法，实现绿色供应链管理，最终达到可持续发展。

5 参考文献

[1] 张曙红．可持续供应链管理理论、方法与应用——基于绿色供应链与再制造供应链的研究[M]．武汉:武汉大学出版社，2012．

[2] GLOBAL ENVIRONMENTAL MANAGEMENT INITIATIVE. New Paths to Business Value[M].Washington:GEMI, 2001.

[3] ZHU QINGHUA, JOSEPH SARKIS. An inter-sectoral comparison of green supply chain management in China:Drivers and practices[J]. Journal of Cleaner Production, 2005,34（2）:134-141.

[4] 李向霞,蔡宜灿．绿色供应链及其现状分析[J]．科学研究与实践，2008（14）:41-43.

[5] 梁凤霞．我国绿色供应链管理体系的现状及发展策略[J]．中国流通经济，2009,23（5）:25-28.

[6] 付兴芳,包小兰．绿色供应链管理:现代企业的新战略模式[J]．当代经济管理，2006,26（1）:15-18.

[7] 武春友,朱庆华,耿勇．绿色供应链管理与企业可持续发展[J]．中国软科学，2001（3）:67-70.

[8] LAMMING R, HAMPSONJ. The environment as a supply chain management issue[J]. British journal of Management, 1996（7）:45-62.

[9] 方炜,黄慧婷,刘新宇．实施绿色供应链的成功标准与关键因素分析[J]．科技进步与对策，2007,24（12）:126-128.

[10] 上海市统计局．上海统计年鉴（2014）[M]．北京:中国统计出版社，2014.

[11] 缪朝炜,伍晓奕．基于企业社会责任的绿色供应链管理[J]．经济管理，2009（2）:174-180.

[12] 徐团结,王硕,潘海青．绿色供应链管理及其绿色度评价[J]．巢湖学院学报，2006,8（2）:61-65.

[13] 刘志峰,许永华,刘学平,等．绿色产品评价方法研究[J]．中国机械工程，2000,11（9）:968-971.

[14] 林朝平．制造工艺技术绿色度评价体系的分析与研究[J]．机械研究与应用，2007,20（3）:14-15.

[15] 张艳,贾海霞．企业绿色度的模糊评价与应用[J]．环境科学与管理，2005,30（3）:104-106.

[16] 王硕,龚大宁．绿色虚拟企业的绿色度评价系统[J]．合肥工业大学，2007,21（2）:31-34.

[17] 唐凡,汪传雷,邱灿华．供应链管理的绿色度评价实证研究[J]．科技进步与对策，2009,26（18）:122-128.

责任编辑　梁丹涛　（收到修改稿日期：2016-02-04）

荆门市竹皮河底泥氮磷污染和氮磷释放水力模拟研究

Studies on Nitrogen and Phosphorus Pollution in Sediment of Zhupi River in Jingmen City and Hydraulic Simulation of Their Release

吴祥军[1]　阳　光[2]*　李　丽[1]　罗　枫[2]　（1.荆门市环境保护监测站，荆门 448000; 2.湖北省环境科学研究院，武汉 430072）

Wu Xiangjun[1]　Yang Guang[2]*　Li Li[1]　Luo Feng[2]　(1. Jingmen Environmental Protection Monitoring Station, Jingmen 448000; 2. Hubei Academy of Environmental Science, Wuhan 430072)

摘要　为控制竹皮河底泥中的氮磷向水体释放及掌握河道底泥清淤工程的可行性，通过污染物静态、动态释放的模拟实验，研究了静态、动态实验条件下氮磷释放规律。结果表明，调节水体的水力学条件和水质等因素，可以达到抑制或强化底泥氮磷释放的目的；河道底泥清淤工程应该在平均气温最低的季节进行。

关键词：底泥　氮磷污染　水力模拟　竹皮河　荆门市

Abstract　In order to control the nitrogen and phosphorus release from sediment into the water of Zhupi River located in Jingmen City and to get known about the feasibility of sediment dredging, rules of the release under static and dynamic experimental conditions were studied through pollutant release simulation tests. It has shown that regulating the hydraulic conditions and water quality etc. factors could suppress or promote nitrogen and phosphorus release from sediment. The sediment dredging of the waterway should be carried out in the seasons with the lowest mean temperature of air.

Key words:　Sediment　Nitrogen and phosphorus pollution　Hydraulic simulation　Zhupi River　Jingmen City

通过模拟研究污染物静态释放，特别是竹皮河这样流速较慢的"河道型水库"，掌握底泥，也就是沉积物中污染物的释放情况，不仅对于控制沉积物中污染物向水体释放有着重要的意义，而且对于河道的环保清淤工程的可行性、经济性，有着重要的指导作用。

1　竹皮河底泥氮磷释放模拟实验

1.1　泥样的预处理和分析测试

采样点位于荆门城区的竹皮河，设置 4 处采样点，分别是天茂桥、江山水库、泗水桥、皮集公社大桥。采用硬质塑料筒采集河流底泥样品，采样深度为底泥表层以下 5 cm，样品采集后去除沙石和动植物残体，密封静置 1 h 后除去上覆水。

1.2　模拟装置设计

1.2.1　静态模拟装置

静态实验中，为突出实验中所要达到的短期实验效果，采用 1 000 mL 磨口试剂瓶作为静态模拟装置。

1.2.2　动态模拟装置

动态实验中，为增加水力停留时间，并消除单一环形水槽带来的沿程流速分布不均及二次流等问题，本实验选用加长型环形水槽（见图 1），通过流量计和实验室水龙头可以调节水体流速，通过调节出水堰板高度可以调节上覆水深，从而模拟不同河段的水深[1]。

1.3　静态实验方法

静态条件探究不同水质下底泥氮磷释放。实验中设置 5 种水质，分别为：①自来水，水质 TP 浓度 0.04 mg/L；②湖水与自来水配比为 1:1，水质 TP 浓度 0.11 mg/L；③湖水，水质 TP 浓度 0.17 mg/L；④自配水，水质 TP 浓度 0.32 mg/L；⑤模拟竹皮河河水（TP、

———————

第一作者吴祥军，男，1967 年生，1990 年毕业于武汉大学生物化学学院，高级工程师。

* 通信联系人，ybai1970@qq.com。

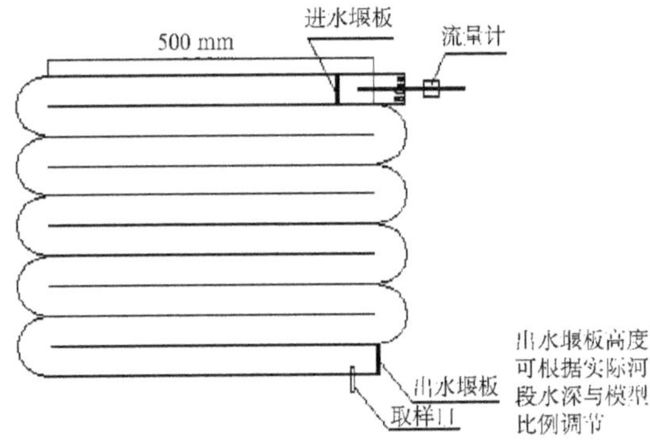

图 1　环形水槽示意

TN、NH_4^+-N 的浓度与竹皮河均值相同），水质 TP 浓度为 0.63 mg/L。

　　静态条件下探究不同河段底泥氮磷释放规律的试验中，采用湖水水样（水质 TP 浓度 0.17 mg/L）作为底泥释放实验的上覆水质，然后取已磨好的天茂桥、泗水桥、皮集公社大桥这 3 种底泥试样各 100 g。在实验开始后的 1、3、5、7、9、11 d 这几个时间点在各个试剂瓶分别取样，取样时将移液管口置于液面的 2/3 处，每次取样 100 mL，用容量瓶置于冰箱冷藏。取完样后再加入相应量的湖水使磨口试剂瓶上覆水补至 1 000 mL。测出水样 TN、TP、NH_4^+-N 的含量，并分别作出含量随时间变化曲线。

1.4　动态实验方法

　　根据实验要求，需要在实验条件下模拟竹皮河年均流速、年均水深水宽等条件，以获得年均沉积物释放负荷。需在动态模型上做 4 次不同模拟条件下的实验，每次实验前均把已经磨好的底泥平铺在环形水槽上，底泥厚度按不同河段模型的上覆水深确定，天茂桥、江山水库和泗水桥底泥平铺厚度为 0.25 ~ 0.5 cm，皮集公社大桥河段底泥平铺厚度为 0.5 ~ 1 cm。江山水库和泗水桥河段由于河宽超出模拟模型限度，截取江山水库水面中间 10 m 一段进行模拟，其他条件不变。

2　竹皮河底泥氮磷释放规律

2.1　静态实验条件下氮磷释放规律

2.1.1　水质与氮磷释放的关系

　　氮磷释放曲线见图 2 ~ 4。底泥向上覆水释放 TP、TN 及 NH_4^+-N 量在第 3 d 达到第 1 个峰值，然后释放量逐渐上升，最终达到稳定[2]。

　　以上数据说明，上覆水质对底泥氮磷释放量变化的影响主要取决因素有：①上覆水质总氮总磷浓度的本底值；②上覆水质与底泥存在一个因长期共处而形

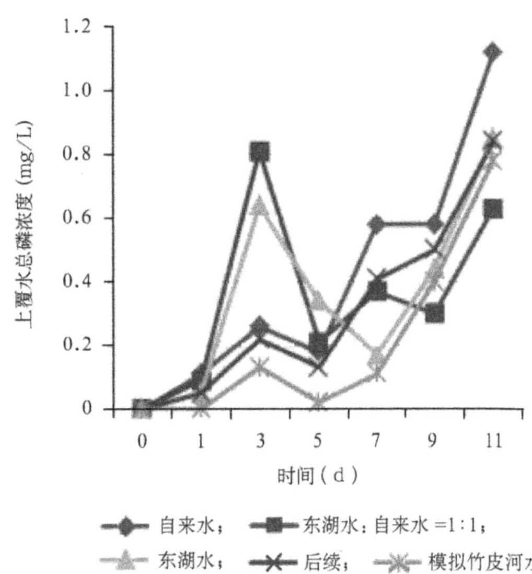

图 2　不同水质 TP 释放量变化曲线

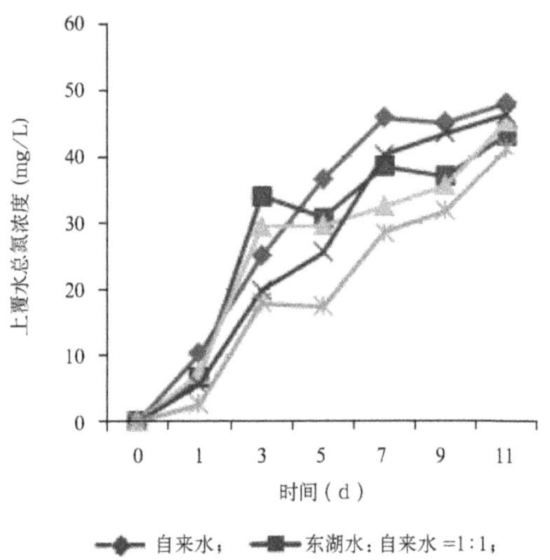

图 3　不同水质 TN 释放量变化曲线

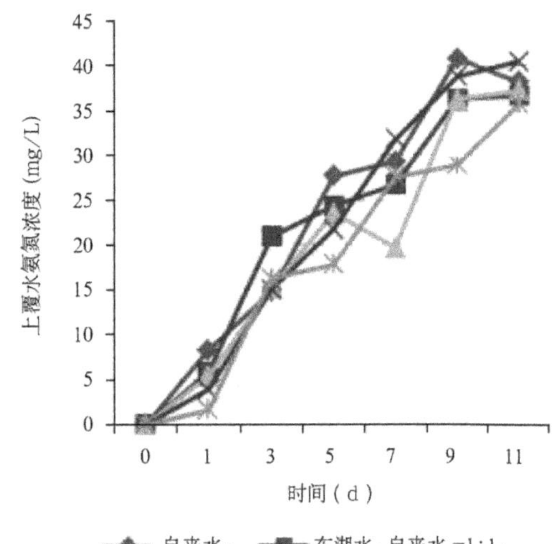

图 4　不同水质 NH_4^+-N 释放量变化曲线

成的迁移机制。

2.1.2　pH 与氮磷释放的关系

pH 与氮磷释放量关系实验所用水样为模拟竹皮河水样，水样本底值 TP：0.63 mg/L，TN：11.5 mg/L，NH_4^+-N：9.6 mg/L，泥样为江山水库底泥。设置 5 组实验，采用 HCl 和 NaOH 分别对 5 组实验水样进行酸碱度调节，调节后供实验水样 pH 分别为：4、6、8、10、12（见图 5 ~ 6）。

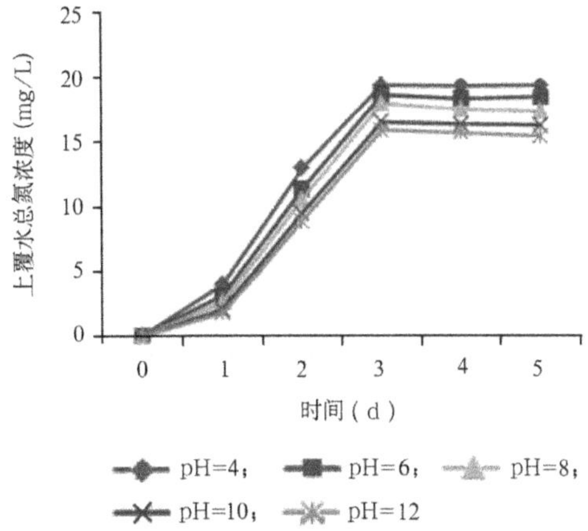

图 5　不同 pH 下 TN 释放量变化曲线

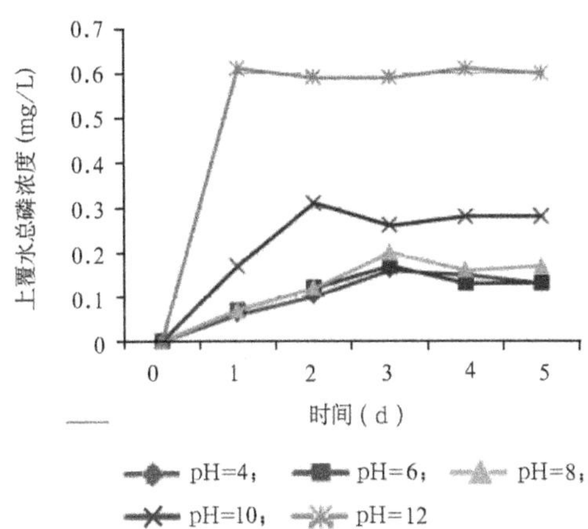

图 6　不同 pH 下 TP 释放量变化曲线

由图 5 可见，pH 越低 TN 的最大释放量越大，5 组实验 TN 释放量均是在第 3 d 达到最大，而后稳定。

pH 的变化主要是对底泥氨氮解析影响较大。酸性条件下，底泥胶粒吸附的 H^+ 使底泥中的 NH_4^+ 更接近交换态阳离子，从而有利于底泥氨氮的解析。碱性条件下，底泥氨氮的固相解析量随着 pH 的增大而降低。这可能是 pH 影响了氨氮的存在形态，从而影响了氨氮的解析。由于化学平衡作用，水溶液中氨主要以 2 种形态存在，即铵离子（NH_4^+）和氨分子（NH_3）。两者间存在平衡。随着 pH 增大，OH^- 会与上覆水中 H^+ 发生中和反应，从而使化学反应向右进行，导致离子态氨氮在总氨氮中的比例迅速下降，溶液中 NH_4^+ 浓度的显著降低，导致底泥氨氮解析量的提高。底泥释放到上覆水中的 NH_4^+ 不断向大气逸出气态 NH_3，这样就导致了底泥氨氮解析量随 pH 变化会呈现出下降、增大、再下降的波动现象。总体而言，底泥氨氮解析量随 pH 的增大而减小。在这一点上，NH_4^+-N 的变化趋势与总氮的变化趋势基本一致，而 NO_3-N 变化趋势与总氮变化趋势相反。但 NO_3-N 对于总氮的变化影响可以忽略不计。由此可知，TN 的释放量随 pH 的增大而减小。

由图 6 可以看出，pH 在 4 ~ 10 范围内，TP 的最大释放量基本相同，释放量变化幅度也大致相同；pH 在 10 ~ 12 范围内，TP 的最大释放量急剧增加。5 组试验中，pH 4 ~ 8 这 3 组 TP 释放量均是在第 3 d 达到最大，而后小幅降低至稳定；pH 10 这组 TP 释放量是在第 2 d 达到最大；而 pH 12 这组 TP 释放量在第 1 d 就达到了最大值，而后保持稳定。

pH = 4 时，底泥磷释放量较小，且在实验期内随时间波动开始有一定增加后，逐渐缓慢减小至稳定。当 pH 升至 10 时，底泥的释磷量开始呈明显的线性增加趋势，而后上覆水体中磷含量虽然出现略微下降，但基本上达到释磷平衡状态且比 pH = 4 时平衡浓度高。当 pH =12 时，磷呈现逐渐上升阶段，且上升速度都快于 pH 4 ~ 8 和 pH 10 这 2 种条件下的释磷速度。这一现象反映了在低 pH 时，不利于底泥磷的释放；高 pH 能够促进底泥磷的释放。这可能是因为水体中 pH 影响了磷的赋存形态，若水体偏酸性时，水溶性磷主要以 $H_2PO_4^-$ 形态存在。而水体偏碱性时，则以 HPO_4^{2-} 的形态存在。当磷以 $H_2PO_4^-$ 为主要形态存在时，底泥吸附作用最大，因而不利于底泥磷的释放。高 pH 时有利于磷酸根离子从底泥中发生解析，而使更多的底泥磷释放到上覆水体中。

pH 对底泥中氮磷污染物的变化也有显著影响。但总磷的累积释放量在 pH 为 10 的情况下最大，而总氮最低。这 2 种因素是相反的。但两者在不同 pH 条件下相加的情况看，当 pH 为 7 的情况下最低。说明上覆水在中性条件下，氮磷污染物释放总量最低。

2.2　动态实验条件下氮磷释放规律

2.2.1　不同水力条件与氮磷释放的关系

流速大致分为低流速（0.01～0.03 m/s）、中流速（0.03～0.04 m/s）、高流速（0.04～0.1 m/s）[3]。氮磷浓度基本稳定时，与释放初期相比，此时各流速下水体TN、TP浓度相差不大，因此低流速（0.01 m/s）、中流速（0.04 m/s）下，氮磷释放初期与氮磷浓度基本稳定时，水体TN、TP的浓度差显著低于高流速（0.04～0.1 m/s）。当流速为0.01～0.03 m/s时，初期上覆水TN、TP浓度变化很小，其随流速增大的趋势不太明显，此时底泥起动不完全，底泥氮磷向上覆水的释放不明显。当流速增大到0.04 m/s时，初期上覆水TN、TP浓度值出现极大跳跃，说明底泥氮磷向上覆水大量释放的水力学条件是底泥的"少量动"。流速为0.04 m/s时，初期底泥氮磷释放略低于流速为0.1 m/s时，此后二者氮磷释放情况相近，说明模型流速为0.04 m/s（原型流速为0.25 m/s）时，底泥氮磷释放趋于最大。流速0.04 m/s时，TN、TP稳定浓度较0.1 m/s时略高，这是因为流速为0.04 m/s时，底泥达到了"少量动"的状态，在水流过程中，既没有因为流速过低而导致底泥快速重新沉积，也没有因为流速过高而冲刷走大量泥沙（见图7）。

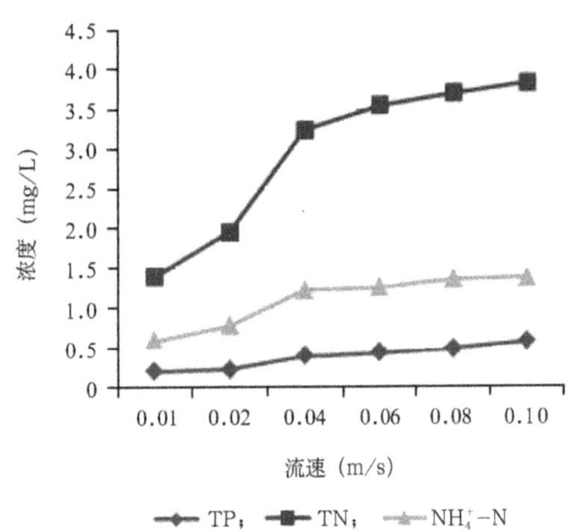

图7　不同流速底泥 TN、TP、NH$_4^+$-N 释放量变化曲线

2.2.2　模拟不同河段的底泥氮磷释放规律

在动态实验中，实验模拟竹皮河 4 种不同河段年均流速、年均流量、河道宽度、水深等条件因素，从而获得 4 种不同河段底泥的 TN、TP、NH$_4^+$-N 的释放量变化曲线（见图8～10）[3]。

2.3　数据分析

2.3.1　静态条件下底泥 TN、TP、NH$_4^+$-N 的释放通量

为进一步阐明底泥氮磷的释放规律，现计算静态条件下江山水库在不同水质下的氮磷释放通量，以及

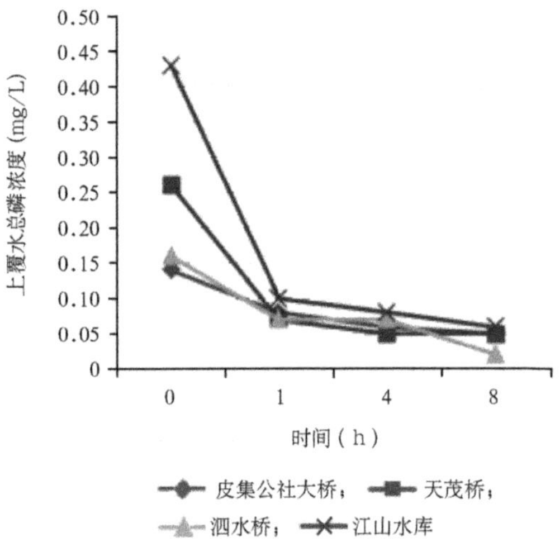

图8　4 种河段底泥 TP 释放变化曲线

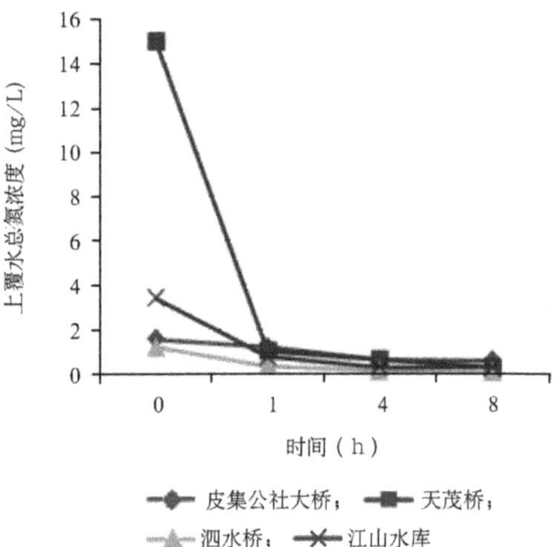

图9　4 种河段底泥 TN 释放变化曲线

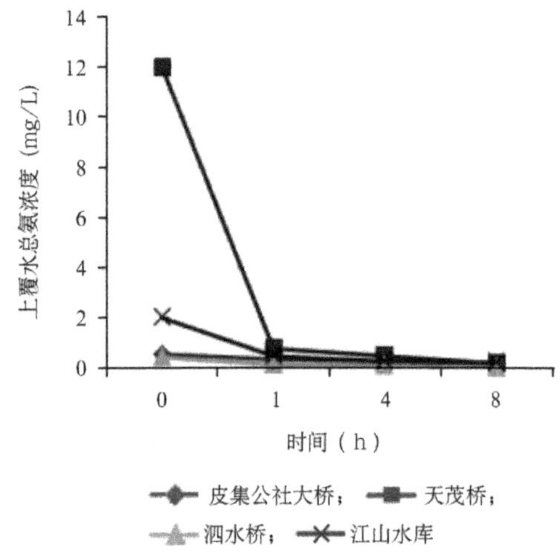

图10　4 种河段底泥 NH$_4^+$-N 释放变化曲线

4 种不同河段的底泥在湖水作为上覆静水时的氮磷释放通量（见表 1 ~ 2）[4]。

表 1　江山水库底泥在各水质下氮磷释放通量 [mg/（m² · d）]

水质条件	TP	TN（平均）	NH₄⁺-N（平均）
自来水	11.58 ~ 56.82	459.33	389.72
湖水： 自来水 = 1 : 1	9.47 ~ 75.76	413.59	351.39
湖水	5.26 ~ 62.08	433.11	356.27
自配水	5.26 ~ 35.78	443.06	387.56
模拟竹皮河水	0 ~ 39.99	392.82	341.91

表 2　静态模拟条件下 4 河段底泥在湖水水质的氮磷平均释放通量 [mg/（m² · d）]

河段	TP	TN	NH₄⁺-N
天茂桥	16.37	277.46	252.67
江山水库	33.67	433.11	356.27
泗水桥	2.47	67.28	55.70
皮集公社大桥	33.59	215.63	213.62

江山水库底泥在湖泊水中 COD 平均释放通量为：486.74 mg/（m² · d）。

2.3.2　动态条件下竹皮河年均沉积物释放负荷

在动态实验中，即实验条件模拟竹皮河 4 种不同河段年均流速、年均流量、河道宽度、水深等条件因素，从而获得年均沉积物释放负荷（见表 3 ~ 7）。

表 3　天茂桥底泥氮磷释放水力模拟实验参数

参数	河段原型	模拟	比例
宽度（m）	20	0.05	$\lambda_w = 400$
水深（m）	0.9	0.012 5	$\lambda_h = 80$
流速（m/s）	0.1	0.01	$\lambda_u = 9$
流量（L/s）	1 800	0.006 25	$\lambda_q = 288\ 000$

表 4　江山水库底泥氮磷释放水力模拟实验参数

参数	河段原型	模拟	比例
宽度（m）	129	0.05	$\lambda_w = 200$
水深（m）	1	0.025	$\lambda_h = 40$
流速（m/s）	0.01	0.001 6	$\lambda_u = 6.3$
流量（L/s）	1 240	0.002	$\lambda_q = 50\ 400$

表 5　泗水桥河段底泥氮磷释放水力模拟实验参数

参数	河段原型	模拟	比例
宽度（m）	43	0.05	$\lambda_w = 200$
水深（m）	3	0.075	$\lambda_h = 40$
流速（m/s）	0.01	0.001 6	$\lambda_u = 6.3$
流量（L/s）	1 250	0.006	$\lambda_q = 50\ 400$

表 6　皮集公社大桥底泥氮磷释放水力模拟实验参数

参数	河段原型	模拟	比例
宽度（m）	22	0.05	$\lambda_w = 400$
水深（m）	1.1	0.012 5	$\lambda_h = 80$
流速（m/s）	0.13	0.015	$\lambda_u = 9$
流量（L/s）	3 100	0.01	$\lambda_q = 288\ 000$

表 7　动态模拟条件下 4 河段底泥在自来水水质的氮磷平均释放通量 [mg/（m² · h）]

监测点位	TP	TN	NH₄⁺-N
天茂桥	5.79	140.51	109.58
江山水库	2.97	15.34	11.30
泗水桥	6.53	18.14	9.88
皮集公社大桥	9.54	104.31	41.85

3　结论

溶解氧越高，总氮、总磷的释放强度最低，说明使河流长期保持高溶氧状态、河道底泥的污染释放量较小，是使水质转好的关键因素。温度越高，底泥氮磷释放量越大，所以清淤工程应该在荆门平均气温最低的时候（即 11 月至次年 3 月）进行最为有利。清淤时需要控制水力条件，使水流速度控制在底泥"少量动"的范围内，这样就可以大幅减少清淤过程中的底泥释放通量。通过调节内河水体的水力学条件和水质等因素，可以达到抑制或强化底泥磷释放的目的，同时为进行河道底泥清淤的决策提供了帮助。

4　参考文献

[1]　王智,王岩,张志勇,等 . 水葫芦对滇池底泥氮磷营养盐释放的影响[J]. 环境工程报,2012,6（12）:4339-4344.

[2]　李鹏飞 . 喻家湖底泥氮磷形态及释放规律研究[D]. 武汉:华中科技大学, 2013:20-35.

[3]　张丽萍,袁文权,张锡辉,等 . 底泥污染物释放动力学研究[J]. 环境污染治理技术与设备, 2003,4（2）:22-26.

[4]　李一平,逄勇,吕俊,等 . 水动力条件下底泥中氮磷释放通量[J]. 湖泊科学,2004,16（4）:318-324.

责任编辑　梁丹涛　（收到修改稿日期:2017-02-23）

微生物浆水在马铃薯淀粉废水处理中的应用研究

A Study on the Application of Microbial Serofluid to Treating Wastewater from Potato Starch Production

付旭东　刘本甫　钟静晶　张　蕾　（定西市环境监测站，定西 743000）

Fu Xudong　Liu Benfu　Zhong Jingjing　Zhang Lei　(Dingxi Environmental Monitoring Station, Dingxi 743000)

摘要　微生物絮凝剂具有高效、安全无毒、无二次污染、可完全生物降解等优点而得到广泛研究和应用。采用西北特有的微生物浆水作为絮凝剂，研究比较其单独使用，及组合复配十二水合硫酸铝钾 (Alum)、聚合氯化铝（PAC）、聚丙烯酰胺 (PAM)3 种絮凝剂或助凝剂情况下，在处理马铃薯淀粉废水中，对 CODcr、悬浮物的去除效果及回收马铃薯蛋白的效率。结果表明，微生物浆水对淀粉废水的 CODcr 去除率为 24.8% ~ 44.2%，对悬浮物的处理率为 76.8% ~ 91.4%；对废水蛋白的回收能力强，具有高效、廉价、低能耗、环保等优点。

关键词：微生物　废水处理　蛋白回收　马铃薯淀粉

Abstract　As microbial flocculant is highly efficient, safe and non-toxic, no secondary pollution, and completely biodegradable, it has increasingly drawn people's attention to carrying out extensive research and making applications. Special microbial serofluid available in northwest China was used as a flocculant alone or compounding three flocculants of aluminium potassium sulphate dodecahydrate (alum), polyaluminium chloride (PAC) and polyacrylamide (PAM), or coagulant aid in the treatment of potato starch wastewater to study the removals of dichromate oxygen consumed (CODcr) and suspended solids (SS) as well as the recovery of potato protein. The result has shown that 24.8%~44.2% of CODcr could be removed and the treatment rate of SS could reach 76.8%~91.4% with a strong ability to recover protein in wastewater. It has advantages of high efficiency, low cost, low energy consumption, and is environmentally friendly.

Key words:　Microbe　Wastewater treatment　Protein recovery　Potato starch

马铃薯淀粉废水中主要含有淀粉、蛋白质、糖类等高浓度有机物，如果直接采用工艺处理因有机物浓度太高而对处理造成很大困难，而且废水中有用物质的直接排放造成很大的资源浪费。近年来国家对马铃薯淀粉生产废水的治理日益重视，不断有新工艺和新方法产生，室内模拟实验取得了较好的效果，但对该废水的处理仍集中在生化及物化处理上。针对甘肃定西辖区内马铃薯淀粉生产企业废水处理实践，单一的处理方法难以达到良好的处理效果。分析了加热絮凝法、等电点沉淀法、无机 / 有机 / 微生物凝剂法等在处理马铃薯淀粉废水蛋白方面的各自优势。比较分析，几类方法在使用过程中仍然存在许多不足和缺点，因此将几类方法组合起来，使其相互补充，积极探索和研发以蛋白提取加生物处理为重点的马铃薯淀粉加工废水的综合利用项目，以期从根本上解决废水污染问题。

通过分析马铃薯淀粉生产废水生产工艺及产污环节、废水蛋白提取工艺、近几年来国内外马铃薯淀粉生产废水的处理技术研究进展，自主采用西部特色的微生物浆水进行马铃薯淀粉生产废水蛋白絮凝沉淀实验。先后调节不同絮凝剂配方、调整絮凝流程，分别测试蛋白提取后废水中化学需氧量和悬浮物的处理效率，从而为废水深度处理提供数据支持（见表 1）。

———————————

甘肃省环境保护厅环保科研专项，编号：GSEP-2014-45。

第一作者付旭东，男，1980 年生，2003 年毕业于山西财经大学环境科学系，工程师。

表 1　马铃薯淀粉废水蛋白的絮凝方法比较[1)]

絮凝方法	去除效率	优　势	不　足
等电点法	能提取 85.38 % 的蛋白[1]，对本课题 COD_{Cr} 降低 32.5%	处理简便，成本低廉	回收蛋白时，需要加入大量的酸，回收蛋白后的废水还需加入碱液调至中性。提取的蛋白易于褐变，利用价值低
无机絮凝法	能提取 82.7 % 的蛋白[2]，对本课题 COD_{Cr} 降低 31.9%	絮凝剂价格低、货源充足，絮凝速度快，且易降沉	用量大、残渣多、色泽差，常与其他絮凝剂配合使用，以降低处理成本。提取蛋白纯度降低，有副作用
有机絮凝法	能提取 76.6 % 的蛋白[3]，对本课题 COD_{Cr} 降低 30.1%	具有活性基团多、结构多样等特点，絮凝速度更快，在投加量、分离过程、适应性等方面都更具优势	成本较高，蛋白产品的色泽和纯度受到影响，部分有机絮凝剂具有毒性
微生物浆水絮凝法	对本课题 COD_{Cr} 最高降低 44.2%	高效性、安全无毒性、无二次污染，能完全生物降解。絮凝效果好，提取后的蛋白颜色淡黄，色泽光滑细腻	处理效果不稳定，投入工业应用有待进一步实践

1）加热均需要消耗大量能量，导致蛋白质发生变性

1　基本原理

1.1　淀粉废水的分类及组成

马铃薯淀粉生产过程中产生大量的废水，主要分为 3 类。第 1 类是清洗马铃薯的废水，主要含有泥沙、小马铃薯、芽、草、叶、根等。第 2 类是提取淀粉的废水，又称蛋白废水或淀粉废水（以下简称"淀粉废水"），主要含有的溶解性有机化合物为蛋白质，还含有少量的不溶解物质，如淀粉微粒、纤维等，相当浑浊。该部分废水水质中 COD_{Cr} 为 33 000 ~ 36 400 mg/L，BOD_5 为 7 000 ~ 9 000 mg/L，SS 为 25 000 ~ 30 000 mg/L，氨氮为 270 ~ 300 mg/L；如果直接将其排放进入水体，不仅会消耗水中的氧气，发生厌氧腐败，散发臭味，而且会使水生生物因缺氧而窒息死亡，给生态环境带来巨大的危害。第 3 类是清洗淀粉的水。其中第 1 类和第 3 类废水可以循环利用，需要处理的仅为提取淀粉产生的废水[4]。平均每生产 1 t 淀粉需要

加工 6.5 t 左右的马铃薯，排放 20 t 左右的废水，其中需要处理的含蛋白质废水约 5 t，淀粉废水中的固形物主要有蛋白质、糖、矿物质等（见表 2）[5]。

表 2　马铃薯淀粉废水成分含量[5]

成分	含量（%）
水分	94
蛋白质	1.8
淀粉	< 0.5
纤维素	0.0
糖、酸、盐	2.5

通过以回收马铃薯生产废水蛋白（即第 2 类废水）促使废水中的 COD_{Cr} 含量降低，同步达到经济效益和环保处理废水的目的。

1.2　微生物絮凝剂浆水特征及絮凝原理

受浆水点制豆腐的启发[6]，本文采用西北特有的微生物（浆水）促进马铃薯淀粉废水中的蛋白絮凝提

取。浆水[7]，西北地区传统的发酵微生物，因其开胃解渴、爽口清香而成为夏天西北人民餐桌不可缺少的一种美食。采用传统的生理生化方法结合 16SrDNA 以及 18SrDNA 技术对所分离菌种进行鉴定并分析，发现浆水含有以乳杆菌属（*Lactobacillus*）为主的 21 个属细菌[8]。通过对微生物浆水原液 pH 监测分析，监测出浆水的 pH 为 3.0 ~ 4.0，COD_{Cr} 浓度为 3 000 ~ 10 000 mg/L，SS 浓度为 100 ~ 150 mg/L。由于微生物浆水偏酸性，所带电荷符号与悬浮微粒表面所带电荷符号相反时，在相反电荷的粒子之间则会发生电中和作用，可有效减少微生物絮凝剂与悬浮微粒之间的静电斥力从而增强絮凝吸引力，使得颗粒彼此之间更能充分接近，在絮凝过程中更容易凝聚在一起[9]。

1.3 微生物浆水的消泡作用

由于蛋白质具有极性和非极性基团，属于生物表面活性剂，而马铃薯废水中含有大量的蛋白质，有优良的起泡性。一旦泡沫形成，泡沫层的生物停留时间就会独立，易形成稳定持久的泡沫。泡沫层体积占总体积的 35%（静置 90 min）至 50%（静置 5 min），泡沫比较稳定，会造成初沉池、气浮机及厌氧反应器及好氧反应器等后续处理单元不能正常运行[10]。微生物浆水作用于马铃薯淀粉废水，能在表面铺展、起消泡作用的液体，其表面张力较低、易于吸附于溶液表面、使溶液局部表面张力降低，发生不均衡现象，促使气泡破裂而达成消泡作用，促进蛋白质的絮凝沉淀。

2 材料与方法

2.1 马铃薯淀粉生产废水水质

对定西市某淀粉生产企业旋流器上产生的淀粉废水原液澄清 24 h 后进行监测，出水水质为：淀粉废水原液中 COD_{Cr} 浓度达到 3.35×10^4 mg/L；SS 达到 2.8×10^3 mg/L。

2.2 絮凝剂添加浓度

控制实验在相同的废水条件下，通过前期实验优化，加入微生物浆水、单独或依次加入十二水合硫酸铝钾（Alum）、聚合氯化铝（PAC）、聚丙烯酰胺（PAM）3 种絮凝剂的组合，并将马铃薯淀粉废水在未加热和加热到 60℃的条件下[11]，进行对比实验，观察不同混凝剂的混凝效果。微生物浆水、十二水合硫酸铝钾（Alum）、聚合氯化铝（PAC）、聚丙烯酰胺（PAM）在实验中加入的各复配絮凝剂的量见表 3。电动搅拌，絮凝沉淀时间为 40 min。

表 3　实验中添加絮凝剂的量

成分	目标浓度（mg/L）	体积（mL）
淀粉废水原液	–	300
浆水	–	20
Alum	1 000	5
PAC	700	5
PAM	50	5

3 结果与分析

3.1 微生物浆水的絮凝作用

微生物浆水对马铃薯淀粉废水的处理效果见表 4。结果表明：添加微生物浆水对马铃薯淀粉废水具有一定的絮凝沉淀效果，促使淀粉蛋白从废水原液中析出，废水中化学需氧量和悬浮物不同程度降低。同时浆水中含有一定量的化学需氧量，导致淀粉废水加热后添加浆水化学需氧量的去除没有相应正比增长。

3.2 微生物浆水复配无机有机絮凝剂处理效果分析

为进一步提升马铃薯淀粉废水处理效率，分别将微生物浆水、Alum、PAC、PAM 按照相应比例添加到马铃薯淀粉生产废水中。经过控温、沉淀、离心、干燥等工序后，得到各种絮凝剂的最优工艺如下：① 微生物浆水：出水水质 COD_{Cr} 去除率 39.1%、SS 去除率 89.3%；② Alum：出水水质 COD_{Cr} 去除率 34.9%、SS 去除率 86.6%；③ PAC：出水水质 COD_{Cr} 去除率 33.1%、SS 去除率 87.5%。④微生物浆水加热：出水水质 COD_{Cr} 去除率 38.5%、SS 去除率 89.3%。⑤微生物浆水复配无机、有机絮凝剂法：最大出水水质 COD_{Cr}

表 4　微生物浆水对淀粉废水的监测值及去除率

试验方法	COD_{Cr}（mg/L×10^4）	COD_{Cr} 去除率（%）	SS（mg/L）	SS 去除率（%）
淀粉废水原液 + 浆水	3.03	9.6	1 400	50.0
淀粉废水原液 + 加热	2.60	22.4	400	85.7
淀粉废水原液 + 加热 + 浆水	2.52	24.8	325	88.4

表5　微生物浆水组合絮凝处理方法及对 COD_{Cr}、SS 的去除率

序号	絮凝处理方法的优化组合		去除率（%）	
			COD_{Cr}	SS
1	淀粉废水原液加入絮凝剂搅拌	淀粉废水原液 + 浆水 +PAM	28.6	79.5
2		淀粉废水原液 + 浆水 +Alum	28.9	78.6
3		淀粉废水原液 + 浆水 +PAC	29.5	76.8
4		淀粉废水原液 + 浆水 +PAC+PAM	33.1	79.5
5		淀粉废水原液 + 浆水 +Alum +PAM	33.1	80.4
6	淀粉废水原液加热后加入絮凝剂搅拌	淀粉废水原液 + 浆水	24.8	88.4
7		淀粉废水原液 + 浆水 +PAM	29.8	86.6
8		淀粉废水原液 + 浆水 +Alum +PAM	33.4	91.1
9		淀粉废水原液 + 浆水 +PAC+PAM	34.3	87.5
10		淀粉废水原液 + 浆水（烧开）+PAM	35.5	87.9
11	淀粉废水原液与浆水组合后加热加入絮凝剂搅拌	（淀粉废水原液 + 浆水)+PAC+PAM	39.7	88.6
12		（淀粉废水原液 + 浆水)+ Alum +PAM	42.4	91.4
13		（淀粉废水原液 + 浆水)+PAM	44.2	91.4

去除率达到 44.2%，SS 去除率最高 91.4%。

经过多次试验，组合不同配比絮凝沉淀方案，COD_{Cr} 和 SS 去除效率见表5。

试验结果表明：由于微生物浆水中含有一定比例的耗氧物质，通过淀粉废水和浆水混合搅拌后，加热到 60℃，添加少量助凝剂 PAM，在提取淀粉废水蛋白的同时，实现最大化去除废水中 COD_{Cr} 和 SS，COD_{Cr} 去除率 44.2%、SS 去除率 91.4%；有助于淀粉生产废水的进一步处理。

3.3　蛋白提取效果及后续处理建议

高浓度马铃薯淀粉生产废水中的蛋白质回收并资源化利用是实现马铃薯淀粉废水处理的有效途径。单一方法难以实现高品质、低成本回收马铃薯淀粉生产废水中的蛋白质。通过研究微生物浆水复配其他絮凝剂、助凝剂，可弥补各方法单一使用的缺点，促使淀粉蛋白从废水原液中析出，降低回收成本，提高产品品质[12]。在微生物作用下，马铃薯淀粉蛋白絮凝沉淀提取得到的蛋白颜色淡黄，色泽光滑细腻。淀粉蛋白黏度有所降低，通过蒸汽烘干（含少量水分）后，暂时没有变质褐变。放置在 - 20℃保存，并避免反复冻融，作为饲料级蛋白具有较高的经济价值。该方法具备回收能力强，符合高效、廉价、低能耗、环保的优势。

淀粉废水蛋白提取后，废水中含有少量多糖、多肽和有机酸等小分子有机物，需进一步研究予以提取

并采用生化处理方式。同时根据中国科学院兰州化学物理研究所采用蒙脱石絮凝沉淀蛋白方法，剩余废水含有丰富的钾、磷等矿物质，理论上可以将此废水变"肥水"直接用于农田灌溉，实现马铃薯淀粉加工工艺废水"零排放"的目标[13]。

4　结论

本研究首次采用西北特有的微生物浆水作为絮凝剂，研究比较其单独使用，及组合复配十二水合硫酸铝钾（Alum）、聚合氯化铝（PAC）、聚丙烯酰胺（PAM）3 种絮凝剂或助凝剂情况下，在处理马铃薯淀粉废水中，对 COD_{Cr}、悬浮物的去除效果及回收马铃薯蛋白的效率。数据表明，微生物作用可改变蛋白废液表面张力、消除泡沫、促进蛋白絮凝沉淀。微生物浆水对淀粉废水的 COD_{Cr} 去除率为 24.8% ～ 44.2%，对悬浮物的去除率为 76.8% ～ 91.4%。微生物浆水生产制作简单、成本低廉，对废水蛋白的回收能力强，且无毒无害等副作用，无二次污染，具有高效、廉价、低能耗、环保等优点，可为废水深度处理提供参考。

5　参考文献

[1]　齐斌,郑丽雪,朴金苗 . 马铃薯分离蛋白的提取工艺 [J]. 食品科学，2010,31（22）:297-300.

[2]　BARTOVA V, BARTA J. Chemical Composition and Nutritional Value of Protein Concentrates Iso-

lated from Potato (Solarium tuberosum L.) Fruit Juice by Precipitation with Ethanol or Ferric Chloride[J]. Journal of Agricultural and Food Chemistry, 2009,57:9028-9034.

[3] GONZALEZ J M, LINDAMOOD J B, DESAI N. Recovery of Protein from Potato Plant Waste Effluents by Complexation with Carboxymethylcellulose[J]. Food Hydrocolloids, 1991,4 (5):355-363.

[4] 郑圣坤. 马铃薯淀粉生产废水处理工艺研究[D]. 儋州:华南热带农业大学, 2007:3-17.

[5] HARMEN J Z, ANTOINE J B K, MARCEL E B, et al. Native Protein Recovery from Potato Fruit Juice by Ultrafiltration[J]. Desalination, 2002,144:331-334.

[6] 臻园. 浆水豆腐[EB/OL]. (2013-01-01) [2015-11-15] http://www.360doc.com/content/13/0101/18/177104_257524471.shtml.

[7] HG5558. 兰州浆水的做法[EB/OL]. (2013-04-09) [2015-11-15] http://wenda.haosou.com/q/1365452526067670.

[8] 李雪萍. 浆水中可培养微生物多样性及特性的研究[D]. 兰州:兰州交通大学, 2014.

[9] 傅旭庆,汪大荤,徐新华. 微生物絮凝剂及其絮凝机理[J]. 污染防治技术, 1998,11 (1):6-9.

[10] 张泽俊,苏春元,刘期成. 马铃薯淀粉厂工艺废水的综合处理及利用研究[J]. 食品科学, 2014,25 (增刊):134-137.

[11] 高洁. 马铃薯淀粉废水中蛋白质的回收及性质研究[D]. 西安:陕西科技大学, 2012.05.

[12] 付旭东. 高浓度马铃薯淀粉废水处理工艺研究及发展方向[J]. 环境研究与监测, 2016,29 (1):48-54.

[13] 刘刚,赵鑫,周添红,等. 我国马铃薯加工产业结构分析与发展思考[J]. 农业工程技术(农产品加工业), 2010,08:4-11.

责任编辑　梁丹涛　（收到修改稿日期：2017-04-17）

UASB-好氧工艺处理玉米淀粉废水研究

A Study on the Treatment of Cornstarch Wastewater by UASB-Aerobic Process

田文超[1]* 付秋爽[2] 姬志辉[1] 党酉胜[2] （1. 石家庄辰龙润东环保科技有限公司，石家庄 050061；
2. 河北胜尔邦环保科技有限公司，石家庄 050061）

Tian Wenchao[1]* Fu Qiushuang[2] Ji Zhihui[1] Dang Yousheng[2] (1. Shijiazhuang Chenlong Rundong Environmental Protection Technology Co., Ltd., Shijiazhuang 050061; 2. Hebei Superior & Federal Environmental Protection Technology Co., Ltd., Shijiazhuang 050061)

摘要 采用 UASB-好氧工艺处理玉米淀粉废水，运行结果表明，系统运行稳定，出水可达到《淀粉工业水污染物排放标准》中的排放标准，COD 去除率达到 99.5%，氨氮去除率达到 95%。该工艺具有投资与占地面积小、COD 和氨氮去除率高、运行效果稳定等优点，具有很高的推广价值。

关键词： 玉米淀粉废水 UASB 反应器 厌氧-好氧水处理工艺

Abstract The UASB-aerobic process has been used to treat cornstarch wastewater. The system ran steadily with its effluent being in compliance with the requirements specified in "Discharge standard of water pollutants for starch industry". It indicated that the removal of COD could be up to 99.5%, and that of ammonia nitrogen could reach 95%. This process has shown advantages of low investment and less space, high efficiency of COD and ammonia nitrogen removals, and stable performance. It would be therefore highly worth spreading.

Key words: Cornstarch wastewater Up-flow anaerobic sludge bed (UASB) reactor Anaerobic-aerobic process

河北省石家庄市某企业以玉米为原料生产变性淀粉，年产淀粉 20 万吨，并生产副产品液体葡萄糖、口服葡萄糖等。玉米淀粉生产不受季节影响，工艺用水量较大，每日排放高浓度有机废水 1 600 m³，其成分复杂，主要污染物为生产中残留的淀粉、蛋白、磷酸盐等，属于可生化性较好的高浓度有机废水[1]。采用 UASB+好氧工艺处理玉米淀粉废水，经工程实践表明，出水可达到《淀粉工业水污染物排放标准》（GB25461-2010）中的直接排放标准。

1 废水的水质水量特点及排放标准

1.1 水质水量特点

玉米淀粉生产过程中会排放大量高浓度有机废水，传统淀粉生产工艺水排放的废水主要是玉米清洗输送、浸泡、纤维洗涤、浮选浓缩、蛋白压滤、设备和车间地面的冲洗水[2]。由于企业进行了清洁生产改造，废水排放主要来源于浮选浓缩工艺和少量设备冲洗，其他废水都循环使用，亚硫酸浸泡液浓缩做玉米浆，因此废水量较之前大幅下降，现每日排放生产废水量为 1 400 m³。玉米淀粉生产工艺流程见图 1。

废水主要成分为发酵残存的培养基（包含一些糖类、蛋白质和脂类等），包括 COD 5 000 ~ 6 000 mg/L、pH 4 ~ 5、SS 3 000 ~ 5 000 mg/L、氨氮 60 ~ 80 mg/L、总磷 60 ~ 80 mg/L。经厌氧反应器处理后氨氮会升至 200 ~ 300 mg/L，这是由于废水中含有大量蛋白质，蛋白质的含氮量为 16%，蛋白质未分解前氮素包含在蛋白质分子结构内，氨氮值未呈现，当蛋白质进入厌氧反应器被厌氧微生物分解、发生氨化反应时，氨氮游离出来，厌氧出水氨氮大幅升高[3]。

第一作者田文超，男，1982 年生，2006 年毕业于唐山学院环境与化学工程系，工程师。

* 通信联系人，81717429@qq.com。

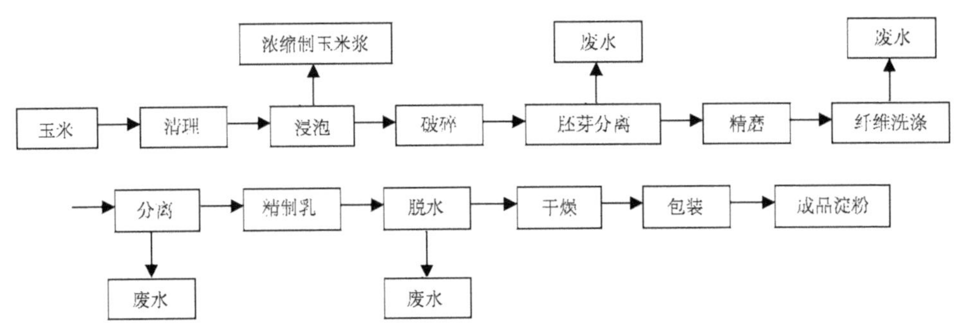

图1　玉米淀粉生产工艺流程

1.2　排放标准

出水排入附近小河，达到《淀粉工业水污染物排放标准》（GB25461-2010）中的直接排放标准。即：$COD_{Cr} \leqslant 100$ mg/L、$BOD_5 \leqslant 20$ mg/L、SS $\leqslant 30$ mg/L、氨氮$\leqslant 15$ mg/L、总磷$\leqslant 1$mg/L、pH6 ~ 9。

2　处理工艺

2.1　工艺选择

污水处理工艺的选择直接关系到污水的处理效果、运行成本和工程总投资，选择适当的处理工艺是工程的关键。要根据进水水质、处理程度要求、占地面积、工程规模等因素进行综合考虑。

玉米淀粉废水中含有生产中残留的蛋白质、糖类、无机盐等物质，营养丰富，无有毒有害物质，可生化性好。且 COD 和温度都较高（33℃左右），适宜采用厌氧生物法处理。

UASB 反应器是我国目前应用最为广泛的高速厌氧反应器，技术成熟、运行效果稳定，是消减有机污染物、降低运行成本的有效途径，在淀粉废水处理中也有较多应用[4]。

经过厌氧处理后，COD 大幅降低，氨氮值大幅上升，后续采用两级好氧处理。由于总磷含量较高，单纯的生物处理不能达到排放标准，因此生物处理后采用化学法去除总磷。

针对水质特点，确定本工程的主要处理工艺为："UASB+ 两级好氧＋混凝沉淀"。设计处理水量为 1 400 m^3/d，即 60 m^3/h。

2.2　工艺流程

2.3　主要构筑物和工艺参数

调节池：调节池入口处设机械格栅 1 台，污水经格栅拦截大颗料杂物后自流入调节池，均化水质水量，并通入蒸汽管，将水加温至（35 ± 2）℃，保证后续处理系统的进水稳定性。调节池水力停留时间 10 h，有效容积 600 m^3，地下钢砼结构。池中设曝气管搅拌，pH、温度监控系统 1 套，根据水温自动加热。

UASB 反应器：半地上钢砼结构，分 4 格，并联

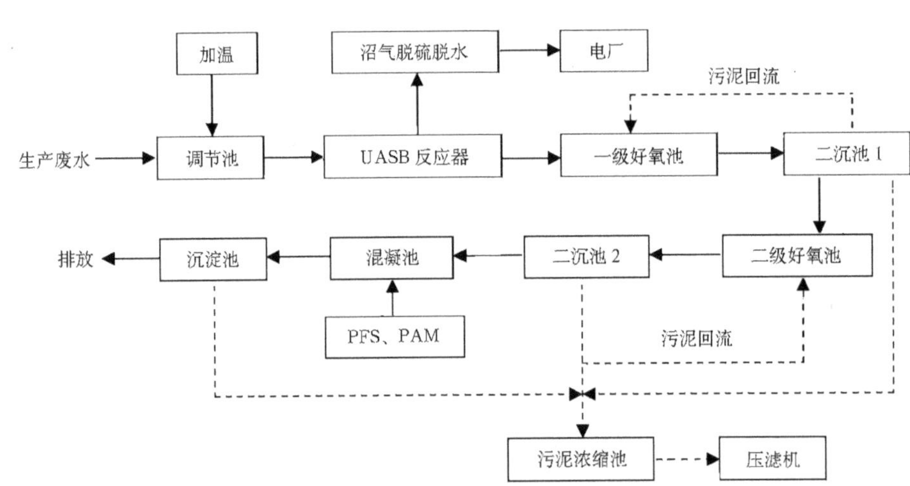

图2　废水处理工艺流程

运行。设计停留时间 50 h，有效容积 3 000 m³。地下 3 m，地上 9 m。3 项分离器采用模块组合，进口 PP 材质，表明光滑度高、重量轻、耐腐蚀，泥、水、气分离效果好，不易堵塞。布水系统采用 304 不锈钢管，旋流布水。待处理的废水由底部进入 UASB 反应器，向上流过颗粒污泥床。随着污水与污泥接触发生厌氧反应，COD 被大幅度降解并产生沼气，沼气经脱硫脱水后引入电厂锅炉利用。

一级好氧池：半地上钢砼结构，设计停留时间 8 h，有效容积为 480 m³。一级好氧池负荷较高，主要对厌氧出水进行快速去除 COD 处理。曝气系统采用罗茨鼓风机供气，可提升管式微孔曝气器。可提升管式微孔曝气器可以直接将曝气器提出水面，彻底清洗和保养，使曝气系统处于全新的状态，从而降低风机损耗，维持高的动力效率，降低运行成本；曝气均匀、气泡细小、氧利用率高、动力效率高；结构合理、安装简便、使用寿命长；安装方便，可自由提升维修，无需放水、无需关停风机，不影响正常运行。

二沉池 1：池体为半地上钢砼结构，表面负荷 1.00 m³/（m²·h），有效容积 240 m³，设污泥泵 1 台，将污泥一部分回流至一级好氧池前端，其余排至污泥浓缩池。

二级好氧池：半地上钢砼结构，设计停留时间 30 h，有效容积为 1 800 m³。曝气系统采用罗茨鼓风机供气，可提升管式微孔曝气器。二级好氧池 COD 负荷较低，主要降解水中的氨氮。由于氨氮负荷较高，池中设置液碱加药管，补充硝化反应所消耗的碱度。

二沉池 2：为半地上钢砼结构，有效容积 240 m³，设污泥泵 1 台，将污泥一部分回流至二级好氧池前端，其余排至污泥浓缩池。

混凝池：池体为半地上钢砼结构，设计停留时间 1 h，分 2 格，池中配备 2 台搅拌机、加药设备 2 套，总容积为 60 m³。在第 1 格中加入聚合硫酸化铁（PFS），在第 2 格加入聚丙烯酰胺（PAM）。主要去除水中的总磷和残留的 COD。

三沉池：为半地上钢砼结构，有效容积 360 m³，设机械刮泥机 1 台、污泥泵 2 台，将污泥排至污泥浓缩池。

污泥浓缩池：二沉池 1、二沉池 2、三沉池的污泥排入污泥浓缩池，浓缩污泥体积，降低含水率。池体为地下钢砼结构，总容积为 200 m³。

带式压滤机：型号 DYQ1500DN，带宽 1 500 mm，处理量 30 ～ 60 m³/h，带速 1.5 ～ 12 m/min，冲洗水耗量 24 m³/h，泥饼含水率 70% ～ 80%。

附属设备：螺杆泵 2 台，絮凝搅拌机 1 台，电控箱 1 套。

3　工艺调试及运行结果

3.1　工艺调试

设备的单机调试和清水联动试车完成后进行生物系统调试。

UASB 反应器接种同类型厌氧反应器所产的颗粒污泥，二级好氧池接种同类型好氧系统污泥。UASB 反应器开始采用间歇进水，COD 污泥负荷控制在 0.05 ～ 0.1 kg/（kg·d）。将进水温度调节至（35±2）℃，初期进水 2 ～ 3 h/ 次，每次进液 10 min，当接种污泥适应废水后，污泥逐渐具有除去有机物的能力，当 COD 去除率达到 80% 且出水挥发酸浓度 < 300 mg/L 时，增加进水时间。经过 40 d 的调试运行，系统达到满负荷，日处理淀粉废水 1 400 m³。

3.2　各处理单元运行效果

各处理单元运行效果见表 1。

表 1　运行效果 [浓度（ mg/L ）]

项目	处理单元		
	UASB 反应器	好氧系统	混凝沉淀
进水 COD	6 000	280	40
出水 COD	280	40	30
COD 去除率（%）	95	86	25
进水氨氮	80	290	3
出水氨氮	290	5	3
氨氮去除率（%）		98	
进水总磷	69	65	52
出水总磷	65	52	0.3
总磷去除率（%）	6	20	99

3.3　运行经验

进水 pH 对 UASB 的影响：厌氧反应器运行的适宜 pH 范围为 6.8 ～ 7.2，超出这个范围会对厌氧处理过程产生抑制作用[5]。淀粉废水的 pH 为 4 ～ 5，但废水中营养丰富，无有毒有害物质，易生化处理。本工程中淀粉废水未经调节 pH 直接进入 UASB 反应器中进行厌氧处理，COD 去除率达到 95%，反应器运行良好，说明淀粉废水可不经调节 pH 直接进行厌氧处理，节省了运行费用。

系统处理量：系统中 UASB 反应器、好氧池、混凝沉淀出水指标都远低于设计值，说明系统还有处理余量，为企业以后的扩大生产提供了有力支持。

碱度对二级好氧池的影响：二级好氧池氨氮负荷较高，硝化反应消耗了大量碱度，使池内 pH 下降，影响好氧处理效果，适当加入液碱补充碱度可提高好氧池的处理效果。

4　结论与建议

（1）采用"UASB+ 两级好氧＋混凝沉淀"工艺处理淀粉废水，处理效果稳定、工艺成熟、运行费用低，出水 COD、氨氮、总磷等指标都优于《淀粉工业水污染物排放标准》中的排放标准。

（2）UASB 反应器对废水中 COD 的去除率达到 95%，大大减轻了后续处理单元的负担，且运行费用低，管理简单，并能产生可利用的沼气。

（3）两级好氧处理侧重点不同，充分利用 UASB 反应器出水特点，保证出水 COD 和氨氮的达标。

5　参考文献

[1]　王艳,吕维华,姜红波,等 . 淀粉废水处理技术研究进展 [J]. 应用化学，2010,39（10）:1568-1573.
[2]　谢昕,王荣民,宋鹏飞,等 . 淀粉工业废水处理现状 [J]. 上海环境科学，2004,23（05）:215-226.
[3]　蔡晶,柴社立,芮铭先,等 . 玉米淀粉废水的处理技术 [J]. 环境工程，2007,25（16）:72-74.
[4]　王凯军,左剑恶,甘海南,等 . UASB 工艺的理论与实践 [M]. 北京：中国环境科学出版社，2000.
[5]　周律 . 厌氧生物反应器的启动及其影响因素 [J]. 工业水处理，1996,16（05）:1-3.

责任编辑　张　弛　　（收到修改稿日期：2017-04-07）

国内燃煤火电烟气超低排放中的粉尘治理探讨

A Discussion on Dust Control in Flue Gas Ultra Low Emission of Coal-Fired Power in China

杨家军 （浙江德创环保科技股份有限公司，杭州 310012）

Yang Jiajun （Zhejiang Tuna Environmental Science and Technology Co., Ltd., Hangzhou 310012）

摘要 全面系统分析了国内燃煤火电机组污染物排放的控制现状，详细介绍了各种高效先进的除尘技术，相互间的协同处理效果和目前超低排放工程的实施现状，提出了多种针对粉尘治理的超低排放的技术路线，并对各种技术路线的可行性和经济性进行了分析，为超低排放的粉尘治理提供了技术参考。

关键词： 烟气超低排放 高效吸收塔 低低温电除尘 多孔托盘 超净电袋复合除尘

Abstract The current situation of pollutant emission control of coal-fired units in China was systematically analysed, and various high-efficient and advanced dust precipitating technologies as well as their co-processing effects among all kinds of technologies and the implementation of ultra low emission （ULE） projects were introduced. The diversified technical routes for de-dusting in ULE were proposed whilst their feasibilities and economical efficiencies were analysed so as to provide technical reference to dust control in ULE.

Key words: Flue gas ultra low emission Effective absorption tower
Low-low temperature electrostatic precipitator （LLT-ESP） Multi-hole tray
Ultra clean electrostatic bag compound precipitator

随着国务院在 2013 年 9 月印发《大气污染防治行动计划》，明确要求火电燃煤机组烟气在"十三·五"期间实现"50355+53"（即 NO_x 排放小于 50 mg/m^3、SO_2 小于 35 mg/m^3、烟尘小于 5 mg/m^3、SO_3 排放小于 5 mg/m^3、Hg 排放小于 3 μg/m^3）的"近零排放"指标，其中烟尘排放浓度不得大于 5 mg/m^3（标态、干基、6%O_2），首次明确了大气中可吸入颗粒物（PM2.5）的治理目标。如今，全国各地的超低排放改造项目也正在如火如荼地设计施工。然而，在粉尘的超低排放处理工艺上，路线却非常单一，选择性很小，往往不加选择地一味加装湿式电除尘，不但增加了建设投资，造成极大浪费，也增加了系统的冗余量、维护量、故障量。究其原因，就在于没有充分挖掘吸收塔的协同除尘能力。本文根据不同的设计工况，量体裁衣，总结归纳了多种技术路线，可作为粉尘治理的参考借鉴。

1 国内超低排放现状分析

针对目前国内燃煤火电机组烟气超低排放，低

SO_2 排放已不存在技术难题，主要采取单塔单循环、喷淋增效环、托盘塔、单塔双循环、双塔双循环、旋汇耦合 SPC 的技术路线；低 NO_x 排放亦是如此，主要是优化低氮燃烧以及 SCR 增加备用层催化剂的路线[1]。而针对粉尘的超低排放处理，一段时间内，湿式电除尘器几乎成了标准配置，而对其他的处理方式鲜有触及。之所以如此，作者认为主要因为以下 3 个方面。

1.1 吸收塔除尘性能的忽视

目前吸收塔内浆液喷淋系统的除尘机理尚未形成成熟的理论体系，是造成对吸收塔协同除尘能力忽视的一个主要原因。同时，早期国内环保标准比较低，在引进国外技术时，外方对吸收塔协同除尘的技术也并未做深入的研究，仅根据当时大多数脱硫机组的运行数据，得出湿法脱硫的除尘效率最大 50% 的结论，且这一观点长期被环保业界广泛接受和认可。

1.2 烟气中 PM2.5 的捕集

作者杨家军，男，1979 年生，2004 年毕业于兰州理工大学石油化工学院，工程师。

烟气经过前端除尘器一次除尘后，大颗粒粉尘基本被捕集殆尽，PM2.5 以下的微细颗粒占有着很大的比例。常规吸收塔浆液喷淋系统的雾化粒径为 2 300 ~ 2 500 μm，根据相关测试数据，常规喷淋系统对 PM2.5 以下的粉尘颗粒的分级除尘效率较低，只有 15% 左右；对粒径 3.0 ~ 5.0 μm 的粉尘颗粒，去除效率略大，也仅有 40% ~ 70%，粉尘的捕集效果有限。因此，为了达到烟尘的超低排放标准，过去很多项目不得不在吸收塔的出口安装湿式电除尘。

1.3 吸收塔内边壁效应

由于吸收塔普遍采取单侧的进气方式，此方式会使塔内烟气在到达第 1 层喷淋层之前，偏流非常严重，流场分布极不均匀，同时吸收塔中心区域浆液喷淋密度大、阻力高，塔壁区域喷淋密度小、阻力低，靠近塔壁区域的烟气常常会发生气流短路现象，出现烟气逃逸，也是造成烟尘无法达到超低排放的一个关键因素。

2 技术路线选择

对于技术路线的选择，历来崇尚简约。换言之，能用 1 套设备完成的任务就不用 2 套设备，尽量减少故障点和能耗点。因此，技术路线必须因煤制宜、因炉制宜、因地制宜、统筹协同。作者将整个烟尘治理过程分为两部分：一次除尘（见表 1）和二次除尘（见表 2）。只有二者相辅相成、有机配合、协同处理，方能发挥最大的作用。一次除尘，也叫前段预处理部分，目的是为后续二次除尘减轻负荷、提供有利的条件。二次除尘，又叫精处理部分，是整个过程的重中之重，直接决定着整个超低排放的成败。

表 1　一次除尘技术路线

进气粉尘浓度（mg/m³）	技术路线			
	排放 30 mg/m³	排放 20 mg/m³	排放 10 mg/m³	排放 5 mg/m³
< 50	挖掘减排潜力 + 电源新技术	挖掘减排潜力 + 低低温 + 电源新技术	改造为高精袋式除尘	留第一电场 + 改造后续电场为高精袋式除尘
50 ~ 100	挖掘减排潜力 + 本体增容 + 电源新技术	挖掘减排潜力 + 本体增容 + 低低温 + 电源新技术	改造为高精袋式除尘	留第一电场 + 改造后续电场为高精袋式除尘
> 100	挖掘减排潜力 + 本体增容 + 新增电场采用供电分区 + 电源新技术	挖掘减排潜力 + 本体增容 + 低低温 + 电源新技术	改造为高精袋式除尘	留第一电场 + 改造后续电场为高精袋式除尘

表 2　二次协同除尘技术路线

一次除尘后粉尘浓度（mg/m³）	推荐技术路线	编号
≤ 5	超净电袋复合除尘 + 高效吸收塔（高效喷淋层 + 喷淋增效环 + 高效除雾器）	1
≤ 10	高精袋式除尘 + 高效吸收塔（托盘 + 高效喷淋层 + 喷淋增效环 + 高效除雾器）	2
≤ 20	低低温电除尘 + 高效吸收塔（托盘 + 高效喷淋层 + 喷淋增效环 + 高效除雾器）	3
≤ 30	干式电除尘 + 高效吸收塔（托盘 + 高效喷淋层 + 喷淋增效环 + 离心管束式除尘器）	4
≤ 45	低低温电除尘 + 高效吸收塔（双托盘 + 高效喷淋层 + 喷淋增效环 + 高效除雾器）	5
≤ 45	干式电除尘 + 吸收塔（常规喷淋层 + 常规除雾器） + 湿式电除尘	6

3 关键应用技术

3.1 一次除尘技术

3.1.1 低低温电除尘技术

该技术主要以低低温省煤器（DGGH）电除尘器为核心。烟气通过低低温省煤器时，与冷媒发生热交换，烟气温度从 130 ~ 150℃降至 90 ~ 100℃低温状态 [2-3]，然后进入电除尘器进行除尘。由于烟气温度降低至酸露点，使烟气中大部分 SO_3 冷凝形成硫酸雾，黏附在粉尘表面并被碱性物质中和。一方面使粉尘比电阻大大降低（见图 1 ~ 2），导电特性得到很大改善 [4-5]；一方面由于液态 SO_3 凝聚烟气中的粉尘，使得粉尘颗粒增大，平均粒径比传统的电除尘器的更大，平均粒径分布 > 3 μm（见图 3），非常有利于烟气在后续的吸收塔中进行二次深度除尘，从而大幅提高电除尘器的除尘效率[6]。

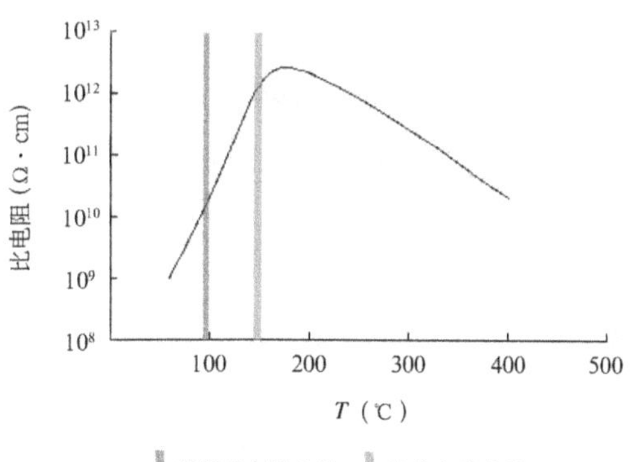

图 1　灰比电阻与烟气温度的关系

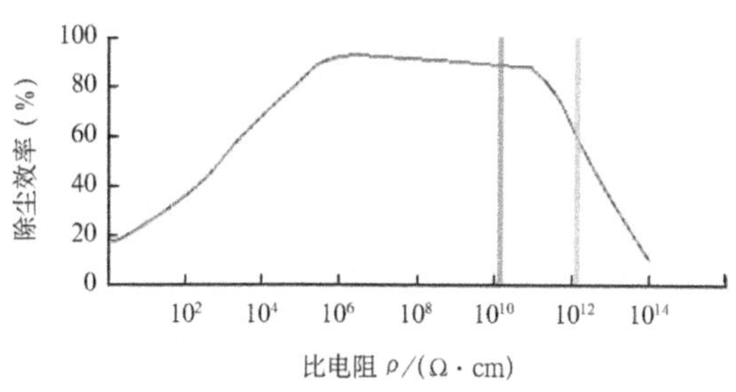

图 2　比电阻与除尘效率的关系

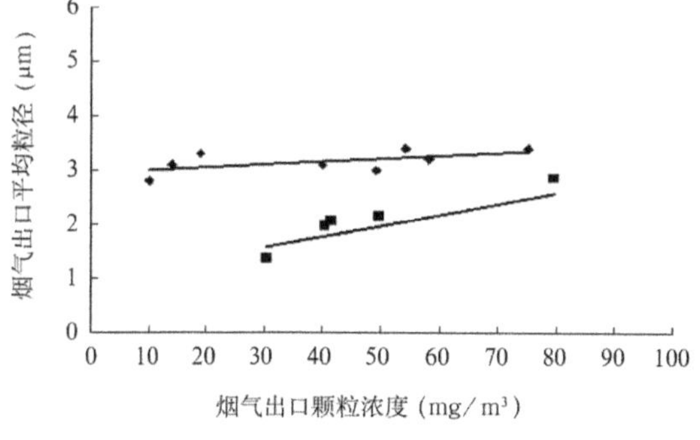

图 3　粉尘粒径与颗粒浓度的关系

一方面烟气温度降低后，烟气量减小，增大了比集尘面积，增加了粉尘在电场的停留时间，从而提高除尘效率。另一方面烟气温度降低后，使电场击穿电压上升，电场强度得到提升，增加了粉尘荷电量，从而提高除尘效率。因此通过低低温电除尘器后烟气粉尘浓度最低可降至 20 mg/m³（见表 3）。

表 3　低低温电除尘技术主要工艺参数

项目	工艺参数
运行烟气温度（℃）	90 ± 5
漏风率（%）	≤ 2
电区比集尘面积	≥ 110（出口粉尘浓度 ≤ 20 时）
[m²/（m³/s）]	≥ 80（出口粉尘浓度 ≤ 45 时）
烟气流速（m/s）	0.8 ~ 1.2
压力降（Pa）	≤ 250
灰硫比	≥ 100
流量分配极限偏差（%）	± 5
出口粉尘浓度（mg/m³）	≤ 20（电区比集尘面积 ≥ 110 时）
	≤ 45（电区比集尘面积 ≥ 80 时）

3.1.2　超净电袋复合除尘技术

超净电袋复合除尘器是静电除尘和过滤除尘机制有机结合的一种除尘器[7]，综合了电除尘器和袋式除尘器的各自优点（见表 4）。典型结构为"前电后袋"，通过前级电场使粉尘预荷电，使粉尘颗粒的平均粒径增长约 12.5%，并捕集 80% 左右的粉尘，而剩下的比电阻比较高、粒径比较细而难以捕集的粉尘进入后级滤袋区进行进一步收集。粉尘经过荷电后，形成的粉尘颗粒层更加疏松、排列有序、透气性好（见图 4），

表 4　超净电袋复合除尘技术主要工艺参数

项目	工艺参数
处理烟气量（m³/h）	≤ 7.0 × 10⁶
运行烟气温度（℃）	≤ 250
漏风率（%）	≤ 2
电区比集尘面积 [m²/（m³/s）]	≥ 30
过滤风速（m/min）	≤ 0.95
压力降（Pa）	≤ 1 100
滤袋寿命（a）	≥ 5
气流分布均匀性相对均方根差	≤ 0.25
出口粉尘浓度（mg/m³）	≤ 5

图 4　荷电后的粉尘颗粒层

极大地提高了后级滤袋区的过滤精度，同时电场区荷电难与滤袋区穿透的粒径区间形成了有利互补，使得颗粒逃逸量最低。另外，为了进一步提升滤袋区的过滤精度，滤料采用结构为"PPS 基层 + PTFE 基布 + PPS 基层 + 超细 PPS 面层"的梯度滤料或超微孔覆膜滤料 2 种高精过滤滤料[8] 之一。因此，其除尘效率可达 99.5% ~ 99.99%，可实现烟气粉尘浓度降低到 5 mg/m³ 以下的控制目标。

超净电袋复合除尘技术不受煤质、烟气工况变化的影响，排放长期稳定可靠，尤其适用于老机组除尘系统改造。

3.1.3　高精袋式除尘技术

高精袋式除尘器（见表 5）与普通袋式除尘器相比，最大的区别在于滤料的选取上，前者滤料采用的是梯度滤料或超微孔覆膜滤料 2 种高精过滤滤料之一，对于 PM2.5 亚微米级的粉尘有良好的捕集效果。而与超净电袋复合除尘器相比，显而易见缺少前级电场这一结构部分，使得粉尘颗粒无法荷电，导致粉尘颗粒层比较致密、排列无序、透气性较差。因此，烟气粉尘浓度仅可降低到 10 mg/m³。

表 5　高精袋式除尘技术主要工艺参数

项目	工艺参数
处理烟气量（m³/h）	≤ 4.0 × 10⁶
运行烟气温度（℃）	高于露点 15℃且 ≤ 250
漏风率（%）	≤ 2
过滤风速（m/min）	≤ 0.90
压力降（Pa）	≤ 1 400
滤袋寿命（a）	≥ 4
流量分配极限偏差（%）	± 5
出口粉尘浓度（mg/m³）	≤ 10

3.1.4　其他干式电除尘器提效技术

除了上述典型的一次除尘技术，还有旋转电极静电除尘技术、高频开关电源技术、脉冲电源技术、导电滤槽技术、机电多复式双区电除尘技术、电凝聚技术，都是在原有干式电除尘器的基础上，深度挖掘除尘器的减排潜力[9]。此类技术相互协同，烟气粉尘排放浓度基本上可控制在 30 mg/m³ 以上。

3.2　二次除尘技术

3.2.1　托盘 / 双托盘技术

多孔托盘技术起源于美国巴威公司，位于吸收塔入口上沿与第 1 层喷淋层之间，也可布置于 2 层喷淋层之间。烟气从托盘下往上流动，浆液从托盘上往下流动，

烟气和浆液在托盘的持液层发生强烈的掺混，呈"沸腾"状，形成泡沫层[10]。泡沫层不但增加了气液接触面积，也提高了液固相的接触面积。粉尘颗粒在通过泡沫层时，在截留、惯性碰撞、布朗扩散[11] 等多种除尘机制（见图 5）的综合作用下被洗涤捕捉。同时，由于托盘上浆液产生的阻力与托盘下烟气压力的相互平衡作用，可提高塔内烟气流场分布的均匀性。提高了塔内烟气分布的均匀性也就意味着提高了吸收塔内液气比的均匀性，则可确保吸收塔截面上粉尘脱除效率的均匀性（见图 6、表 6）。从图 6 中可以明显看出，加装托盘后的烟气流场要远优于未加托盘时的烟气流场。

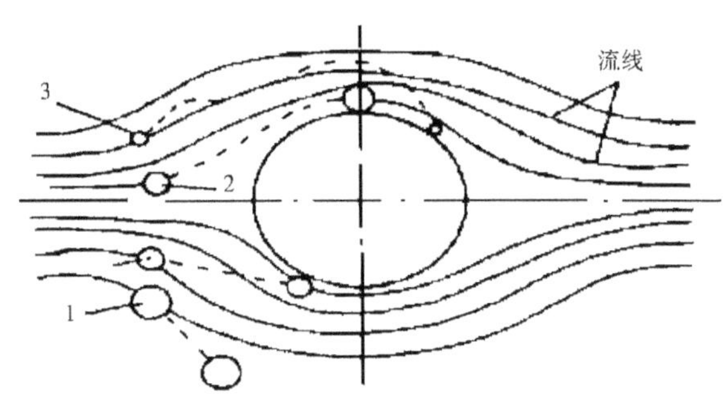

图 5　除尘机制示意

表 6　托盘技术主要工艺参数

项目	工艺参数
材质	2 205
厚度（mm）	2
滞留液膜厚度（mm）	20 ~ 30
孔隙率（%）	~ 35
孔径（mm）	25 ~ 40
阻力（Pa）	800 ~ 900
综合除尘效率（%）	60

从图 7 可知，托盘对不小于 2μm 粉尘具有较高的捕集效率；对于 0.1 ~ 1μm 粉尘，有 10% ~ 30% 的捕集效率；对于 1 ~ 2μm 粉尘，有 30% ~ 40% 的捕集效率；对于 3 ~ 5μm 粉尘，有 60% ~ 70% 的捕集效率。采用双托盘，能二次强化液固接触，进一步提高除尘效率。

3.2.2　喷淋增效环技术

如 1.3 节所述，靠近塔壁区域的烟气常常会发生气流短路现象，造成烟气逃逸，从而影响系统的脱硫效率和除尘效率。为此，ALSTOM 公司开发了一种喷

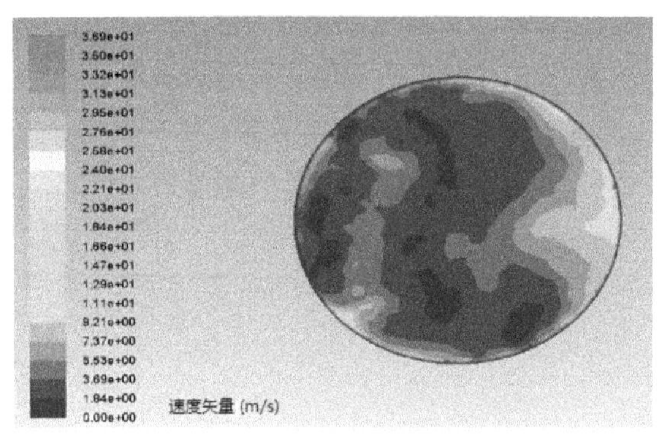

（a）设置前

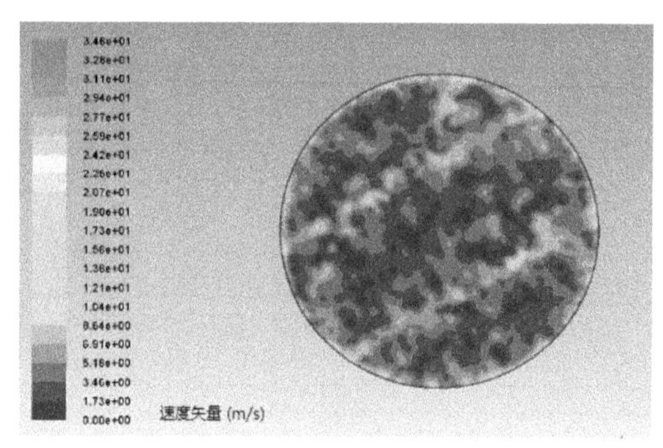

（b）设置后

图 6　托盘设置前后的流场对比

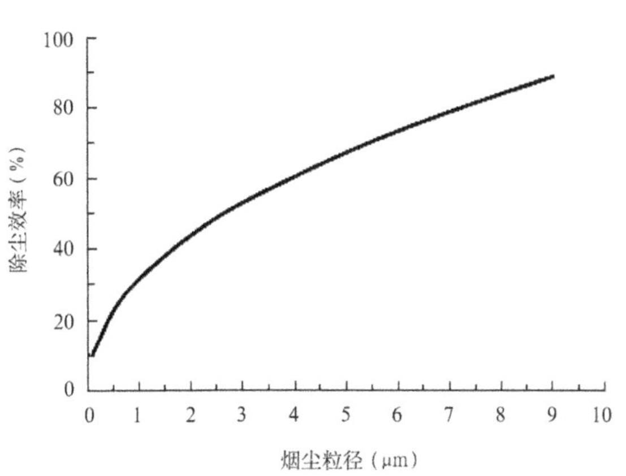

图 7　托盘技术对烟尘不同粒径的脱除效率

淋增效环装置[12]，在每层喷淋层塔壁设置 1 圈增效环
（见图 8），将塔壁区域的烟气导向吸收塔中心的高
密度喷淋区域，有效地封堵逃逸通道，同时也可收集
吸收塔壁面上的浆液，进行二次再分布，改善塔壁区
域的气、液、固三相传质状况，从而有效提高除尘效
率（见表 7）。另外，AEE 公司也开发了类似的喷淋
增效装置，即在距离塔壁 1.4 m 的圆环区域，安装足

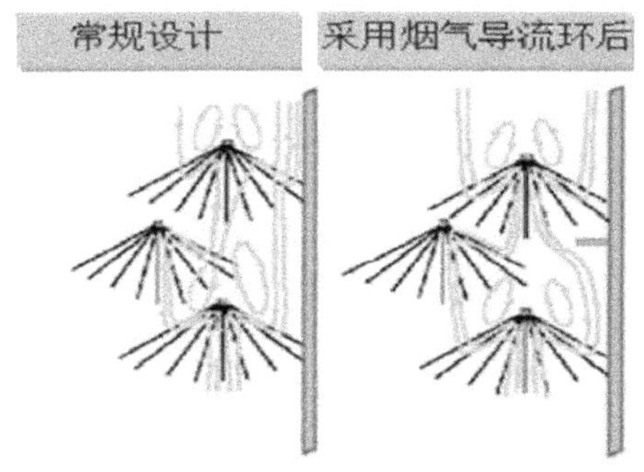

图 8　喷淋增效环装置

量的实心锥喷嘴，增加喷淋强度，防止烟气逃逸。但
由于实心锥流道通径过小，在实际运行中常发生堵塞，
因此不建议采用。

表 7　喷淋增效环技术主要工艺参数

项目	工艺参数
材质	2205 或碳钢防腐
厚度（mm）	6
宽度（mm）	305（吸收塔直径 < 12m）；　450
	（12 m < 吸收塔直径 < 15m）；
	610（15 m < 吸收塔直径 < 18m）
角度	≤ 5°

3.2.3　高效喷淋层技术

高效喷淋层与常规喷淋层不同之处在于，前者采
用双头双向高效空心锥，单头流量为 20 ～ 35 m³/h，
仅为常规喷嘴流量的一半，浆液雾化粒径可减小至
1 400 ～ 1 600 μm，而常规喷淋层喷嘴的浆液雾化粒
径在 2 200 ～ 2 400 μm，粒径越小，捕集效率越高[13]。
同时，高效喷淋层的喷淋覆盖率更是高达 600%，比常
规喷淋层翻了 1 倍，捕集效率也大幅度提高。据有关
测试数据（见图 9）可知，当高效喷淋层与喷淋增效
环协同处理时，对于 0.1 ~ 1 μm 粉尘，有 10% ～ 20%
的捕集效率；对于 1 ～ 2 μm 粉尘，有 20% ～ 40% 的
捕集效率；对于 3 ～ 5 μm 粉尘，有 65% ～ 95% 的捕
集效率。

3.2.4　高效除雾器技术

由于除雾器出口的雾滴中含有固体颗粒和溶解
盐[14]，该固体颗粒是烟气排放的粉尘来源之一。因此，
要控制烟气出口的粉尘浓度，就必须降低除雾器出口
的雾滴含量。

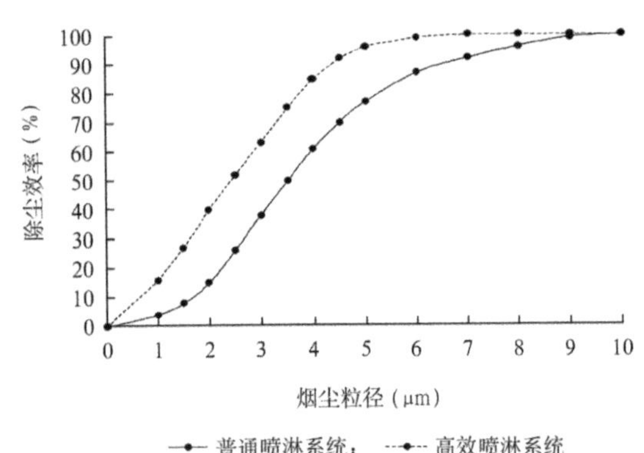

图 9　喷淋层技术对烟尘不同粒径的脱除效率

高效除雾器采用"一级管式除雾器 + 三级屋脊式除雾器"模式。其中管式除雾器布置在一级模块下面，能够均布烟气流场，去除大颗粒液滴；一级模块叶片内部不设置物理倒钩，而是设计形成"流体钩状"结构，易于冲洗，叶片表面不易结垢，除雾效率高；二、三级模块叶片内部设置物理倒钩，能够去除极细小的浆液颗粒，保证除雾器效率。从图 10 可以看出，高效

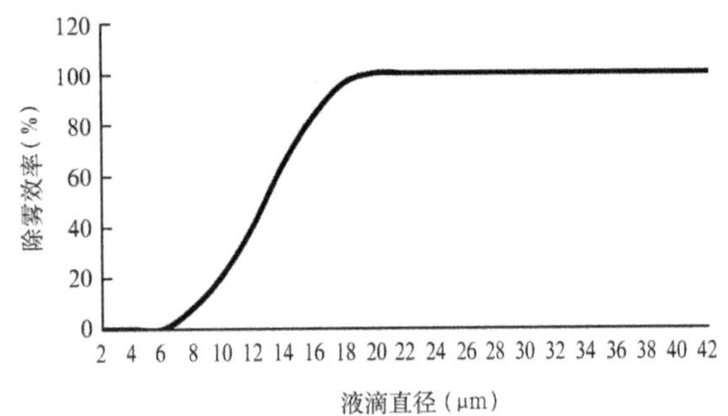

图 10　除雾效率关系曲线

除雾器几乎能 100% 去除 20 μm 以上的液滴，确保吸收塔出口雾滴浓度 < 20 mg/m³（干基），远优于常规除雾器的 100 mg/m³（干基）的处理能力。

高效除雾器的临界分离粒径在 22 ~ 24 μm，雾滴中超过 24 μm 的固体颗粒将被截留。由于高效除雾器夹带的雾滴来自于吸收塔浆池中的浆液，吸收塔浆液的含固量为 15%，吸收塔内浆液粒径分布见图 11。< 24 μm 的固体颗粒约占 24%，高效除雾器出口雾滴携带固体颗粒含量为 0.72 mg/m³。同时，吸收塔浆液的溶解盐含量不超过 2%，高效除雾器出口雾滴携带溶解盐含量为 0.4 mg/m³。因此，高效除雾器出口雾滴携带固体颗粒总量可控制在 1.12 mg/m³。

3.2.5　离心管束式除尘除雾技术

离心管束式除尘器，由筒体、分离器、导流环、挡水环组成（见图 12）。烟气通过旋流子分离器，产生高速离心运动。在离心力的作用下，雾滴与尘向筒体壁面运动，在运动过程中相互碰撞、凝聚成较大的液滴，液滴被抛向筒体内壁表面，与壁面附着的液膜层接触后湮灭，实现雾滴与尘的脱除。在分离器之间设置导流环，提升气流的离心运动速度，并维持合适的气流分布状态，以控制液膜厚度，控制气流的出口状态，防止液滴的二次夹带。经测试，运行阻力不大于 350 Pa，吸收塔出口雾滴浓度不超过 25 mg/m³（干基），除尘效率（不含液滴夹带的石膏）可达到 80%。

3.2.6　湿式电除尘技术

湿式电除尘技术与干式静电除尘技术相比，工作原理基本类似，都是采用高压电场使得粉尘荷电而被捕集。主要区别在于，湿式电除尘技术采用水膜清灰的方式，有别于传统干式电除尘的机械振打的清灰方式，不会产

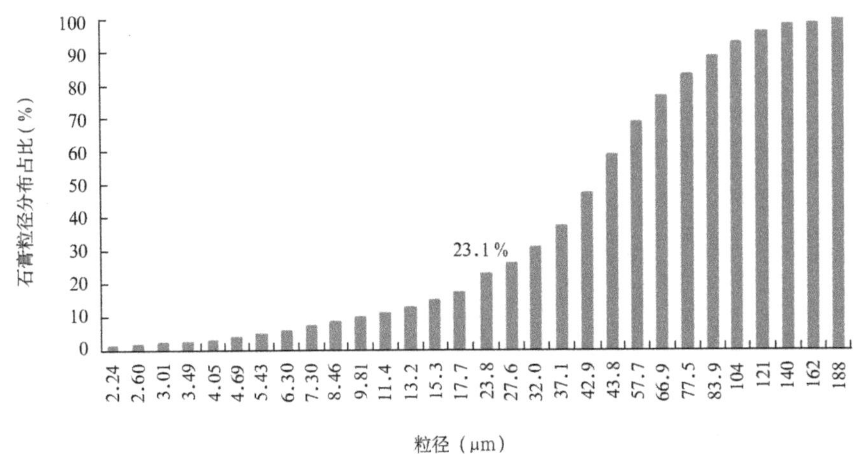

图 11　石膏粒径分布

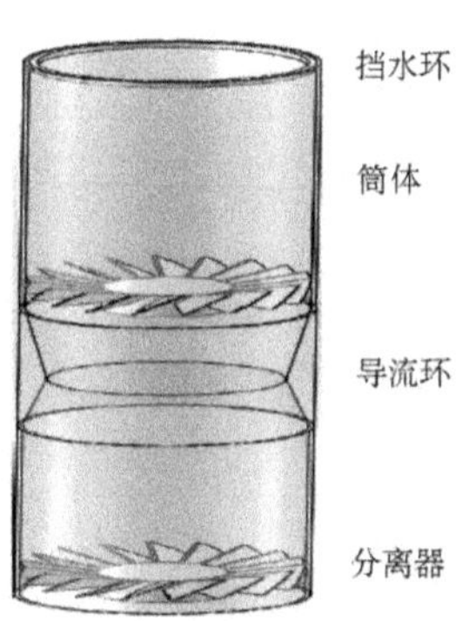

图 12　离心管束式除尘器结构

表 8　湿式电除尘技术主要工艺参数

项目	工艺参数
运行烟气温度（℃）	≤ 60（饱和烟气）
漏风（%）	≤ 1（板式湿电）；≤ 2（管式湿电）
电区比集尘面积 [m²/（m³/s）]	7 ～ 20（板式湿电）；12 ～ 25（管式湿电）
烟气流速（m/s）	≤ 3.5（板式湿电）；≤ 3.0（管式湿电）
压力降（Pa）	≤ 250（板式湿电）；≤ 300（管式湿电）
灰硫比	≥ 100
流量分配极限偏差（%）	± 5
除尘效率（%）	90

生二次扬尘。同时，由于脱硫后的烟气是饱和湿烟气，粉尘比电阻大幅度地降低，可有效捕集 PM2.5 等微细粉尘颗粒[15]，除尘效率可达 90%（见表 8）。

在选择技术路线时，必须全方位综合考虑、合理选择，而不是一味盲目的加装湿式电除尘。

4　技术路线经济分析

为了更透彻地比较各种技术路线，下面以新建 1 台 300 MW 机组为例，从建设投资和运行成本等方面进行详细剖析（见表 9）。从表 9 可以看出，加装湿式电除尘的技术路线 6，无论在初期投资上，还是运行成本上，都不占优势；而技术路线 2，各个方面均占明显优势，综合净化效益较高，值得推广。因此，

5　工程实施情况

截至 2016 年底，全国各地已经有近百套超低排放的项目投入运行，其中部分投运项目的技术路线（见表 10），其性能指标皆满足环保要求。从而，在实践中进一步论证了各技术路线的可行性，可为"十三·五"期间，火电厂燃煤机组超低排放中的粉尘治理提供非常有价值的借鉴和参考。

表 9　各种技术路线的经济性分析

项目	技术路线[1)					
	1	2	3	4	5	6
系统阻力（Pa）	< 3 100	< 3 700	< 3 500	< 3 300	< 4 300	< 2 600
单位投资（元 / kW）	227	184	335	300	339	345
运行成本（万元 / a）	2 245	2 213	2 832	2 889	3 027	2 835

1）技术路线 1.2.3.4.5.6 详见表 2。

表 10　部分已投运项目的技术路线

项目名称	技术路线[1)	投运时间 （年—月—日）
粤电集团沙角 C 电厂 2# 炉（660 MW）	1	2015—12—10
中电投河南平顶山分公司 1# 炉（1 030 MW）	1	2015—06—16
大唐呼图壁能源开发有限公司热电厂（2×300 MW）	2	2016—10—08
华能长兴电厂（2×660 MW）	3	2015—08—10
内蒙古大唐托克托 1# 炉（660 MW）	4	2015—12—05
淮沪煤电田集发电厂 1、2 号机组（2×660 MW）	5	2016—09—25
华润集团南沙热电 1#（330 MW）	6	2014—07—21

1）技术路线 1.2.3.4.5.6 详见表 2。

6 结语

综上所述，在当下燃煤机组实现超低排放的大背景下，尤其是针对其中的粉尘超低治理，传统单一加装湿式电除尘的治理方案已明显不能满足客户的需要，燃煤电厂应根据项目自身的实际情况、锅炉炉型、燃煤煤质，因地制宜，选择适合的技术路线，使综合净化效益最大化。在加快空气质量改善和解决阴霾问题的当下，具有广阔的应用前景和推广意义。

7 参考文献

[1] 王娴娜,朱林,姜艳靓,等. 燃煤电厂烟尘超低排放技术措施研究[J]. 电力科技与环保, 2015,31（4）:47–49.

[2] YOSHIO NAKAYAMA, S ATOSHI NAKAMURA, YASUHIRO TAKEUCHI, et al. MHI high efficiency system-proven technology for multi pollutant removal[R]. Hiroshima: Hiroshima Research & Development Center, 2011:1–11.

[3] MASAMI KATO, TADASHI TANAKA, YASUKI NISHIMURA, et al. Method and system for handling exhaust gas in a boiler: USA, 5282429[P]. 1994–02–01.

[4] QI L, YUAN Y. Influence of SO_3 in flue gas on electrostatic precipita-hility of high-alumina coal fly ash from a power plant in China [J]. Powder Technology, 2013,24（5）:163–167.

[5] BRYERS R W. Fireside slagging, fouling and high-temperature corrosion of heat-transfer surface clue to impurities in steam-raising fuels[J]. Progress in Energy and Combustion Science, 1996,22（1）:120–129.

[6] 赵海宝. 低低温电除尘关键技术研究与应用[J]. 中国电力, 2014,47（10）:117–121.

[7] 余伟权,修海明,陈奎续,等. 电袋复合除尘技术在火电厂增效改造中的应用[J]. 中国环保产业, 2015,32（4）:13–16.

[8] 杨家军. 超净排放中循环流化床半干法脱硫工艺的优化升级[J]. 环境工程技术学报, 2016,6（4）:349–354.

[9] 赵永椿,马斯鸣,杨建平,等. 燃煤电厂污染物超净排放的发展及现状[J]. 煤炭学报, 2015,40（11）:2629–2640.

[10] BABCOCK & WILCOX POWER GENERATION GROUP. Wet flue gas desulfurization（FGD）systems[EB/OL].（2014–01–10）[2016–10–30] http://www.babcock.com/library/Documents/e1013167.

[11] 梁晏萱,成丹. 带托盘喷淋塔的辅助除尘性能研究[J]. 重庆电力高等专科学校学报, 2016,21（1）:52–55.

[12] 柏源,周启宏,李启良,等. 燃煤电厂应对新标准烟气湿法脱硫提效策略研究[J]. 电力科技与环保, 2012,28（6）:19–21.

[13] 李兆东. 湿法脱硫旋流喷嘴体积流量变化规律及数值模拟[J]. 中国电力, 2006,39（8）:68–71.

[14] 王树民,宋畅,陈寅彪,等. 燃煤电厂大气污染物"近零排放"技术研究及工程应用[J]. 环境科学研究, 2015,28（4）:487–494.

[15] 乔加飞,周洪光. "近零排放"技术路线探索[J]. 环境影响评价, 2015,37（4）:1–4.

责任编辑　梁丹涛　（收到修改稿日期：2017–03–21）

武汉水生态文明城市建设的困境与对策

Predicaments in and Countermeasures for Water Eco-Civilised City Construction in Wuhan

张　政　方伶俐＊　沈　聪　蔡雨青　田　宇　储丽君　安国晨　（湖北大学政法与公共管理学院，武汉 430062）

Zhang Zheng　Fang Lingli＊　Shen Cong　Cai Yuqing　Tian Yu　Chu Lijun　An Guochen　(College of Politics & Law and Public Administration, Hubei University, Wuhan 430062)

摘要　为了解公众对水生态文明城市建设的知晓情况、评价及期望，以"人水和谐"为切入点，以第 2 批全国水生态文明城市建设试点城市——武汉市为对象，通过在城市中 7 个地点发放问卷和访谈，以及在 5 个政府部门、企业机构中访谈的社会实践调查，阐述了武汉市水生态文明城市建设的历程与现状、存在的问题与不足，并对推进武汉市水生态文明城市建设提出了 6 点对策。

关键词：水生态文明城市　实践调查　对策建议　武汉市

Abstract　In order to get known about public awareness, evaluation and expectation of water eco-civilised city construction, taking human-water harmony as the starting point and choosing Wuhan, one of the second batch of national water eco-civilisation construction pilot cities, as the object, through a social practice survey including questionnaire distribution and interviews in seven sites of the city, and interviews in five governmental sectors and business institutions, the progress and status quo of water eco-civilised city construction in Wuhan as well as the existing problems and shortcomings were expounded. Meanwhile, six countermeasures for promoting the water eco-civilised city construction in Wuhan were proposed.

Key words:　Water eco-civilised city　Practice survey　Countermeasure suggestion　Wuhan City

水生态文明指人水相依、和谐共生、良性循环、全面发展、持续繁荣的文明形态，是人类为了保护水生态系统所做的各种努力及其成果，是水利内涵的丰富和发展，其实质是人水和谐[1]。水生态文明城市则是"按照生态学原理、遵循生态平衡法则和要求建立的、满足城市良性循环和水资源可持续利用、水生态体系完整、水生态环境优美、水文化底蕴深厚的城市"[2]。党的十八大指出，要把建设生态文明放在突出地位。对河湖众多、位于长江中部的武汉市来说，建设水生态文明城市，做好水文章，对文明城市的建设和长江水环境的保护无疑具有重要意义。

自 1998 年长江发生了全流域性大洪水后，武汉开始打破传统的"治水"观念桎梏，将防洪、整治与建设资源节约型、环境友好型社会结合起来。但目前，水生态侵害、水环境污染等新问题突出，城市水安全等老问题依旧有待改善。对此，课题组于 2015 年 7 月在武汉市的 10 个地点进行了问卷调查、访谈和深度访谈，以了解公众对武汉市水生态文明城市建设的知晓情况、评价及期望，从中探究武汉水生态文明城市建设中存在的问题，并提出相应的解决对策。

1　武汉水生态文明城市建设历程与成效

1.1　建设历程

2005 年来，武汉市从理论上和实践上配合推进了水生态文明城市建设。理论上，各领域专家对于水生态的科学内涵、建设方法、评价体系等进行了大量研究，为武汉水生态文明城市建设提供了坚实的理论基础。同时大力推进建设水管理，从生态保护和修复的角度完善水资源管理和水利工程运行管理制度，通过法律、制度和技术标准的建立与实施，逐步推动管理

第一作者张政，女，1996 年生，湖北大学政法与公共管理学院在读。

＊ 通信联系人，fanglingli1203@163.com。

的制度化、法制化和规范化。实践上，开展了一系列卓有成效的水生态工程，如"清水入湖"工程，划定湖泊三线，打造一湖一景，对湖泊施行抢救性保护。同时，大力加强污水处理工作：实施雨污分流、建设污泥处理厂、完善污水收集管网等。此外，加强武汉水文化、水景观方面的建设，武汉江滩、人民乐园已具规模，东湖生态风景区被列入国家级湿地公园等。

2014 年 9 月，武汉市成功入选第 2 批全国水生态文明城市建设试点，自此，武汉水生态文明城市建设走向一个新阶段。2014 年底，武汉市政府编制的《武汉市水生态文明城市建设试点实施方案（2015 ~ 2017 年）》通过国家水利部审查，制定了节水减排与控源截污、湖泊综合治理与修复等"十大行动"计划方案，并进一步提出试点期间的十大重点示范项目。此外，还出台了《实行最严格水资源管理制度考核办法》，建立起覆盖市、区两级的"三条红线"指标体系。

2015 年初，武汉市对 17 个区（功能区）最严格水资源管理制度实施情况进行了首次考核，显著提高武汉市在水生态、水环境、水安全等各方面工作的规范化和制度化水平。2015 年 4 月，武汉市获选为全国首批"海绵型"城市建设试点城市。2016 ~ 2018 年，武汉计划投入 102 亿元，在"海绵城市"建设理念的指引下，努力打造水生态文明城市建设范本。

1.2　初步成效

水管理、水环境方面成果卓著。首先，制定了相关保护条例和细则。2002 年，武汉市出台了我国首个为保护辖区湖泊而制定的地方法规《武汉市湖泊保护条例》2005 年，出台《武汉市湖泊保护条例实施细则》。其次，2003 年以来，对近 3 000 家违法排污企业实施清理整顿，加强了污水处理工作。最后，实施了一系列专项或示范建设，如"十五"期间，国家科技部将"水污染控制技术与治理工程"列为国家 12 个重大科技专项之一，武汉市成为了首个"城市水环境改善技术及综合示范"的示范城市。同时，对水治理在制度上日趋严格，要求上不断更新，手段上综合运用，推动了水管理的稳步前行。

水安全方面脚踏实地。依次颁布《武汉市农村饮用水管理办法》《武汉市湖泊保护条例》《武汉市城市居民住宅用二次供水管理办法》《武汉市江滩管理办法》《市人民政府关于实行最严格水资源管理制度的意见》《武汉市实行最严格水资源管理制度考核办法（试行）》等制度 [3]，施行农村饮用水安全工程，整治建设防洪、排水、污水处理设施，为水生态文明建设提供有力的法律保障，改善全市水安全条件。

水文化、水景观、水生态建设互相交融，效果显著。武汉水文化以汉口江滩为标志，近年来通过水生态文明建设，已成为武汉最大、最重要的文化体育活动舞台。2014 年 10 月，武汉南湖幸福湾水上公园建成并开始对外开放。2014 年 10 月 20 日，武汉市园林局组织编制的《武汉市湖泊公园建设实施方案》获市政府常务会审议通过，武汉市湖泊公园的建设将进一步推进方案实行。同时，据数据显示，2015 年武汉地表水环境质量总体保持稳定，水质类别为Ⅲ类及以上的湖泊个数较 2014 年增加 1 个，水质类别为劣 V 类的湖泊个数减少 13 个，水生态进步明显 [4]。

2　武汉水生态文明城市建设中存在的不足

为深入了解武汉市民对水生态文明城市建设的认知、评价与期望，基于对人流量，被调查者的性别、年龄、职业等因素的分配，以及对重点水域和有关单位的关注，课题组选择汉口江滩、江汉路步行街、龙王庙、东湖、徐东商圈、湖北大学、沙湖公园等 7 个地点进行问卷调查和访谈，并选择武汉市水务局、汉口江滩管理办公室、龙王庙管理处、武汉市水务集团、武昌区环境保护监测站等 5 个政府部门、企业机构进行了深度访谈。发放调查问卷 350 份，收回有效问卷316 份，问卷回收率90.29%。

2.1　宣传成效低，水文化建设不足

2.1.1　水生态文明相关理念宣传不到位

调查结果见表 1。

表 1　对水生态文明理念相关问题调查

数据单位	是否了解"水生态文明"的内涵		是否知道武汉被选定为水生态文明建设试点城市	
	是	否	是	否
人数	108	208	90	226
比例（%）	34.2	65.8	28.5	71.5

水生态文明城市建设的首要目标是增强公众的知晓率与参与率，但是此次调查发现，有 65.8% 的市民不了解"水生态文明"的内涵，71.5% 不知道武汉被选定为水生态文明建设试点城市。访谈中有市民表示，武汉市人口密集，人口素质难以提升，节约水、保护水的意识不强，相关概念和时事热点也一概不知。这或许有客观的原因，但同时也毋庸置疑：政府的文化宣传没有达到应有的效果。

2.1.2　相关政策方针宣传不足

调查结果见表2。

从调查结果来看，在 316 名受访群众中，没有居民选择"非常了解"，高达 61.1% 的居民对相关政策措施完全不了解。在信息时代，政府各部门都对宣传工作不重视，鲜见采用新媒体手段进行宣传的经验和主动性，活动缺乏创新精神，也很少注重市民的参与率。

2.2　资金短缺，水生态修复困境重重

从调查数据可知，49.53% 的民众认为充足的资金支持对于武汉市水生态文明城市建设很重要。武汉 2008 年启动大东湖生态水网工程，旨在连通 6 个湖，建设国内规模最大的城中湿地公园。但是，该工程的后期效果并不如人意，不仅调水工程量大、费用高，生活污水排污口没有完全节流等原因造成了效果的反复，近几年更由于管理体制、湖泊权属，尤其是资金问题，导致工程实施困难。实际上，在武汉水生态文明城市建设过程中，此类情况并不鲜见。

据资料显示，近 50 a 来，武汉的湖泊面积减少了 228.9 km^2，近 100 个湖泊消失，中心城区仅存 38 个湖泊，储水能力急剧下降，其修复也愈显难度[5]。

2.3　水环境破坏，治理工程进展缓慢

调查结果见表3、表4。

表 2　相关措施问题调查

数据单位	对武汉水生态文明城市建设的相关政策措施是否了解			
	非常了解	比较了解	了解一点	不了解
人数	0	28	95	193
比例（%）	0	8.9	30.0	61.1

表 3　对武汉的水域环境及水质、水域生态环境改善的相关问题调查

选项	对武汉水域环境及水质的评价 数据单位		对武汉水域生态环境改善的评价 数据单位	
	人	比例（%）	人	比例（%）
满意	26	8.2	37	11.7
比较满意	74	23.4	113	35.8
一般	165	52.2	151	47.8
不满意	51	16.2	15	4.7

表 4　对武汉市湖泊治理工程建设效果的相关问题调查

选项	对武汉市湖泊治理工程的建设效果是否满意 数据单位	
	人	比例（%）
满意	23	7.3
比较满意	75	23.7
一般	158	50
不满意	22	7.0
不了解	38	12.0

武汉市江湖纵横、水网密布，有鱼米之乡的美誉，但由于经济发展的需要，流域的生态环境已被极大破坏。虽有一些江河湖泊综合整治工程正在努力，水域生态环境也有一定的改善，许多居民却表示整治进程过于缓慢，"管理"和"治理"还需双管齐下。调查发现，对武汉市水域环境和水质表示满意和比较满意的居民仅占 31.6%，对水域生态环境的改善状况表示满意和比较满意的居民占比为 47.5%，对湖泊治理工程的建设效果方面表示满意和比较满意的仅占 31%。

在走访中，有东湖原住民表示，虽然东湖整治修复得不错，但现在的水仍不能直接饮用；对于政府实行的"大东湖水网"连通东湖与沙湖工程，居民担忧如果沙湖治理不好，连通恐会造成东湖再次污染。

2.4 水安全存隐患，基础设施有待改善

武汉是我国城市内涝较为严重的城市之一，几乎每年 7 月都会出现城市洪涝灾害，"武汉看海"已成为网络热词。由于湖泊和湿地面积锐减，湖泊对地表径流的调蓄能力急剧降低；另外，武汉中心城区排水管网总长度虽逾 6 300 km，但管网老化、规划不科学，加上泵站能力不足、抽排不力，难以应对突发暴雨，城市防洪能力偏低，居民也深受其害。对排水除涝建设工程评价一般的被调查者所占比例最高，达47.4%，评价不满意占 17.1%。说明武汉市水安全建设方面仍然存在短板（见表 5）。

由表 6 可知，居民对家庭供水的水质评价相对消极，近 1/3 居民遇到过供水污染状况。团队采访了武汉市水务集团，他们强调取水口有非常严格的规定，承诺会严把取水检测关，每天 24 h 在线监测源水质，如果水源出现异常，会采取紧急预案，确保城市供水安全。对于近年来同样备受居民关注的武汉大建设引起的自来水供应中断状况，集团工作人员表示，《武汉市地下管线管理办法》对城市施工、保护地下管线有着严格的要求，一旦发生突发事件，会第一时间在

表 5　对武汉市排水除涝建设工程建设效果的相关问题调查

选项	对武汉市排水除涝建设工程的建设效果是否满意 数据单位	
	人	比例（%）
满意	24	7.6
比较满意	59	18.7
一般	150	47.4
不满意	54	17.1
不了解	29	9.2

武水在线的网站和微信公众号上告知公众。

2.5 水生态文明建设中社会组织参与度低

通过调查得知，40.06% 的民众认为在武汉市水生态文明城市建设过程中企业的配合支持相当重要。水生态文明城市建设需要政府、企业、社会公众等各类主体积极参与，缺少其中任一主体，整个建设过程都会异常艰难。但事实上，一些落后企业将生产线上的污水污物直接排放至汉江水域，造成严重的水体污染。

不能及时地调整和淘汰高污染企业，在大工程建设进程中各主体合作寥寥，给其他主体带来的经济发展也难谈质量，导致水生态建设中社会组织的参与度较低，前进步伐不相统一，甚至偶有对立。

表 6　对家庭用水水质评价的相关问题调查

数据单位	对家庭用水水质的评价				是否遇到过家庭供水污染	
	非常好	比较好	一般	不好	是	否
人数	20	128	148	20	107	209
比例（%）	6.3	40.5	46.9	6.3	33.9	66.1

3　推进武汉水生态文明城市建设的对策

3.1 科学确立治水战略，严格实行水资源管理

根据水生态文明建设的内涵和实质，进一步建立"四项制度"。首先，加强水资源开发利用控制红线管理，严格规划和分配，强化取水许可和水资源有偿使用制度，坚持水资源统一调度，严格控制用水量[6]。其次，加强水效率控制红线管理，通过定额管理、调整水价和节水技术的优化改造，推进节水型社会的建设。再次，加强水功能区限制纳污红线管理，加强监督管理和饮用水水源地保护，构建水污染治理、水生态修复的基地，控制入河湖的排污总量。最后，严格水资源管理考核和责任制度，成立水资源保护专项办公室，完善相关的政策法规和保障措施，为严格的水资源管理制度的落实提供依据[7]。

对于完善水管理，还要注意建立市场化取向的水生态文明建设机制[8]。既要推进涉水规划，加大公共财政支出，也要探索以政策型投资公司、专业化担保公司等为主要形式的融资新模式，充分调动市场力量，打造全方位、多主体的水管理纽带和系统。

3.2 规范完善法律条例，综合加强水环境治理

现行《中华人民共和国宪法》以国家根本大法的

形式规定了国家保护环境、防治污染、保护自然资源等方面的现行原则，武汉市也已经出台了《武汉市湖泊保护条例》[9]，明确了对武汉市各大湖泊的保护和统筹规划、综合利用。那么首先，应在法律制度的部署下加强水环境整治工程的建设。除此之外，落实法律条例、明确相关部门责任、稳定执法队伍、加强执法工作，例如有力打击高污染企业，谨防游人的不当行为等。最后，在污水治理中大力支持新技术的开发和运用。例如推进污水净化技术在速度、质量、安全程度、使用条件等方面的不断进步，才能尽可能地将高新技术在全国范围内进行推广，发挥科学技术在水生态文明城市建设上的巨大的、可持续性的作用。

3.3　加快建设基础设施，确保水安全体系

根据武汉市水生态文明的建设体系，为了确保城市水安全体系，应重点从防洪工程、治涝工程、安全饮用水工程等方面提出基础设施要求和管理要求。

在防洪方面要确保提防安全。努力争取国家和湖北省防汛部门的支持，加快建立健全监测、预警和通信系统，建立贯通计算机广域网络，加强洪水前期预报，确定各区域洪水风险指数。在治涝方面，以排为主，滞、截、蓄相结合，加强排水除涝的基础设施建设，完善排水管网，尽可能消除主城区排水死角，杜绝尾水不畅。做好排水设施的管理与维护工作，提高主城区的排水能力，逐步解决武汉暴雨后"看海"的状况，形成完整的外御洪水、内抗溃涝的水安全体系。

提高饮水安全，要强化水源地保护区和地下水源地保护管理，大力推进城市供水安全保障体系建设，配合市局做好应急的供水管理体制。要求一定严把取水检测关，严格防治取水源的污染；遇到紧急情况既能及时通知用户，也能采取紧急预案确保城市供水。

3.4　充分提高市民意识，努力加强水文化建设

水文化建设重点包括水文化工程及其教育制度体系的建设。首先，加强河湖江沿岸绿色休闲文化带的建设以及文化方面的基础设施建设，让水文化拥有足够的传播载体。同时也要注重教育制度体系的建设：第一，从教育开始，将水生态、人水和谐相关的科学内涵和知识融洽进青少年的学习教材和生活中；第二，加强新闻网络媒体和社会对水生态环境的监测和督查；第三，完善"水景观"建设，开展生态旅游，鼓励市民使用文化设施，营造良好的水文化氛围。

3.5　结合经济发展和城市形象，创新开展水景观工程

水景观的建设大多结合城市的特色形象，依托在水利工程之上，充分发挥水利工程的景观生态效益，完善滨水空间体系[10]，将自然水景观与城市环境建设、经济发展相互融合，满足生态文明之下的社会对水生态发展的综合需求。具体来说，可建设由城市标志性核心水景观区，到沿江水景观主轴线，再到沿河湖的水景观带综合构成的水景观体系。在此基础上，充分发挥水景观的经济价值，大力发展旅游业。例如对于湖泊的生态旅游资源开发上，可以建立垂钓、游湖、水上游泳馆等休闲项目，促进经济和生态的互利共赢、共同发展。

3.6　全面打通江河水系，切实推进水生态修复

水生态文明建设的重要目标之一就是维护好健康的水生态系统，因此需要加强水源保护和生态修复[11]，根据相关政策法规，坚持治管结合、水治理与水资源可持续发展结合。在武汉市，建成 2 张生态水网、4 个水生态保护区、6 个湖泊生态公园，水系贯通，合理布局，最终形成引排得当、循环通畅、蓄泄兼筹的江河湖库连通系统，发挥江湖的蓄洪、水体净化、生态修复、景观旅游等功能。要求本着"先截污、后连通"的原则，不能只是单纯的污水转移，而是恢复和完善水系连通，增强水体交换能力，真正提高水生态的自我修复能力，强化城市水生态系统的自然属性和生态版块之间的关联，最终实现水生态系统的持久性和稳定性。

4　参考文献

[1]　杨建中,田树鹏,王桂芹．河北山区水生态文明建设浅析[J]．河北水利, 2013 (10)：14-18．

[2]　刘国良．区域水资源智能配置研究[D]．杭州:浙江大学, 2014．

[3]　梅惠,李兆华,李长安,等．武汉市水环境保护的水文化建设思考[J]．长江科学院院报, 2007 (06)：53-57．

[4]　武汉市环境保护局．2015 年武汉市环境状况公报．http://e.cjn.cn/cjrb/html/2016-04/28/content_5526335.htm,2016.04.28．

[5]　阮云婷,徐彬．武汉建设海绵城市实现雨水资源化利用的对策[J]．湖北工业大学学报, 2016 (12)：16-19．

[6]　张少勇．浅谈最严格水资源管理制度与水资源论证[J]．治淮, 2012 (10)：63-64．

[7]　季红飞,冯志祥,游洋,等．关于江苏水资源管理现代化建设的思考[J]．水利发展研究, 2013 (03)：53-57．

[8]　陈璐,龙华．湖北省水生态文明建设研究[J]．治淮, 2016 (01)：52-53．

[9]　秦天．我国城市湖泊环境保护法律制度研究[D]．武汉:华中科技大学, 2014．

[10]　杨选．国内外典型水治理模式及对武汉水治理的借鉴[J]．长江流域资源与环境, 2007 (16)：584-587．

[11]　陈明忠．关于水生态文明建设的若干思考[J]．中国水利, 2013 (15)：1-5．

责任编辑　张　弛　（收到修改稿日期：2017-04-08）

上海市公交车辆排放大气污染物分析

An Analysis on Pollutant Emissions from Public Transport Vehicles in Shanghai

沈　琳　张家铭　（同济大学 环境与工程学院，上海 200092）

Shen Lin　Zhang Jiaming　(School of Environment and Engineering, Tongji University, Shanghai 200092)

摘要　依据上海市公交车辆保有量数据，利用典型公交车辆大气污染物排放因子测试及排放清单测算方法，计算得出 2015 年上海市公交车辆排放 CO、NO$_x$、HC、PM$_{2.5}$ 计约 1.6 万 t，并在法规和标准、新车、在用车等方面提出了公交车辆环保监管建议。

关键词：公交车辆　大气污染物　排放系数

Abstract　Based on the population of public transport vehicles in Shanghai, their emissions of carbon monoxide (CO), nitrogen oxides (NO$_x$), hydrocarbons (HC), and particulate matters no greater than 2.5 microns in size (PM$_{2.5}$) in 2015 have been calculated all amounting to about 16 thousand tonnes by using the factor tests of pollutant emissions from typical public transport vehicles and estimating method for emission inventory. Some proposals were given about the environmental supervison on public transport vehicles in respect to regulations and standards relating to new or in-use vehicles.

Key words:　Public transport vehicle　Air pollutant　Emission factor

据上海市公安局交通警察总队车辆管理所提供的数据，截至 2015 年底，上海市机动车保有量 318.3 万辆[1]，其中汽车 276.2 万辆，较 2010 年增长了 69%；注册小客车 247 万辆，同比增加 28 万辆，增长 13%；沪 C 牌照小客车 83 万辆，同比增加 16 万辆，增长 23%。

上海市 2015 年在用柴油公交车共 13 305 辆[1]。其中，符合国 3 排放标准的柴油公交车共计 8 155 辆，占 61.3%；符合国 4 排放标准的柴油公交车（以下简称国 4 公交车）共 4 317 辆，占 32.4%；符合国 5 排放标准的柴油公交车（以下简称国 5 公交车）833 辆，占 6.3%。

1　典型公交车辆排放因子测试

1.1　测试方法及设备 [2]

为反映车辆在实际道路上行驶时的真实排放水平，采用车载排放测试技术，开展机动车尾气瞬态排放特征实测和颗粒物源谱的采样工作，依据实测结果对部分车型的排放因子予以修正。机动车尾气排放的常规污染物采用车载测试设备进行随车实测并记录，测试仪分别采用非分散红外分析法（NDIR）、非分散紫外分析法（NDUV）和化学发光法（CLD）、氢火焰离子法（FID）以及快速扫描粒径谱仪（EEPS）和静电低压冲击仪分别测量 CO、THC、NO$_x$ 和 PM 的逐秒浓度变化。同时安装 GPS 记录仪以及环境温湿度仪跟踪测试过程的车辆行驶工况和环境状态。

试验测试工况分为稳态工况和自由行驶工况。

（1）稳态工况。车辆维持恒定车速行驶，每种车速下测量尾气排放 60 s 为 1 个采样周期，每个稳态工况下连续至少保持 60 s，每次试验连续进行 3 次循环工况测试，车辆限速 60 km/h。

（2）自由行驶工况。驾驶员根据实际道路车流量情况，进行车辆的自由行驶工况试验。

1.2　道路上行驶公交车辆排放测试结果 [3]

国 4 公交车辆的 CO、HC、NO$_x$、PM 在市区主干道路上排放系数分别为 12.9、0.015、8.5、0.419 g/km；在市区次干道路上分别为 11.6、0.006、9.0、0.406 g/km；

第一作者沈琳，女，1984 年生，2007 年毕业于上海工程技术大学化学化工学院，在读硕士研究生。

在市区快速道路上分别为 6.7、0.008、6.0、0.247 g/km。由测试结果可知，市区主干道上的 CO、HC、PM 排放系数较高，市区次干道上的 NO$_x$ 排放系数较高。国 4 公交车 CO、HC、NO$_x$、PM 综合排放系数分别为 7.30、0.11、14.15、0.51 g/km。

国 5 公交车 CO、HC、NO$_x$、PM 综合排放系数分别为 4.48、0.0174、13.06、0.60 g/km。

因试验时国 5 和国 4 公交车排放温度较低，SCR 装置尚未起燃，没有喷射尿素，导致 NO$_x$ 排放较高。

2　公交车辆排放因子确定

公交车辆排放因子参考了《道路机动车大气污染物排放清单编制技术指南（试行）》[4]（下称机动车指南）提供的机动车相关排放系数（见表 1），国 4、国 5 公交车 CO、NO$_x$、PM 排放系数均低于公交车 PEMS 道路实测值，国 4 公交车 HC 排放系数均与公交车 PEMS 道路实测值基本持平，国 5 公交车 HC 排放系数高于公交车 PEMS 道路实测值。

表 1　柴油公交车辆综合排放系数

符合排放标准	排放因子				
	CO	HC	NO$_x$	PM2.5	PM10
国 3	6.740	0.283	9.892	0.395	0.439
国 4	3.250	0.107	9.892	0.252	0.280
国 5	1.620	0.054	8.640	0.126	0.140

公交车年均行驶里程（VKT）参考了《机动车指南》，VKT 取 60 000 km/ 辆。

3　公交车辆大气污染物排放量

道路上行驶的公交车辆尾气排放量的计算应尽可能在第三级排放源层面完成，计算见式（1）[4]。

$$E = \sum \left(P_i \times E_{\mathrm{F},i} \times V_{\mathrm{KT},i} \right) \times 10^{-6} \qquad (1)$$

式中，E —— 第三级公交车辆排放源 i 对应的 CO、HC、NO$_x$、PM2.5、PM10 的年排放量，t；

$E_{\mathrm{F},i}$ —— i 类型公交车辆行驶单位距离尾气所排放的污染物的量，g/km；

P_i —— 所在地区 i 类型公交车辆的保有量，辆；

$V_{\mathrm{KT},i}$ —— i 类型公交车辆的年均行驶里程，km/ 辆；

i —— 国 3、国 4、国 5 等三类公交车。

以公交车辆环保统计为基础，利用机动车指南计算机动车排放清单算法和排放参数，计算获得 2015 年上海市公交车辆 CO、NO$_x$、HC、PM2.5 排放量分别为 5 163、10 668、224、494 t/a。

4　公交车辆环保监管建议

4.1　建立针对性更强的法规和标准实施细则

根据《上海市大气污染防治条例》第三十九条"机动车尾气处理装置应当保持正常使用"，参考《杭州市大气污染防治规定》第二十条规定有关"OBD"在线接入规定，建议新增建立全市公交车辆 OBD 在线排放监控平台有关条款，实时监控公交车辆排气数据，促进公交车辆的尾气能长期稳定达标排放。

4.2　新生产公交车辆环境管理

在公交新车管理方面，出台新车定期更换后处理装置办法，建议具有 OBD 在线传输的公交车型为首选车型，保障公交车辆的尾气能长期稳定达标排放。

4.3　建立在用公交车辆 OBD 在线排放监控平台

在用公交车 OBD 在线排放监控平台主要利用 OBD Ⅲ 系统技术，建立小型车载无线收发系统，通过无线蜂窝通信、卫星通信或 GPS 系统将车辆的 VIN、故障码及所在位置等信息自动通告环保管理部门，环保管理部门根据该车辆排放问题的等级，对其发出指令，包括去何处维修的建议，解决排放问题的时限等。在法律允许的前提下，对超出时限的车辆发出禁行密码指令。此外，平台不仅能对车辆排放问题向驾驶者发出警告，而且还能对不接受警告者进行应有的惩罚。

5　参考文献

[1]　上海市环境监测中心 . 2015 年上海机动车污染监测年报 [R]. 上海：SEMC，2016.

[2]　刘登国，刘娟，黄伟民，等 . 长三角典型城市公交车道路 NO$_x$ 排放测试 [J]. 环境监测管理与技术，2016，(06)：14–18.

[3]　上海市环境监测中心．公交车出租车尾气处理装置改造污染物减排效果跟踪评价研究报告[R]．上海：SEMC，2016．

[4]　清华大学,中国环境科学研究院编．道路机动车大气污染物排放清单编制技术指南(试行)[S]．2015

http://www.zhb.gov.cn/gkml/hbb/bgg/201501/W020150107594587831090.pdf.

责任编辑　张　弛　（收到修改稿日期：2017-04-20）

[3]　上海市环境监测中心．公交车出租车尾气处理装置改造污染物减排效果跟踪评价研究报告[R]．上海：SEMC，2016．

http://www.zhb.gov.cn/gkml/hbb/bgg/201501/W020150107594587831090.pdf.

责任编辑　张　弛　（收到修改稿日期：2017-04-20）